高等职业教育工学结合系列教材

Creo 5.0 实例教程

主　编　黄荣学
副主编　奚富由　农田友　邓喜飞
参　编　唐　杰　吴　波
主　审　韦余萃

北京理工大学出版社
BEIJING INSTITUTE OF TECHNOLOGY PRESS

内 容 提 要

本教材以工学结合的工程实例为任务导向，详细介绍Creo5.0参数化设计软件的应用。全书共分12个课题，内容涵盖Creo5.0入门概述、二维草图设计、拉伸实体特征建模、旋转/混合实体特征建模、扫描特征建模、附加特征建模、特征操作、曲面特征设计、参数化设计、钣金设计、常用装配与机构运动仿真、工程图设计等。通过讲解实例的操作思路、操作技巧及操作小结，力求培养读者的分析问题和解决问题能力。本书提供有全部课题实例及强化训练题的图形文件，方便读者在学习过程中复习和上机操作，部分实例运用现代AR技术，辅助移动工具可增强学习体验和学习效果。

本书可作为高职高专院校、本科院校的机电大类专业的教材用书，也可作为培训教材及工程技术人员的自学参考书。

版权专有　侵权必究

图书在版编目（CIP）数据

Creo5.0实例教程 / 黄荣学主编. -- 北京：北京理工大学出版社，2021.8（2024.7重印）

ISBN 978-7-5763-0168-7

Ⅰ.①C… Ⅱ.①黄… Ⅲ.①计算机辅助设计－应用软件－高等学校－教材 Ⅳ.①TP391.72

中国版本图书馆CIP数据核字（2021）第165625号

出版发行 /	北京理工大学出版社有限责任公司
社　　址 /	北京市海淀区中关村南大街5号
邮　　编 /	100081
电　　话 /	（010）68914775（总编室）
	（010）82562903（教材售后服务热线）
	（010）68944723（其他图书服务热线）
网　　址 /	http://www.bitpress.com.cn
经　　销 /	全国各地新华书店
印　　刷 /	河北鑫彩博图印刷有限公司
开　　本 /	787毫米×1092毫米　1/16
印　　张 /	16
字　　数 /	378千字
版　　次 /	2021年8月第1版　2024年7月第3次印刷
定　　价 /	47.00元

责任编辑 / 薛菲菲
文案编辑 / 薛菲菲
责任校对 / 周瑞红
责任印制 / 边心超

图书出现印装质量问题，请拨打售后服务热线，本社负责调换

AR 内容资源获取说明

Step1 扫描下方二维码，下载安装"4D 书城"App；

Step2 打开"4D 书城"App，点击菜单栏中间的扫码图标 ●，再次扫描二维码下载本书；

Step3 在"书架"上找到本书并打开，点击电子书页面的资源按钮或者点击电子书左下角的的扫码图标 ● 扫描实体书的页面，即可获取本书 AR 内容资源！

前言

随着信息技术在各个领域的迅速渗透，CAD（计算机辅助设计）、CAM（计算机辅助制造）和 CAE（计算机辅助工程）技术在制造业中得到广泛应用。Creo 是由 PTC 公司推出的 Pro/Engineer 的参数化技术、CoCreate 的直接建模技术和 ProductView 的三维可视化技术相融合的新型 CAD 设计软件，具备互操作性、开放、易用三大特点，广泛应用于电子、机械、模具、汽车、航天、家电等各行业。

本书以 Creo 5.0 软件为载体，根据职业教育课程改革要求，以强化行业职业活动为主导，突出行业岗位能力要求而组织编写，在内容上体现先进性、应用性和针对性，注重培养学生分析工程应用、解决实际问题的能力。教材内容循序渐进，语言简洁，图文并茂，可以引导读者轻松入门，部分实例运用现代 AR 技术，辅助移动工具可增强学习体验和学习效果。本书共有 12 个课题，每个课题均从案例导入开始，融入必需的基础理论知识，配合课题实例、实训，把理论知识与上机实训结合起来，力求以能力训练为主，是符合行业职业标准的教学、培训、认证、竞赛四合为一的实用教材，建议根据不同专业培养目标安排 50~70 学时。本书的主要特色是引入工学结合实例——电极夹头组件设计贯穿于书中各课题，体现教学内容的一脉相承、有机衔接，在课程体系中承上启下。

本书由桂林理工大学南宁分校黄荣学担任主编并编写课题 3、课题 4 和课题 9，桂林理工大学南宁分校奚富由担任副主编并编写课题 1、课题 8 和课题 10，广西水利电力职业技术学院农田友担任副主编并编写课题 2 和课题 11，桂林理工大学南宁分校邓喜飞担任副主编并编写课题 7 和课题 12，桂林理工大学南宁分校唐杰编写课题 5，桂林理工大学南宁分校吴波编写课题 6。本书由桂林理工大学南宁分校韦余苹担任主审，由东莞力博特智能装备有限公司贾方提供案例策划和指导。

由于编者水平有限，书中难免存在不完善之处，欢迎广大读者提出批评和建议。

编　者

目录

课题 1　Creo 5.0 入门概述 ... 1
　　一、教学知识点 ... 1
　　二、教学目的 ... 1
　　三、教学内容 ... 1

课题 2　二维草图设计 ... 10
　　一、教学知识点 ... 10
　　二、教学目的 ... 10
　　三、教学内容 ... 10
　　四、教学实例 ... 11
　　五、强化训练 ... 22

课题 3　拉伸实体特征建模 ... 24
　　一、教学知识点 ... 24
　　二、教学目的 ... 24
　　三、教学内容 ... 24
　　四、教学实例 ... 25
　　五、强化训练 ... 38

课题 4　旋转 / 混合实体特征建模 ... 40
　　一、教学知识点 ... 40
　　二、教学目的 ... 40
　　三、教学内容 ... 40
　　四、教学实例 ... 41
　　五、强化训练 ... 51

课题 5　扫描特征建模（扫描 / 螺旋扫描 / 扫描混合 / 可变截面扫描） ... 53
　　一、教学知识点 ... 53
　　二、教学目的 ... 54
　　三、教学内容 ... 54
　　四、教学实例 ... 55
　　五、强化训练 ... 73

课题 6　附加特征建模（孔 / 倒圆角 / 倒角 / 拔模 / 抽壳 / 筋） ... 75
　　一、教学知识点 ... 75

二、教学目的 76
　　三、教学内容 76
　　四、教学实例 77
　　五、强化训练 91

课题 7　特征操作（镜像 / 阵列 / 复制） 94
　　一、教学知识点 94
　　二、教学目的 94
　　三、教学内容 94
　　四、教学实例 94
　　五、强化训练 102

课题 8　曲面特征设计 104
　　一、教学知识点 104
　　二、教学目的 104
　　三、教学内容 104
　　四、教学过程 106
　　五、强化训练 141

课题 9　参数化设计 143
　　一、教学知识点 143
　　二、教学目的 143
　　三、教学内容 143
　　四、教学实例 144
　　五、强化训练 154

课题 10　钣金设计 156
　　一、教学知识点 156
　　二、教学目的 156
　　三、教学内容 156
　　四、教学实例 157
　　五、强化训练 175

课题 11　常用装配与机构运动仿真 177
　　一、教学知识点 177
　　二、教学目的 177
　　三、教学内容 177
　　四、教学实例 181
　　五、强化训练 216

课题 12　工程图设计 219
　　一、教学知识点 219
　　二、教学目的 219
　　三、教学内容 219
　　四、学习实例 221
　　五、强化训练 245

参考文献 249

课题 1　Creo 5.0 入门概述

一、教学知识点

(1)操作界面介绍；
(2)系统配置与文件操作。

课题 1　数字资源

二、教学目的

了解 Creo 5.0 的新功能、系统环境、配置与操作等。

三、教学内容

1. Creo 5.0 软件介绍

Creo 是美国 PTC 公司于 2010 年 10 月推出的 CAD 设计软件包，它是整合了 PTC 公司的三个软件——Pro/Engineer 的参数化技术、CoCreate 的直接建模技术和 ProductView 的三维可视化技术的新型 CAD 设计软件包，是 PTC 公司闪电计划所推出的新一代产品，具备互操作性、开放、易用三大特点。

Creo 5.0 于 2018 年 3 月发布，该版本拥有更加友好的用户界面，提出了诸多可提高生产力的新功能，包括传统功能效率提升、拓扑结构优化设计、面向 3D 打印的设计、面向模具高速加工、计算流体力学仿真、增强现实设计评审六大新功能，让用户可以在单一设计环境中完成从概念设计到制造的全过程，带给用户极致的设计体验。软件提供了目前所能达到的最全面、集成最紧密的产品开发环境，广泛应用于电子、机械、模具、汽车、航天、家电等各行业。

Creo 是一个可伸缩的套件，集成了多个可互操作的应用程序，功能覆盖整个产品开发领域。Creo 的主要应用程序包括 Creo Parametric、Creo Direct、Creo Simulate、Creo Sketch、Creo Layout、Creo Schematics、Creo Illustrate、Creo ViewM CAD、Creo View ECAD 等。常用的应用程序介绍见表 1-1。

表 1-1　常用的应用程序介绍

应用程序	简介
Creo Parametric	原 Pro/Engineer 的升级版，拥有强大的三维参数化建模功能。可扩展提供更多无缝集成的三维 CAD/CAID/CAM/CAE 功能
Creo Direct	使用快捷、灵活的直接建模技术轻松创建和编辑 3D 几何
Creo Simulate	用于分析产品结构和热特性
Creo Render Studio	对诸如模型外观、场景和光照等元素进行编译来创建渲染图像，获得逼真的图片
Creo Modelcheck	分析零件、绘图和组件是否满足设计规范并给出一定建议
Creo Options Modeler	可将在 Creo Parametric 中创建的零件组合到装配、可配置模块和可配置产品中
Creo Layout	快速试验和开发新的 2D 项目和想法
PTC Mathcad Prime	具有计算、数据操作和工程设计工作所需的所有求解能力、功能与强健性

如无特别注明，常说的 Creo 指的是 Creo Parametric，是 Creo 软件包中最主要的程序，其他大部分应用程序都可通过扩展在 Parametric 中运行，因此，本书重点讲解 Creo Parametric 的使用。

2. 工作界面介绍

Creo Parametric 5.0 的工作界面按照功能区分，如图 1-1 所示。

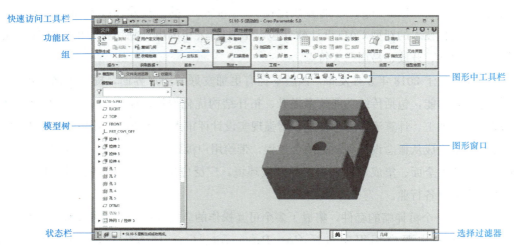

图 1-1　Creo Parametric 5.0 工作界面

（1）快速访问工具栏

快速访问工具栏可进行新建、打开、保存文件，撤销操作，重新生成模型，切换或关闭窗口等操作。

(2)功能区

功能区是模型创建与管理的主要功能模块,在每个选项卡上,相关按钮分组在一起。其菜单选项卡作用为:

"文件"选项卡:新建文件、文件存取与管理;

"模型"选项卡:包括所有的零件建模工具;

"分析"选项卡:模型分析与检查工具;

"注释"选项卡:创建和管理模型的3D注释;

"工具"选项卡:建模辅助工具;

"视图"选项卡:模型显示的详细设定;

"柔性建模"选项卡:对模型的直接编辑;

"应用程序"选项卡:切换到其他应用模块,如模具设计、结构分析、热力分析、渲染等。

(3)组

对同类型的命令或操作进行分组集中形成组,方便设计过程中寻找命令,可通过单击鼠标右键功能区,对组进行界面定制。

(4)模型树

模型树是显示零件设计的过程,是零件文件中所有特征的列表,其中包括基准和坐标系。在零件文件中,模型树显示零件文件名并在名称下显示零件中的每个特征。在装配文件中,模型树显示装配文件名并在名称下显示所包括的零件文件。

(5)状态栏

状态栏会对当前窗口中的操作做出简要说明或提示。

(6)图形中工具栏

对图形窗口进行显示设置,如放大、缩小、基准显示控制、视图观察角度控制等操作。

(7)图形窗口

图形窗口是该软件的主窗口区域,操作结果将显示在该区域内。

(8)选择过滤器

使用选择过滤器可以有目的地选择模型中的对象,如几何元素(边、曲面、基准、曲线、面组、注释)、顶点、草绘区域、特征等。

3. 文件操作

运行 Creo Parametric 5.0 后,主页显示如图 1-2 所示。

图 1-2 主页显示

建模时主要的操作如下：

选择工作目录：临时设置文件直接保存的位置，软件重启后需重新设置。设置工作目录是 Creo 产品设计中重要的一步，以便管理设计文件和规范设计过程。可以执行"文件"→"选项"→"环境"→"工作目录"→"导出配置到软件启动目录"命令，进行永久设置。

(1) 新建：新建文件，单击"新建"按钮，出现如图 1-3 所示的对话框，主要的文件类型如下：

1) 草绘：2D 草图绘制，扩展名为 *.sec；

2) 零件：3D 零件设计、3D 钣金设计等，扩展名为 *.prt；

3) 装配：3D 装配设计、机构运动分析等，扩展名为 *.asm；

4) 制造：模具设计、NC 加工编程等，扩展名：模具设计为 *.asm、NC 加工编程为 *.mfg；

5) 绘图：2D 工程图制作，扩展名为 *.drw。

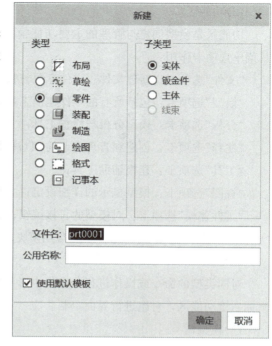

图 1-3 "新建"对话框

(2) 多文件窗口切换：在快速工具栏中单击"多窗口"按钮，系统打开文件名列表，可快速切换绘图窗口，如图 1-4 所示。"√"表示当前处于激活状态，Creo Parametric 5.0 自带切换窗口自动激活功能。

图 1-4 多窗口文件名列表

(3) 关闭文件窗口：在快速工具栏中选择关闭窗口时，文件并不会自动存盘，关闭的文件仍驻留在系统内存中，可在"导航"选项卡的"文件夹浏览器"中选择"在会话中"重新打开文件。执行"文件"→"管理会话"→"拭除未显示的"命令，如图 1-5 所示，可以拭除驻留在系统内存中的文件(清理内存)，或者直接在主页工具条上单击 按钮拭除未显示的文件。

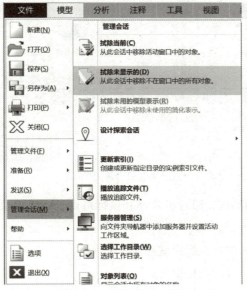

图 1-5　拭除未显示的

(4)保存文件：每次保存文件时，旧文件不会被覆盖，而是自动生成如图 1-6 所示带序号的新版次文件，打开文件时软件会自动打开最新版本。如果不需要旧版本的文件，可以执行"文件"→"管理文件"→"删除旧版本"命令，如图 1-7 所示，把指定对象的旧版本文件删除。如果想要对工作目录下的文件进行批量删除旧文件，可以执行"实用工具"→"打开系统窗口"命令，如图 1-8 所示，在弹出的对话框中输入"purge"，按 Enter 键结束。

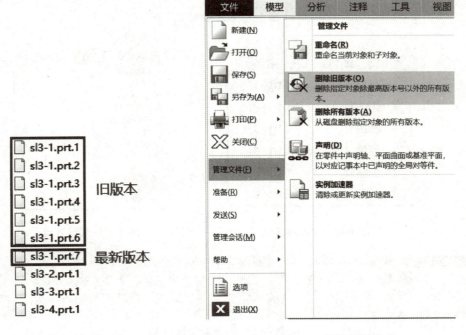

图 1-6　带序号的版次文件　　　　　　　图 1-7　删除旧版本

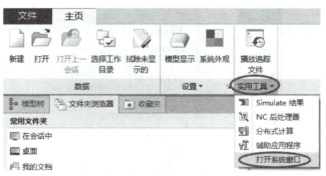

图 1-8　打开系统窗口

(5)显示控制：在图形区，通过组合键和鼠标可以进行三维模型缩放/旋转/平移的快捷操作。

1)旋转：在图形区，按住鼠标中键并拖拽鼠标；

2)缩放：在图形区，滚动鼠标中键；

3)平移：在图形区，Shift+拖动鼠标中键；

(6)回到默认的三维视角：按组合键 Ctrl+D。

另外，通过视图控制工具条和视图功能选项卡，可以进行基准显示控制、模型显示样式、模型旋转/缩放/平移、视图定向与保存、视图模型颜色设置等显示操作，如图 1-9～图 1-12 所示。

图 1-9　视图控制工具条

图 1-10　显示样式

图 1-11　视图方向

图 1-12　视图功能选项卡

4. 系统配置

进行系统环境属性的设置，可以执行"文件"→"选项"命令，在弹出的"选项"对话框中进行相应的设置，如图 1-13 所示。值得注意的是，系统关闭后属性将恢复默认设置。如果要改变系统默认设置，可以执行"文件"→"选项"→"配置编辑器"命令，通过查找和添加属性名和设置值，然后导出系统配置文件 config.pro，保存于自定义目录下（如 D：\ CREO 启动目录），再对软件启动快捷方式设置起始位置为该自定义目录，这样软件在启动时就会调用该目录下的系统配置文件 config.pro，达到永久配置的效果，如图 1-13 和图 1-14 所示。

图 1-13　配置编辑器

图 1-14　更改起始位置

5. 轨迹文件

使用 Creo 软件后会在图 1-14 所示的起始位置文件夹下自动创建很多 trail 文件,这些文件的作用就是记录每次 Creo 软件从启动直到关闭期间所做的所有操作记录。在遇到如软件意外关闭、计算机断电等意外情况时可以通过该 trail 文件回放操作过程,从而找回文件,该文件可通过记事本打开,如图 1-15 所示。

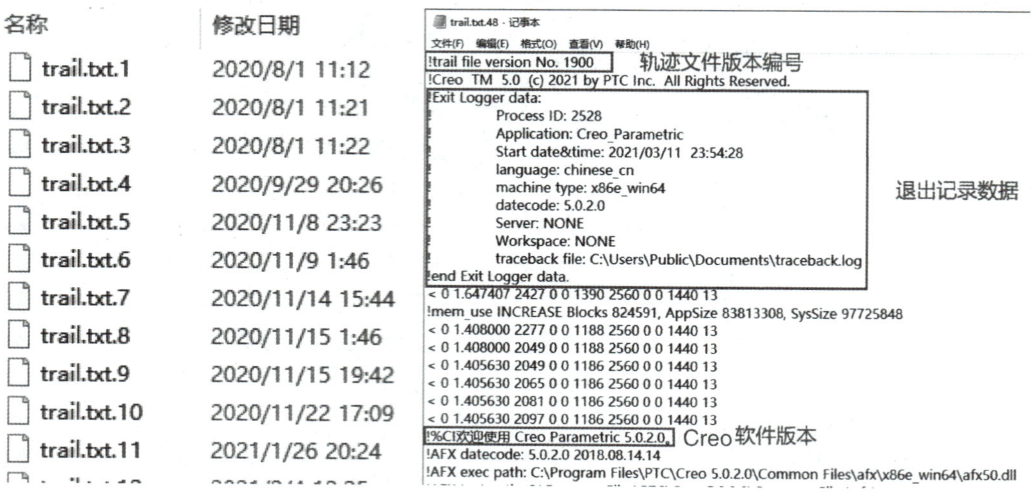

图 1-15　trail 文件

该功能在配置文件 config.pro 中的相关设置见表 1-2,可以修改相关参数使软件使用更加方便(如将 trail_dir 选项参数设置为 D:\CREO 启动目录)。

表 1-2　配置文件相关参数

选项	默认参数	说明
set_trail_single_step	no	是否启用单步执行的轨迹文件,建议修改为"yes",播放时可以通过 Enter 键逐步播放
trail_delay	0	设置轨迹文件步骤之间的延迟
trail_dir	(空)	设定创建轨迹文件的文件夹路径,若为空,则在起始目录文件夹中创建

该功能使用方法:为避免操作失败,首先将 trail 文件复制一份,将文件版次删除,重命名为除 trail 外的其他非中文名,使用记事本打开文件,将文件最后部分记录软件关闭等相关信息删除后保存,如图 1-16 所示;启动 Creo 软件,单击"播放追踪文件"按钮,如图 1-17 所示,选择已修改好的轨迹文件,软件就会自动根据轨迹文件的记录信息播放操作过程。

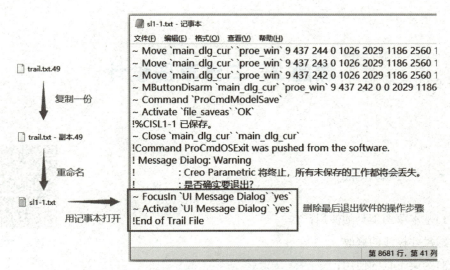

图 1-16 删除最后退出软件的操作步骤

图 1-17 播放追踪文件

课题 2　二维草图设计

一、教学知识点

(1)基本草图工具的使用；
(2)尺寸标注的修改；
(3)约束工具的使用；
(4)草图图形的镜像、复制及编辑修改等。

课题 2　数字资源

二、教学目的

了解二维草图的基本方法，熟悉各种二维图形的绘制，掌握二维草图编辑工具的使用方法。

三、教学内容

1. 基本操作步骤

(1)选择工作目录：打开 Creo Parametric 5.0 设计软件，单击 按钮选择工作目录，设置文件保存路径。

(2)新建文件：单击 按钮，在类型中单击 草绘 按钮，在弹出的对话框中输入草图名称，单击"确定"按钮。

(3)草图绘制：在"草绘"选项对应的工具栏中选择绘图工具进行几何图形的草绘。

(4)草图操作：对草图进行修剪编辑和约束操作。

(5)尺寸标注：直接双击自动标注的尺寸，修改数值，按 Enter 键确定，或单击 按钮进行新尺寸标注。

2. 操作要领与技巧

(1)先完成基本草图的绘制，再进行尺寸标注的修改。

(2)要善于利用草图约束命令进行约束操作，可提高绘图效率及准确性。

(3)对于相同、对称的几何图元，可单击 镜像 按钮进行镜像，单击 旋转调整大小 按钮进行图形的平移、旋转和缩放等操作，巧化和简化绘图过程。

(4)单个尺寸修改不成功时,可先框选所有标注,再单击工具栏上的 按钮,去掉 复选框的勾选,然后对尺寸值进行批量修改。

四、教学实例

【例 2-1】 五角星二维图

五角星二维图如图 2-1 所示。

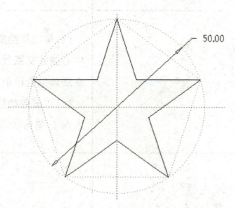

图 2-1 五角星二维图

教学任务:

完成五角星二维草图的设计,掌握以下技能:

(1)直线、正多边形、圆和圆弧等基本几何图形的绘制方法;

(2)几何约束、尺寸标注和尺寸修改的方法;

(3)"动态剪切"编辑工具的使用方法,几何与构造线的转换。

操作分析:

该图形是关于中心对称的,一般先绘制中心线,接着作一个圆,再作圆的内接多边形,通过约束得到正多边形,然后对角连线、修剪等操作得到五角星。

操作过程:

五角星二维草图绘制过程见表 2-1。

表 2-1 五角星二维草图绘制过程

任务	步骤	操作结果	操作说明
1 新建文件	在"主页"的"选择工作目录"中新建文件	新建文件名:SL2－1.SEC	(1)在主界面的"主页"中单击 按钮选择工作目录; (2)单击 按钮,再单击 草绘 按钮,输入名称"SL1－1"

续表

任务	步骤	操作结果	操作说明
2 绘制中心	进入草绘界面调用绘制中心线指令		单击草绘中的 中心线 按钮，绘制两条互相垂直的中心线，单击鼠标中键确定
3 绘制圆	绘制圆 1		(1)单击草绘中的 圆 按钮，用鼠标捕捉中心线的交点作为圆心并单击，拖动鼠标在任意位置再单击鼠标左键确定； (2)双击自动标注的尺寸值，修改圆直径为 50，单击鼠标中键确定
	绘制内接五边形	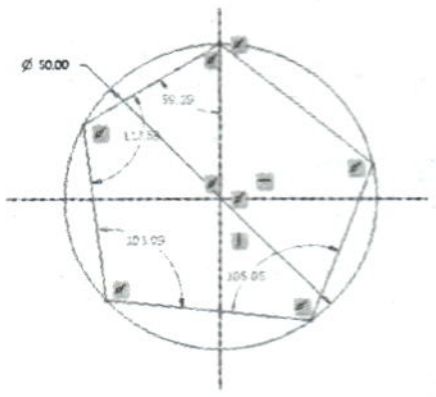	单击草绘中的 线 按钮，绘制圆的内接五边形
	约束操作得到内接正五边形	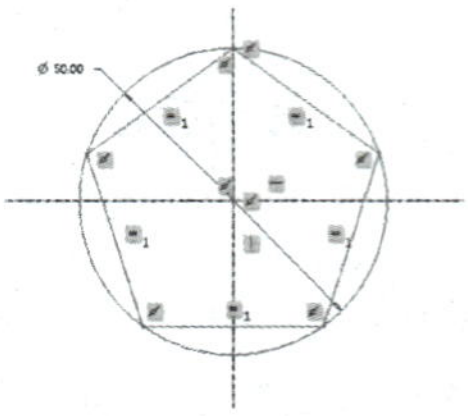	单击约束中的 相等 按钮，选择多边形的两条边，约束边相等，以相同操作约束各边相等
4 草绘直线	绘制五角星草图	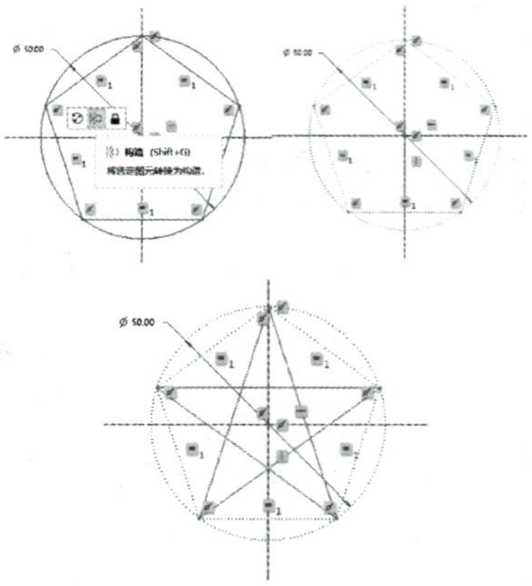	(1)转换构造参考线：框选所有图元，自动弹出如图选项，单击"构造"按钮，图元转换成参考线； (2)绘制对角线：单击草绘中的 线 按钮绘制如图对角线

任务	步骤	操作结果	操作说明
5 修剪图元	调用动态修剪指令		单击编辑中的 ❎删除段 按钮，选择要修剪线段。 提示：选中修剪工具后，按住鼠标左键不放，拖动鼠标滑过要修剪的图元，此时图元变红色，当放开鼠标左键的时候，该图元即被删除 （通过取消视图工具中的"约束显示"和"尺寸显示"可隐藏约束符号与标注的尺寸）
6 存盘	保存设计文件	单击 🖫 按钮完成存盘	如果要改变目录存盘或名称，可执行"文件"→"另存为"命令，保存模型的副本
	小结	草绘的基本操作常用到辅助构造线的创建、尺寸修改、约束、图元编辑等	

【例 2-2】 垫片二维图形

垫片二维图形如图 2-2 所示。

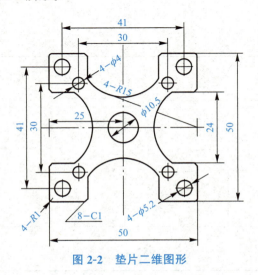

图 2-2 垫片二维图形

教学任务：

完成垫片二维图形的设计，掌握定位、镜像、倒圆角等的操作方法。

操作分析：

由于该图形是对称的，可以先绘制出图形的 1/4 部分，然后利用"镜像"命令复制出其余部分，这样可以大大提高绘图效率。

操作过程：

垫片二维图形绘制过程见表 2-2。

表 2-2　垫片二维图形绘制过程

任务	步骤	操作结果	操作说明
1 新建文件	在"主页"的"选择工作目录"中新建文件	新建文件名：SL2－2.SEC	(1)在主界面上的"主页"中单击 按钮； (2)单击 按钮，再单击 草绘 按钮，输入名称"SL1－2"
2 绘制图形 1/4 部分	绘制对称轴	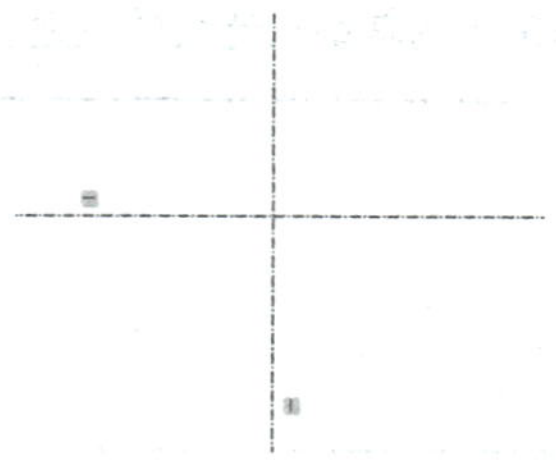	单击草绘中的 中心线 按钮，绘制两条互相垂直的中心线
	草绘直线	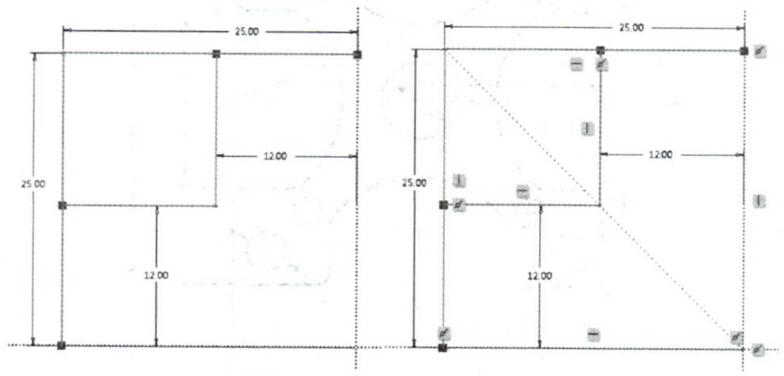	单击草绘中的 线 按钮，绘制直线，再单击 按钮，绘制中心线

· 14 ·

续表

任务	步骤	操作结果	操作说明
2 绘制图形1/4部分	倒圆角		单击草绘中的 圆角 按钮和 倒角 按钮,选择需要倒角的相邻两条边
	绘制圆和圆弧		(1)单击草绘中的 圆 按钮,绘制圆; (2)单击草绘中的 弧 按钮,绘制圆弧
	修剪图元		单击编辑中的 删除段 按钮,修剪多余的线段
3 镜像复制	左右镜像		按住鼠标左键并拖动鼠标框选所有图元,单击编辑中的 镜像 按钮,选取镜像的对称中心线(纵轴)

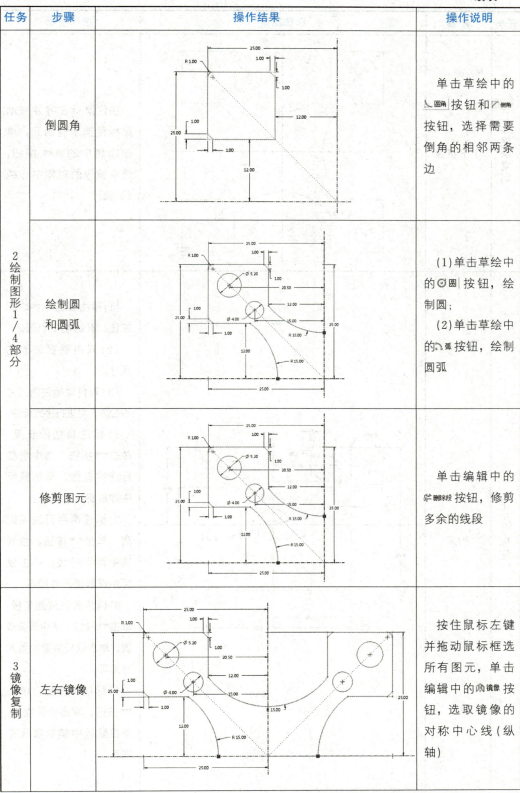

续表

任务	步骤	操作结果	操作说明
3 镜像复制	上下镜像		按住鼠标左键并拖动鼠标框选所有图元,单击编辑中的 镜像 按钮,选取镜像的对称中心线(纵轴)
4 尺寸标注	修改尺寸约束		(1)单击草绘中的 圆 按钮,补绘制中心圆。 (2)双击需要修改的尺寸。 (3)若自动标注的尺寸不合适,可进行手工标注: 1)标注直线段长度:单击 ⊢⊣ 按钮,选中需要标注的直线,单击鼠标中键放置尺寸即可; 2)标注两平行线间距离:单击 ⊢⊣ 按钮,依次选中两平行线,单击鼠标中键放置尺寸即可; 3)标注圆弧或圆半径:单击 ⊢⊣ 按钮,选中圆弧或圆,单击鼠标中键放置尺寸即可; 4)标注圆直径:单击 ⊢⊣ 按钮,双击圆弧或圆,单击鼠标中键放置尺寸即可

续表

任务	步骤	操作结果	操作说明
5 存盘	保存设计文件	单击 按钮完成存盘	如果要改变目录存盘或名称，可执行"文件"→"另存为"命令，保存模型的副本
	小结	学会审题绘图思路可以提高绘图效率，镜像时需要用到图形的对称中心线，镜像后尺寸标注可能会发生改变，需要按实际尺寸标注进行修改	

【例2-3】 手柄二维图形

手柄二维图形如图 2-3 所示。

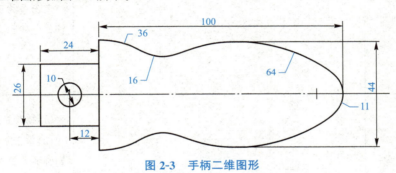

图 2-3 手柄二维图形

教学任务：

完成手柄二维图形的设计，掌握草绘相切圆弧的绘制、尺寸标注和镜像操作。

操作分析：

手柄二维图关于中心轴对称，先绘制中心线，然后绘制关于中心轴对称的矩形并按尺寸修改标注值，接着绘制圆，再绘制四段相切圆弧，标注并修改好尺寸，最后镜像完成图形绘制。

操作过程：

手柄二维图形绘制过程见表 2-3。

表 2-3 手柄二维图形绘制过程

任务	步骤	操作结果	操作说明
1 新建文件	在"主页"的"选择工作目录"中新建文件	新建文件名：SL2－3.SEC	新建操作参见前例

续表

任务	步骤	操作结果	操作说明
2 绘制矩形	创建中心对称矩形	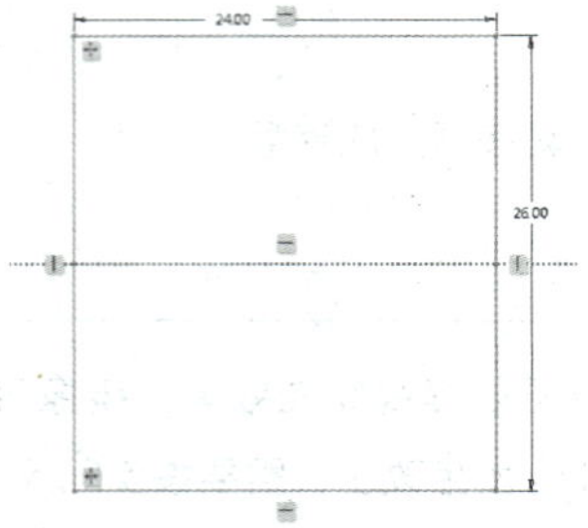	单击草绘中的 □ 矩形按钮，绘制四边形，注意自动约束关于中心轴对称，标注尺寸
3 创建圆	绘制圆	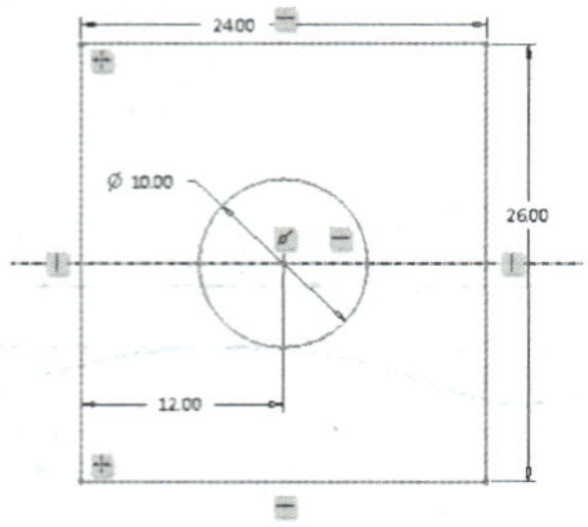	单击草绘中的 ⊙ 圆 按钮，创建圆并标注尺寸
4 创建圆弧	绘制第一段圆弧	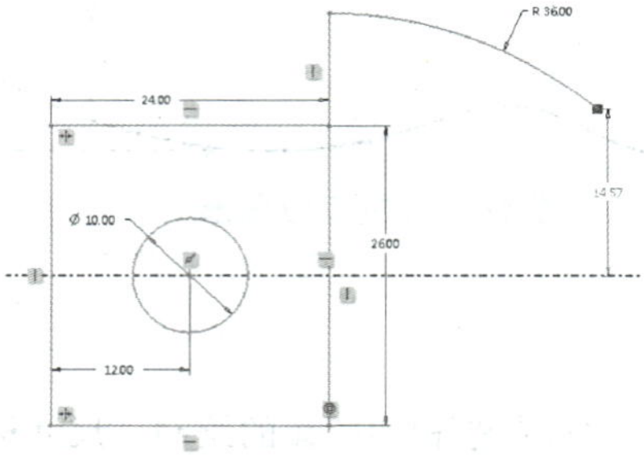	(1)绘制直线； (2)单击 ⌒ 弧 按钮，绘制圆弧，单击约束中的 → 重合 按钮，约束圆弧圆心与矩形右下角点重合，修改圆弧半径
	绘制相切圆弧	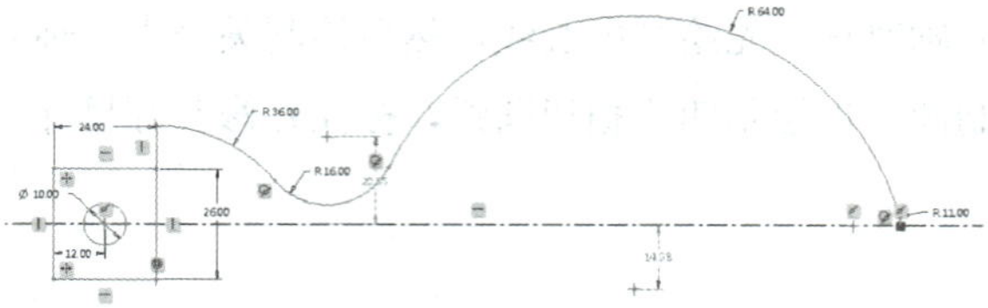	(1)单击 ⌒ 弧 按钮，绘制如图所示的相切圆弧； (2)修改各段圆弧半径
5 镜像图元	调用镜像命令	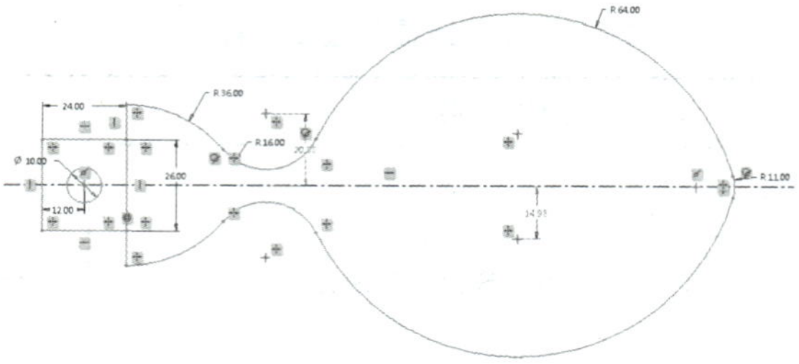	按住 Ctrl 键，单击鼠标点选择需要镜像的图元，单击编辑中的 ⋈ 镜像 按钮，选取镜像的对称中心线，完成镜像

续表

任务	步骤	操作结果	操作说明
6 标注定形尺寸	标注定形尺寸		单击↔按钮，标注尺寸46和100，完成图形创建
7 保存设计文件	保存设计文件	单击🖫按钮，完成存盘	如果要改变目录存盘或名称，可执行"文件"→"另存为"命令，保存模型的副本
小结		本例关键在于尺寸的标注和约束，初学者无法成功创建的原因主要是：草绘后进行尺寸修改时出现实际标注尺寸(强尺寸)与系统自动标注尺寸(弱尺寸)相差过大。绘图技巧：在绘制第一个图元后先按实际尺寸进行修改，然后再草绘其他的图元即可	

【例2-4】 扇叶二维图形

扇叶二维图形如图2-4所示。

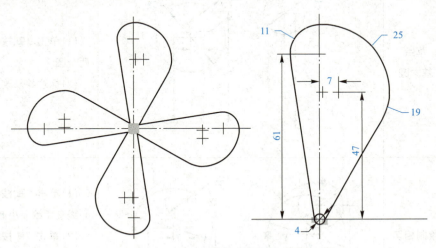

图2-4 扇叶二维图形

教学任务：

完成扇叶二维图形的设计，巩固基本设计工具和约束工具的使用，掌握复制、比例旋转的方法。

操作分析：

本例为轴对称图形，每个叶片形状一样，因此，采用复制、粘贴的方法可以提高作图效率。

操作过程：

扇叶二维图形绘制过程见表 2-4。

表 2-4　扇叶二维图形绘制过程

任务	步骤	操作结果	说明
1 新建文件	在"主页"的"选择工作目录"中新建文件	新建文件名：SL2－4.SEC	新建操作参见前例
2 创建中心线	绘制中心线	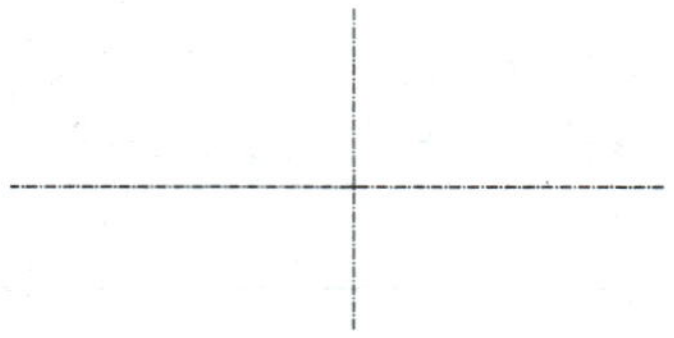	单击草绘中的 中心线 按钮，绘制两条互相垂直的中心线
3 创建圆	草绘基本圆	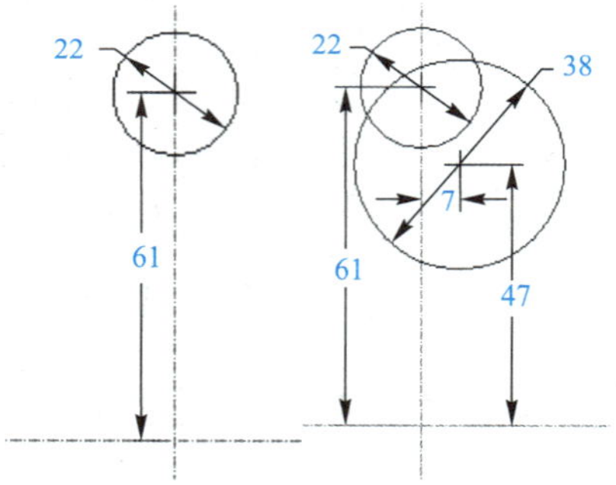	(1) 单击 圆 按钮绘制两个圆； (2) 标注并修改尺寸
4 创建相切图元	绘制相切圆弧和切线	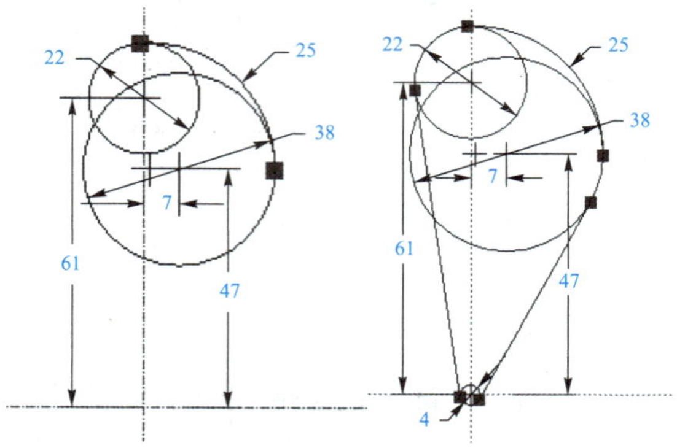	(1) 单击 圆 按钮在中心线交点绘制小圆； (2) 单击 按钮，绘制两个圆的公切圆弧； (3) 单击 线 按钮绘制两条公切线； (4) 标注并修改尺寸

续表

任务	步骤	操作结果	说明
5 修剪	剪切多余线段	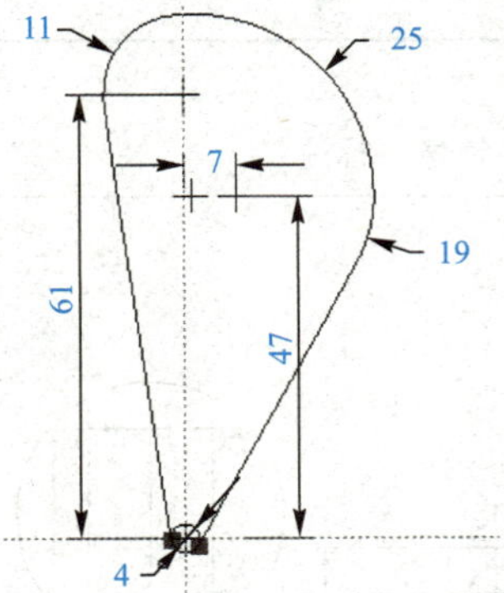 (图示：水滴形草图，标注 11、25、7、19、61、47、4)	单击 ┾删除段 按钮，选择要修剪掉的线段
6 复制图元	复制并旋转图元	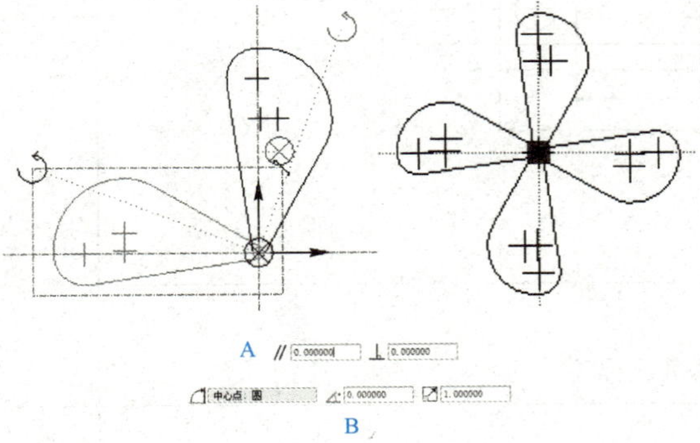 (图A：单个水滴图元复制示意；图B：四个水滴旋转阵列示意) A // 0.000000 ⊥ 0.000000 中心点 0.000000 1.000000 B	(1)按住 Ctrl 键，单击鼠标左键点选要复制的图元，单击鼠标右键，在弹出的列表中选择"复制"命令，再单击鼠标右键在弹出的列表中选择"粘贴"命令，单击鼠标左键放置图元； (2)在顶部对话框中输入水平和垂直移动参数均为 0(如图 A)； (3)将鼠标光标放置参照点，单击鼠标右键，拖动至旋转中心(圆心)→输入旋转角度 90°，缩放比例为 1(图 B)； (4)重复以上操作复制创建剩下图元
7 存盘	保存设计文件	单击 🗎 按钮完成存盘	如果要改变目录存盘或名称，可执行"文件"→"另存为"命令，保存模型的副本
	小结	Creo 软件在草绘模式下没有"阵列"命令，对于创建相同图形的排列时，可以通过"复制"与"粘贴"命令来完成	

五、强化训练

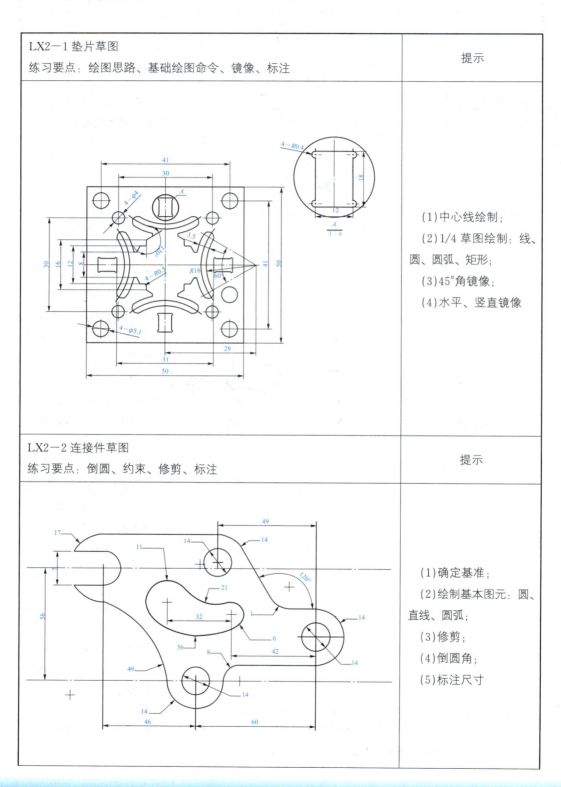

续表

LX2－3 手柄草图 练习要点：相切约束、修剪、镜像	提示
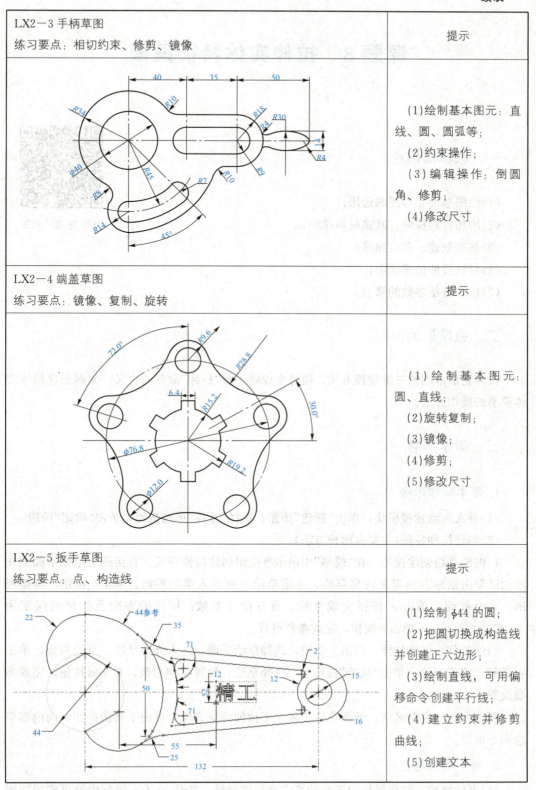	（1）绘制基本图元：直线、圆、圆弧等； （2）约束操作； （3）编辑操作：倒圆角、修剪； （4）修改尺寸
LX2－4 端盖草图 练习要点：镜像、复制、旋转	提示
	（1）绘制基本图元：圆、直线； （2）旋转复制； （3）镜像； （4）修剪； （5）修改尺寸
LX2－5 扳手草图 练习要点：点、构造线	提示
	（1）绘制 φ44 的圆； （2）把圆切换成构造线并创建正六边形； （3）绘制直线，可用偏移命令创建平行线； （4）建立约束并修剪曲线； （5）创建文本

课题3 拉伸实体特征建模

一、教学知识点

(1)绘图基准、参照的选用；
(2)增加材料拉伸、减除材料拉伸；
(3)基准创建、草绘加厚；
(4)材料拉伸位置确定；
(5)拉伸特征参数的修改。

课题3 数字资源

二、教学目的

拉伸是最常用的三维建模方式，通过本课题了解"拉伸"命令的含义，掌握创建拉伸实体模型的操作方法。

三、教学内容

1. 基本操作步骤

(1)进入三维建模模块：单击"新建"按钮，选择"零件"单选按钮，单击"确定"按钮。
(2)创建拉伸特征(主要有两种方法)。

1)内部草绘创建拉伸。在"模型"中单击 按钮创建拉伸特征。直接选定草绘平面或在绘图区单击鼠标右键定义内部草绘，选定草绘平面进入草绘界面。单击 按钮，调整视图。草绘截面，单击 ✔ 按钮完成草绘。设置拉伸参数：拉伸的方向及拉伸的深度为 ，单击 按钮，完成参数设置。

2)外部草绘创建拉伸。单击 按钮，选择草绘平面，进入外部草绘。草绘截面，单击 ✔ 按钮，完成草绘。单击"拉伸"按钮 ，选择草绘，设置拉伸参数，单击 按钮，完成参数设置。

两种方法的主要区别：外部草绘是独立于拉伸特征之外，可用于其他操作；而内部草绘则不可以。

2. 操作要领与技巧

(1)鼠标操控：按住鼠标中键拖动可实现视图旋转，按住Shift＋鼠标中键可实现视图移动,滚动鼠标滚轮可实现视图缩放。

(2)拉伸实体时,截面必须是封闭的,可以通过检查项▦(着色封闭环)和▦(突出开放端)来检查截面情况。

(3)拉伸中的"选项"是用来定义拉伸侧的,可分别定义截面朝着两侧不同的拉伸深度值。

(4)单击▦下拉按钮,可以设置不同形式的相关联深度,对于参数化设计尤其重要。

(5)对于组合体模型一般采用增加材料方式来设计,而对于切割体模型一般采用移除材料方式来设计。

四、教学实例

【例 3-1】 电极夹头设计

电极夹头设计图形如图 3-1 所示。

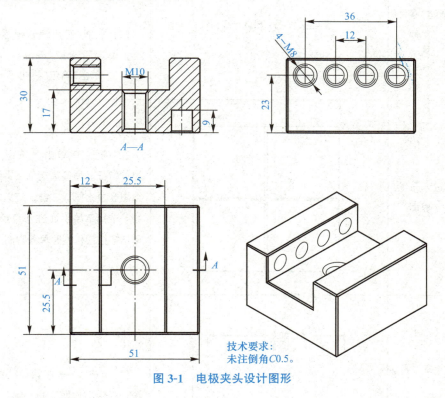

图 3-1 电极夹头设计图形

教学任务:
完成电极夹头的三维实体设计,了解拉伸的含义,掌握拉伸的基本操作方法。

操作分析:
拉伸是沿着截面法线方向扫描而得到的特征,用于各个截面互相平行且形状、大小相等的实体建模,电极夹头具有拉伸的特征,应采用拉伸命令来建模。

操作过程：

电极夹头建模过程见表 3-1。

表 3-1 电极夹头建模过程

任务	步骤	操作结果	操作说明
1 设置工作目录	在"主页"中设置工作目录	新建文件夹"SL3"用于保存设计文件，设置工作目录后，所有的设计文件将保存于此文件夹中	在主界面上的"主页"中单击按钮，选择工作目录路径指向新建的文件夹
2 新建文件	新建"零件"文件	新建文件名：SL3－1.prt	(1) 单击"新建"按钮，选择"零件"单选按钮，输入名称"SL3－1"； (2) 取消"使用缺省模板"的勾选，确定后选择"mmns_part_solid"，单击"确定"按钮
3 创建拉伸特征	进入草绘界面		在"模型"中单击 按钮，创建拉伸特征。直接选定草绘平面或在绘图区单击鼠标右键，定义内部草绘。选择草绘平面进入草绘界面。单击 按钮，调整草图视图
	绘制拉伸截面	51.00 × 51.00	(1) 单击 中心线 按钮，绘制中心线，在中心作两个同心圆； (2) 单击 矩形 按钮，绘制底面 51×51 的矩形截面； (3) 单击 ✔ 按钮，完成草绘

续表

任务	步骤	操作结果	操作说明
3 创建拉伸特征	设置拉伸参数	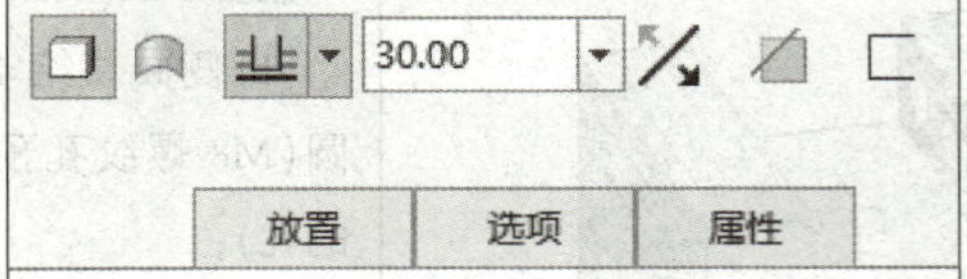	设置拉伸深度值为 30： 方法 1：直接在左图操控板中输入 30； 方法 2：双击深度值尺寸修改值为 30
	完成拉伸	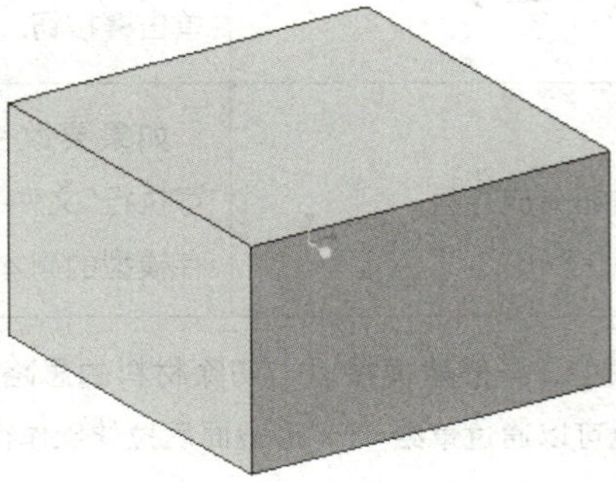	单击操控板右侧的 按钮，完成拉伸特征的创建，在左边模型树上出现拉伸特征图标，方便后续模型的操作管理 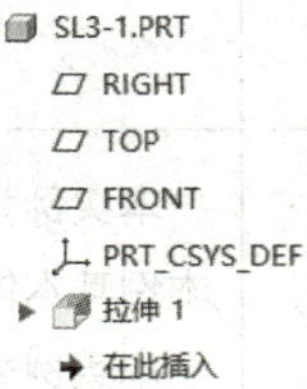
4 创建拉伸切槽	拉伸切除材料		单击 按钮，创建拉伸特征。选择前端面作为草绘平面进入草绘界面。单击 按钮，调整视图。草绘切除截面，单击 按钮确定 在"拉伸"下拉列表中单击 按钮，选择后侧面，拉伸至选定的面，单击 按钮，移除材料，单击 按钮
5 创建拉伸切孔	拉伸切除材料，创建底槽通孔	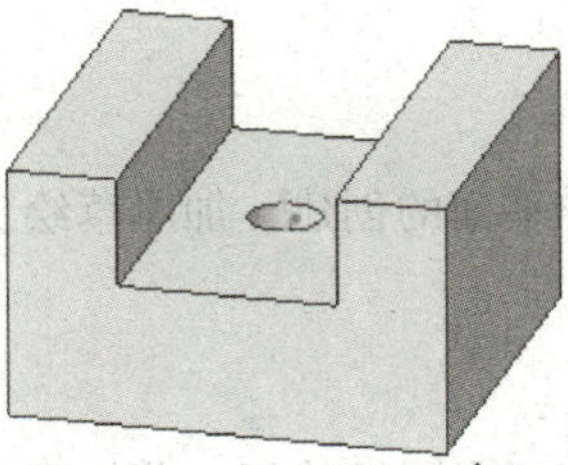	按以上方法创建拉伸。 (1) 槽底面草绘 φ8.5 mm 的圆（M10 螺纹孔预钻直径 8.5 mm 的孔）； (2) 单击 按钮进行贯通，单击 按钮选择方向为向下，再单击 按钮移除材料，最后单击 按钮

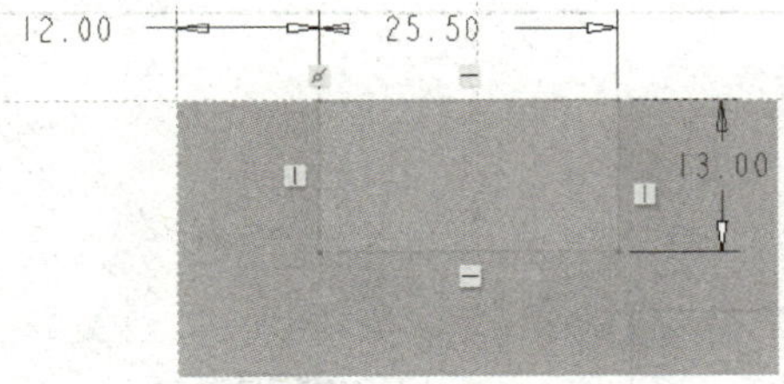

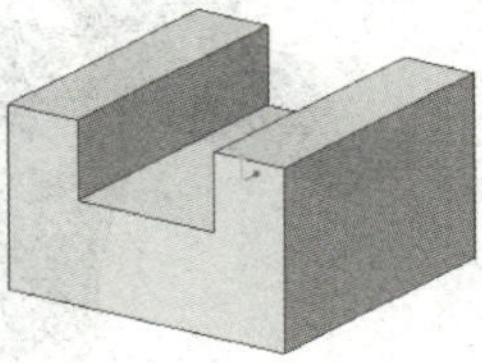

续表

任务	步骤	操作结果	操作说明
5 创建拉伸切孔	拉伸切除材料，创建侧面排孔		重复以上方法创建拉伸： (1) 侧面草绘 4 个 φ6.8 mm 的圆（M8 螺纹孔预钻直径 6.8 mm 的孔）； (2) 单击 按钮，选择槽内侧面，单击 按钮移除材料，最后单击 按钮
6 存盘	保存设计文件	单击 按钮完成存盘	如果要改变目录存盘或名称，可执行"文件"→"另存为"命令保存模型的副本
小结		本实例为切割体模型，一般建模按以上切除材料的思路和步骤操作，当然，本例基本体的创建也可以通过草绘"凹"形截面后拉伸操作得到。 　　本实例来自工学结合生产项目，孔、螺纹、倒角等特征将在后续相关课题中学习。	

【例 3-2】 支架设计

支架设计图形如图 3-2 所示。

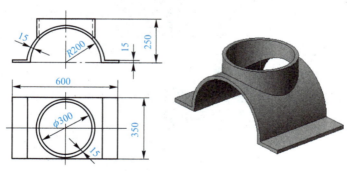

图 3-2　支架设计图形

教学任务：

完成支架的三维实体设计，掌握基准平面的创建、加厚草绘工具的使用，以及拉伸深度方式的选择与操作。

操作分析：

该模型可分解成三个主要特征，即薄板半圆柱特征、薄板圆柱特征、圆孔特征。薄板特征使用"加厚草绘"命令创建可以减少草绘工作量，薄板圆柱特征创建时需事前创建一个基准平面作为"草绘平面",并使用"拉伸至指定的面"选项以使两特征正确相交,最后用拉伸创建一个孔特征。

操作过程:

支架建模过程见表 3-2。

表 3-2　支架建模过程

任务	步骤	操作结果	操作说明
1 新建文件	新建"零件"文件	新建文件名:SL3-2.prt	新建操作同前例
2 创建拉伸特征	进入草绘界面		在"模型"中单击 按钮创建拉伸特征。直接选定草绘平面,选择草绘平面进入草绘界面。单击 按钮调整草绘视图
	草绘截面	200 600	绘制开放的截面曲线链,单击 按钮完成,退出草绘界面。 注意:拉伸实体截面要求是封闭的,如果单击 按钮加厚草绘,截面可以是开放的
	设置拉伸参数	350　15	设置拉伸参数: (1)单击 按钮,进行对称拉伸,输入拉伸深度 350; (2)在"加厚草绘"框中输入 15,单击右侧的方向 按钮,确保向外加厚

· 29 ·

续表

任务	步骤	操作结果	操作说明
2 创建拉伸特征	完成拉伸		单击 ✓ 按钮完成拉伸特征的创建，在左侧模型树上出现拉伸特征图标，方便后续模型的操作管理 模型树 SL2-2.PRT RIGHT TOP FRONT PRT_CSYS_DEF ▶ 拉伸 1 → 在此插入
3 创建凸台拉伸特征	创新基准准平面 DTM1		单击 □ 按钮，选择 TOP 面，在弹出的"基准平面"对话框中输入偏距 250
	草绘截面	Ø 330.00	单击形状工具栏中的 按钮，以新建的基准平面 DTM1 为草绘平面，绘制圆截面，完成草绘
	设置拉伸参数		单击"拉伸至与选定曲面相交"按钮，选择外圆弧曲面。
	完成凸台拉伸		单击 ✓ 按钮完成拉伸特征 1 的创建 ▶ 拉伸 1 DTM1 ▶ 拉伸 2 ▶ 拉伸 3 → 在此插入

续表

任务	步骤	操作结果	操作说明
4 创建圆孔拉伸特征	草绘截面	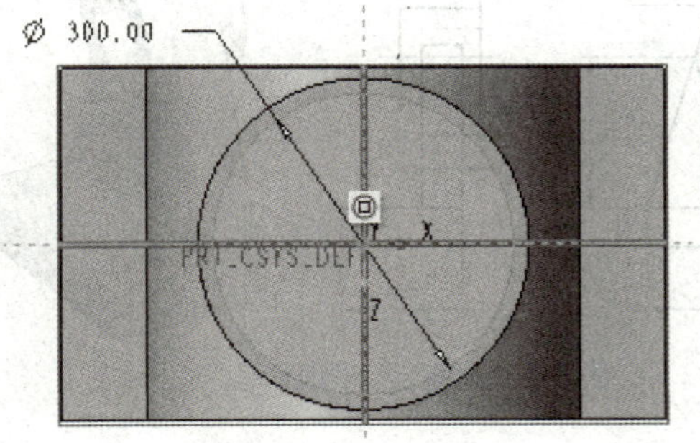 ⌀ 300.00	单击形状工具栏中的 按钮,以新建的基准平面 DTM1(或圆柱端面)为草绘平面,绘制如图所示的圆截面,完成草绘
	设置拉伸参数	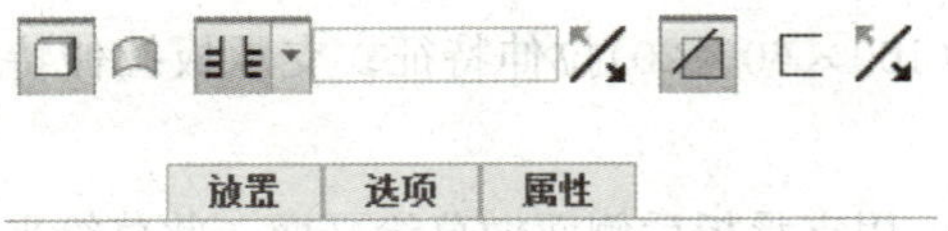	单击"拉伸至与所有曲面相交" 按钮去除材料,单击 按钮去除材料,单击 按钮,选定拉伸方向为向下
	完成孔的拉伸切除	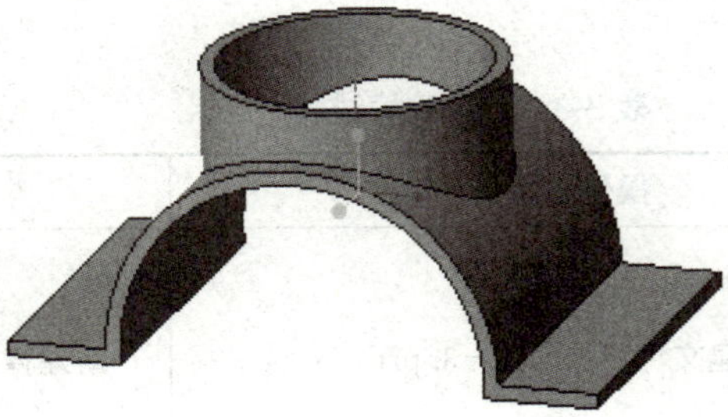	单击 按钮,完成拉伸特征 2 的创建 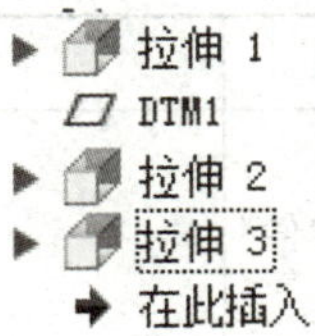 ▶ 拉伸 1 DTM1 ▶ 拉伸 2 ▶ 拉伸 3 ➡ 在此插入
5 存盘	保存设计文件	单击 按钮完成存盘	如果要改变目录存盘或名称,可执行"文件"→"另存为"命令,保存模型的副本
	小结	通过加厚选项操作可以提高建模效率,本实例如果用端面厚度作为截面拉伸,绘制截面相对较复杂。采用对称拉伸的选项是为了方便后续创建圆柱凸台时能快速找到中心基准。	

Creo5.0 实例教程

【例 3-3】 轴座设计

轴座设计图形如图 3-3 所示。

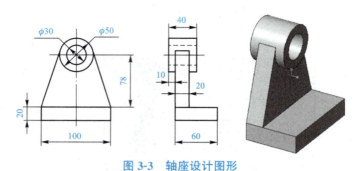

图 3-3　轴座设计图形

教学任务：

完成轴座三维实体设计，掌握创建双侧不对称深度的拉伸方法。

操作分析：

零件分 3 个特征，即底板（100×60×20）拉伸特征；支承板拉伸特征；一个带孔圆柱拉伸特征。

在创建带孔圆柱体特征时，用支承板后侧面做草绘平面，此草绘平面与圆柱体的两端不相等，因此，采用双侧不等深度拉伸来处理较为便捷。

操作过程：

轴座建模过程见表 3-3。

表 3-3　轴座建模过程

任务	步骤	操作结果	操作说明
1 新建文件	新建"零件"文件	新建文件名：SL3－3.prt	新建操作同前例
2 创建拉伸 1	调用拉伸命令进入草绘		在"模型"中单击"拉伸"按钮，创建拉伸特征。直接选定 FRONT 草绘平面进入草绘。单击按钮调整视图
	绘制拉伸截面圆		绘制截面圆，单击 ✔ 按钮完成

续表

任务	步骤	操作结果	操作说明
2 创建拉伸1	设置拉伸深度	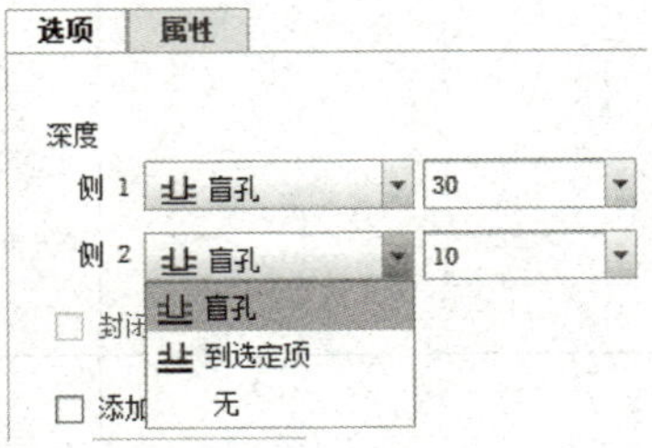	在操控板中单击"选项"选项卡，设定深度为：侧1盲孔30，侧2盲孔10
	完成底板创建	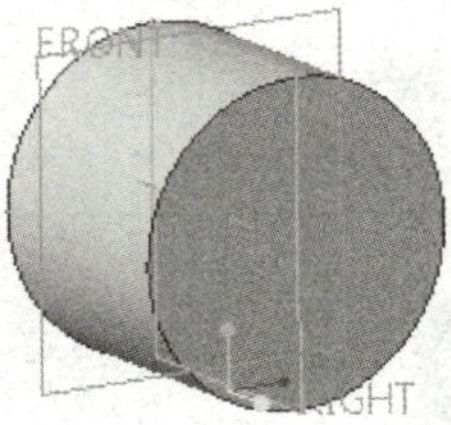	在操控板上单击✓按钮，完成拉伸的创建
3 创建拉伸支撑板	调用拉伸指令并绘制拉伸截面	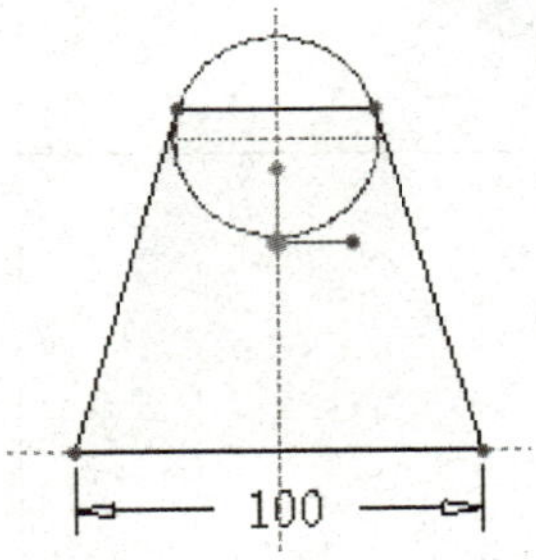	（1）选择FRONT面或使用先前的平面作为草绘平面； （2）草绘图示截面，注意约束控制相切
	设置拉伸参数	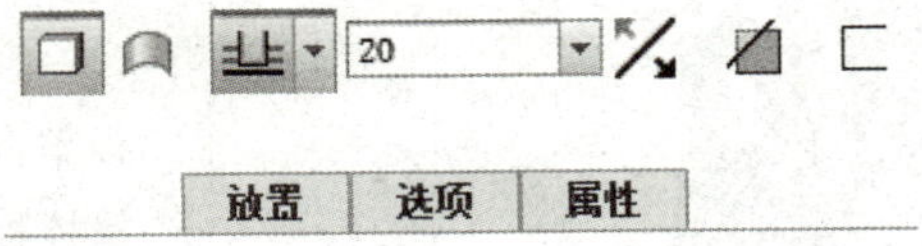	设置拉伸深度为20，调整拉伸方向向前
	完成支撑板创建	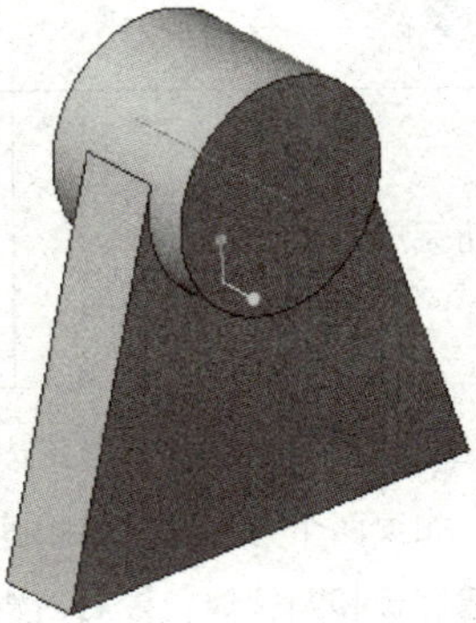	在操控板上单击✓按钮，完成拉伸的创建

续表

任务	步骤	操作结果	操作说明
4 创建轴套孔	调用拉伸指令并绘制拉伸截面	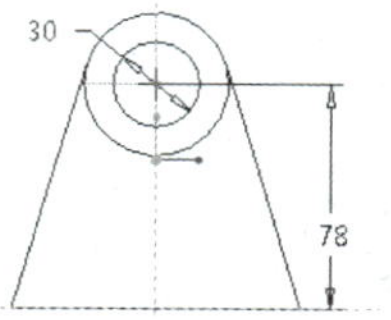 (图：30、78 尺寸标注的圆)	单击按钮创建拉伸特征。选择圆柱前端面作为草绘面，绘制如图的圆
	设置拉伸参数	 (图：操控板参数)	单击"拉伸至与所有曲面相交"按钮，单击按钮去除材料，再单击按钮选定拉伸方向为向里
	完成支轴套创建	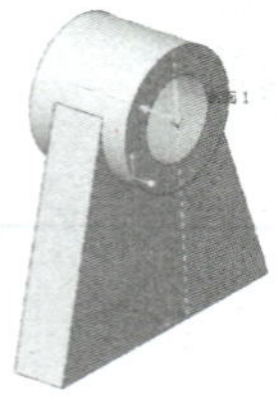 (图：支轴套模型)	在操控板上单击按钮，完成拉伸的创建
5 创建拉伸底板	草绘拉伸截面	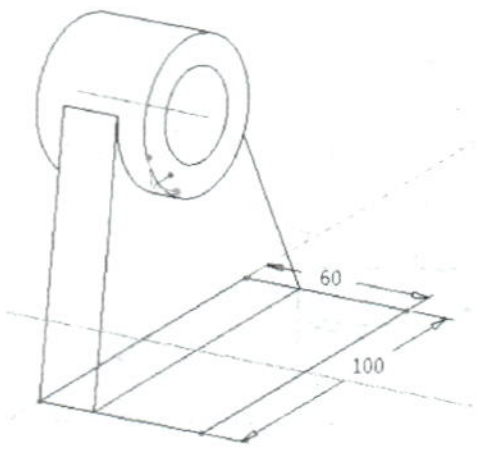 (图：60、100 矩形截面)	单击按钮创建拉伸特征。选择 TOP 面或者支撑板底面作为草绘面，绘制如图的矩形截面
	创建拉伸	 (图：带底板的支架模型)	设置向下拉伸深度为 20，在操控板上单击按钮，完成拉伸的创建
6 存盘	保存设计文件	单击按钮完成存盘	如果要改变目录存盘或名称，可执行"文件"→"另存为"命令，保存模型的副本
	小结	拉伸深度设置默认是单向的，根据建模需要可以通过选项卡中设置侧1、侧2两个方向的不同深度值，如果两个方向深度值相同则可以直接用对称拉伸选项。本实例也可以先分别创建底板和圆柱体，最后创建连接的支撑板	

课题 3 拉伸实体特征建模

【例 3-4】 连接板设计

连接板设计图形如图 3-4 所示。

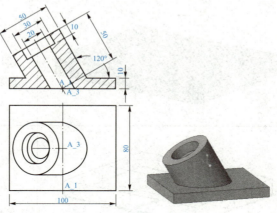

图 3-4 连接板设计图形

教学任务：

完成连接板设计，巩固拉伸操作的一般方法，掌握通过创建基准来进行拉伸的方法。

操作分析：

该连接板零件由固定底板、连接圆柱体、阶梯孔 3 部分组成，可以通过拉伸来创建这些特征。本实例的关键是圆柱体拉伸特征的创建，需要事先在圆柱体端面处创建一基准面作为草绘平面。

操作过程：

连接板建模过程见表 3-4。

表 3-4 连接板建模过程

任务	步骤	操作结果	操作说明
1 新建文件	新建"零件"文件	新建文件名：SL3－4.prt	新建操作同前例
2 创建固定底板	调用拉伸指令并绘制拉伸截面		(1) 选取 TOP 面为草绘面进入草绘界面； (2) 草绘 100×80 的长方形，使边长约束关于中心线对称； (3) 单击 ✔ 按钮，完成并退出草绘界面

· 35 ·

续表

任务	步骤	操作结果	操作说明
2 创建固定底板	设置拉伸参数并完成		(1)设置拉伸深度为10; (2)在绘图区单击鼠标中键完成底板的创建
3 创建圆柱体	创建基准轴 A_1		单击 ⁄ 按钮,按住 Ctrl 键,选择 RIGHT 及 TOP 基准面作为参照,创建基准轴 A_1
	创建基准面 DTM1		单击 ⧠ 按钮,按住 Ctrl 键,选择基准轴 A_1 及底板上表面作为参照,旋转角度设为 30°,创建基准面 DTM1
	创建基准面 DTM2		单击 ⧠ 按钮,选择基准面 DTM1 作参照,偏距设为 50(反方向时为 -50),创建基准面 DTM2

续表

任务	步骤	操作结果	操作说明
3 创建圆柱体	调用拉伸指令并绘制拉伸圆截面	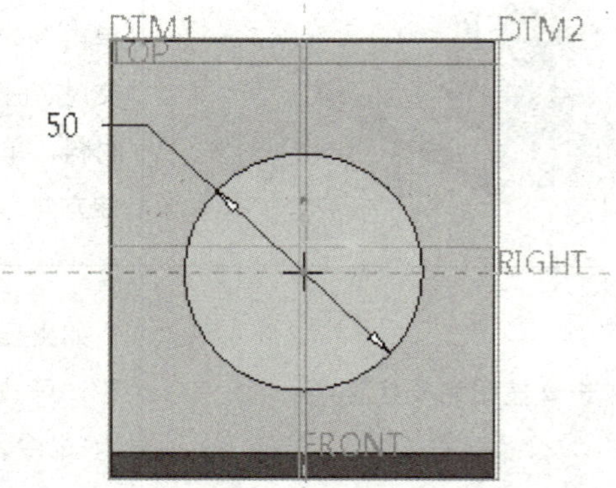	选取 DTM2 面为草绘平面，绘制直径为 50 的圆截面，单击 ✔ 按钮，完成并退出草绘界面
	设置拉伸参数，完成拉伸	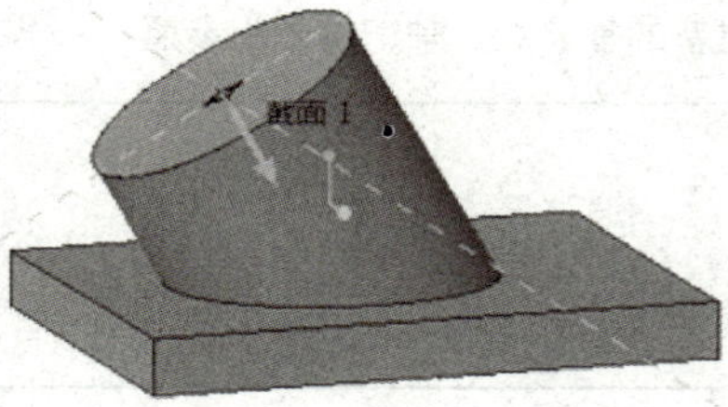	单击 ▭ 按钮拉伸至下一曲面，单击鼠标中键完成
4 创建阶梯孔	进入草绘界面		单击 ▭ 按钮，在绘图区单击鼠标右键，定义内部草绘，在弹出的"草绘"对话框中选择"使用先前的"作为草绘平面
	绘制拉伸圆截面	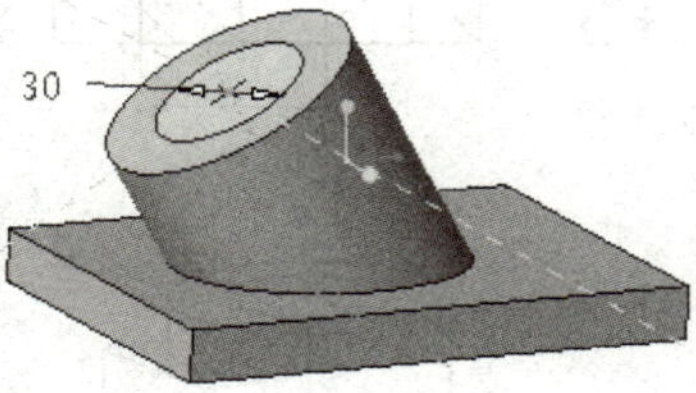	绘制直径为 30 的圆截面，单击 ✔ 按钮，完成并退出草绘界面
	完成沉头孔的创建	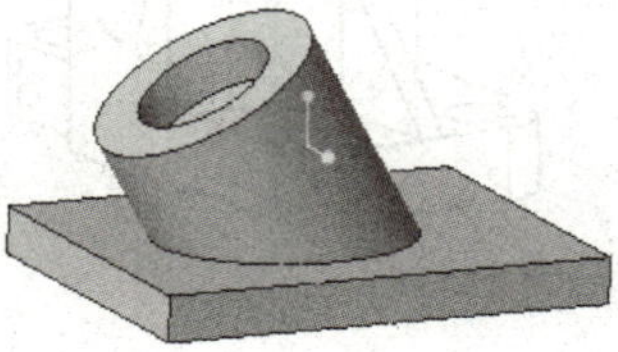	输入拉伸深度为 10，单击 ▭ 去除材料按钮，单击 ╳ 按钮，选定拉伸方向为向下，完成拉伸沉头孔创建

续表

任务	步骤	操作结果	操作说明
4 创建阶梯孔	完成通孔的创建		方法同上,设拉伸深度时,单击"拉伸至与所有曲面相交"按钮，单击 按钮去除材料,单击 按钮,选定拉伸方向为向下
5 存盘	保存设计文件	单击 按钮完成存盘	如果要改变目录存盘或名称,可执行"文件"→"另存为"命令,保存模型的副本
	小结	建模过程中经常遇到需要以不同的方向或位置作为基准的情况,往往需要通过几何关系来创建新的基准点、轴、面作为参照	

五、强化训练

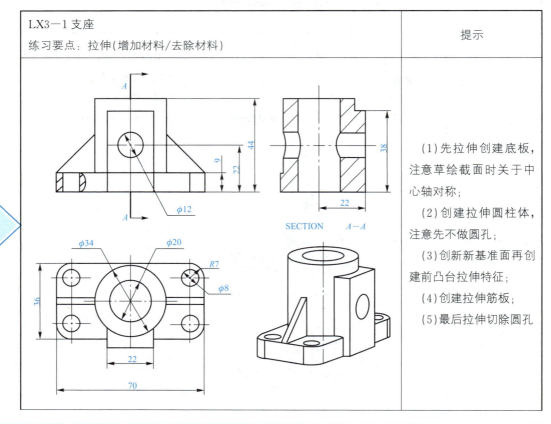

LX3-1 支座

练习要点：拉伸(增加材料/去除材料)

提示：

(1) 先拉伸创建底板，注意草绘截面时关于中心轴对称;

(2) 创建拉伸圆柱体，注意先不做圆孔;

(3) 创新新基准面再创建前凸台拉伸特征;

(4) 创建拉伸筋板;

(5) 最后拉伸切除圆孔

续表

LX3-2 斜轴座 练习要点：拉伸（不平行默认基准时草绘参照的选择）	提示
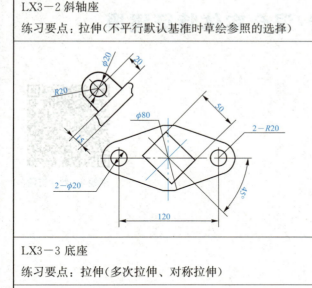	（1）拉伸创建底板； （2）通过中心创建与水平线成45°角的基准平面； （3）在新建的基准上绘制截面进行对称拉伸
LX3-3 底座 练习要点：拉伸（多次拉伸、对称拉伸）	提示
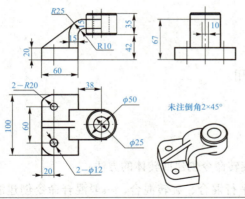	（1）模型前后对称，建底板时注意做好约束关于基准平面对称； （2）支撑板用对称拉伸； （3）加强筋可以用拉伸创建，也可以单击 筋 按钮来创建； （4）所有孔最后创建
LX3-4 创建切割体 练习要点：拉伸（开放截面拉伸去除材料）	提示
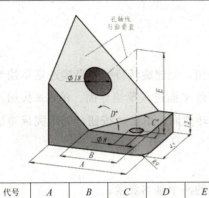	模型为切割体，考虑用拉伸移除材料的方法建模。 （1）拉伸柱体； （2）创建两个切割面的交线，以此作为法线方向创建新基准平面； （3）用拉伸去除材料的方法切去多余部分； （4）倒圆角并创建同心孔； （5）通过几何关系进行草绘确定侧面孔心位置； （6）创建侧孔

代号	A	B	C	D	E
尺寸	60	35	60	130	50

课题 4　旋转/混合实体特征建模

课题 4　数字资源

一、教学知识点

1. 旋转实体特征

(1)基准/参照的选用；
(2)加、减材料的旋转；
(3)基准创建和加厚草绘；
(4)旋转轴线和截面的定义。

2. 混合实体特征

(1)平行混合特征的创建；
(2)旋转混合特征的创建；
(3)一般混合特征的创建；
(4)特征参数的修改，基准/参照的选用。

二、教学目的

(1)了解旋转特征的含义，掌握运用旋转命令创建回转体的方法；
(2)了解混合特征的含义，掌握运用平行混合、旋转混合、一般混合命令创建混合特征的方法。

三、教学内容

1. 旋转实体特征

(1)基本操作步骤：在"模型"中单击 按钮，创建旋转特征。直接选定草绘平面或在绘图区单击鼠标右键，定义内部草绘。选择草绘平面进入草绘界面。单击 按钮，调整视图。单击 按钮，绘制旋转中心线。草绘旋转截面。单击 按钮，确定完成草绘。设置旋转角度和方向，单击 按钮，完成设置。

(2)操作要领与技巧：

1)旋转中心线及旋转截面是创建旋转特征的两个基本要素；
2)旋转特征与拉伸特征相同，建模时可以增加材料，也可以切减材料；
3)旋转轴可以在草绘截面时创建，也可以退出草绘后选择边线作为旋转轴线；

4)创建旋转实体一般要求截面是封闭的,且旋转截面只能绘制在旋转中心线的一侧,如果创建薄板特征时,截面可以是开放的。

2. 混合实体特征

(1)基本操作步骤:

1)平行混合特征。在"模型"中单击 按钮,进入混合特征选项,执行"截面"→"草绘截面"→"定义…"命令,或在绘图区单击鼠标右键,定义内部草绘。选择草绘平面进入草绘界面,单击 按钮,调整视图。绘制混合截面1,单击 按钮,退出草绘。重复以上步骤,定义偏移尺寸并绘制混合截面2、截面3……。最后单击 按钮。

2)旋转混合特征。在"模型"中单击 按钮进入混合特征选项,执行"截面"→"草绘截面"→"定义…"命令,或在绘图区单击鼠标右键,定义内部草绘。选择草绘平面进入草绘界面,单击 按钮,调整视图。单击 按钮,绘制旋转中心线,绘制混合截面1,单击 按钮,退出草绘。重复以上步骤,定义偏移尺寸并绘制混合截面2、截面3……最后单击 按钮。

3)一般混合特征。执行搜索"继承"→"特征"→"创建"→"伸出项"→"混合"→"常规"→"选截面和连接属性"→"完成"命令,设置草绘平面进入草绘,绘制截面1和旋转坐标系,单击 按钮。输入X、Y、Z轴方向的旋转角度,绘制截面2,单击 按钮(若有更多截面,选择"是"继续,否则选择"否"退出草绘)。输入截面间深度,确定完成。

(2)操作要领与技巧:

1)混合选项:有"直"或"平滑"两个选项,具有不同的连接效果;

2)混合特征需要至少两个或以上的截面,各个截面要求节点数相同,如果顶点数不一致时,可以通过打断截面曲线来增加节点或通过"混合顶点"的方法定义重合顶点;

3)点也可以看作是一个特殊的混合截面,但需作为最后一个截面创建;

4)注意截面间的起点位置和方向要对应,否则创建混合特征时会出现扭曲变形。

四、教学实例

【例 4-1】 手柄设计

手柄设计图形如图 4-1 所示。

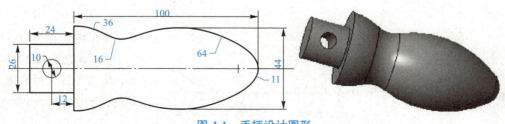

图 4-1 手柄设计图形

教学任务:

完成手柄模型的三维实体建模，掌握基本旋转特征的创建方法。

操作分析：

该手柄零件是一回转体，需要用旋转命令来创建模型，手柄上的圆孔可以用上一课题中的拉伸切除的方法来创建，也可以直接用孔特征来创建，还可以用旋转去除材料的方法切除得到。

操作过程：

手柄建模过程见表 4-1。

表 4-1　手柄建模过程

任务	步骤	操作结果	操作说明
1 新建文件	新建"零件"文件	新建文件名：SL4－1.prt	新建操作参见前例
2 创建旋转特征	调用旋转命令进入草绘界面	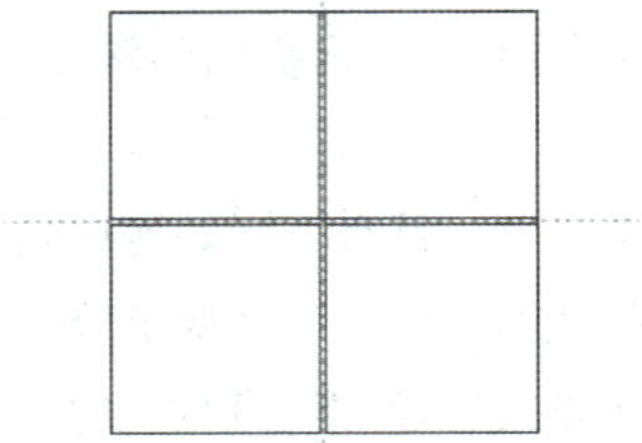	在"模型"中单击 旋转 按钮，创建旋转特征。在对话框中单击"放置"选项卡，单击定义按钮或在绘图区单击鼠标右键，定义内部草绘。选择草绘平面进入草绘界面，单击 按钮，调整视图
	绘制旋转截面 方法一：直接草绘截面		单击 中心线 按钮，添加旋转中心线，绘制如图封闭截面
	绘制旋转截面 方法二：导入文件系统	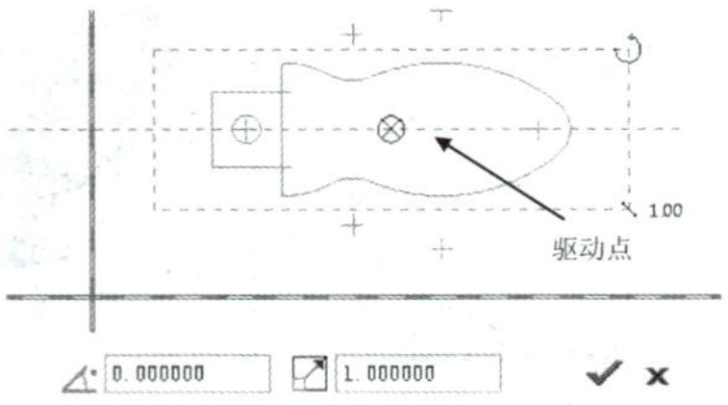	单击左上角的文件系统按钮，导入课题1创建好的草绘，单击放置文件图形，设置角度为0，缩放大小为1

· 42 ·

续表

任务	步骤	操作结果	操作说明
2 创建旋转特征	绘制旋转截面	方法二：导入文件系统	(1)调整驱动点：按住鼠标右键拖动驱动点至图形原点； (2)移动图形：按住鼠标左键拖动驱动点移动图形至坐标原点放置，单击 ✔ 按钮确定
			单击 中心线 按钮，添加旋转中心线，修剪中心线一侧的所有图元，创建封闭截面
	设置旋转参数		接受操控板上的默认值360
	完成旋转特征		在操控板上单击 按钮或直接单击鼠标中键完成旋转实体的创建
3 创建孔	拉伸切除孔		单击 按钮，草绘圆，单击 按钮，单击鼠标中键完成，拉伸移除时注意设置双向穿透
4 存盘	保存设计文件	单击 按钮完成存盘	如果要改变目录存盘或名称，可执行"文件"→"另存为"命令，保存模型的副本
	小结	旋转特征是截面绕着中心轴旋转扫描而得，建模需要有创建旋转截面，定义中心轴及旋转角度	

【例 4-2】 茶杯设计

茶杯设计图形如图 4-2 所示。

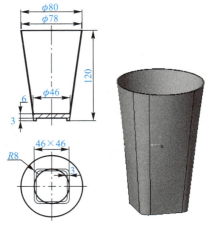

图 4-2　茶杯设计图形

教学任务：

完成茶杯三维实体模型的设计，掌握混合特征及旋转特征的创建方法。

操作分析：

茶杯模型外形为圆口方底形状，各平行截面不同，采用平行混合命令来创建，茶杯内壁为口部大底部小的圆形，具有旋转和混合的形状特征，可以通过旋转命令或混合命令来创建，杯底槽通过拉伸命令来切除。

操作过程：

茶杯建模过程见表 4-2。

表 4-2　茶杯建模过程

任务	步骤	操作结果	操作说明
1 新建文件	新建"零件"文件	新建文件名：SL4－2.prt	新建操作参见前例
2 创建杯体	调用混合命令绘制混合截面1		在"模型"中单击 混合 按钮，进入混合特征选项。执行"截面"→"草绘截面"→"定义"命令，选择草绘平面进入草绘界面。单击 按钮调整视图，绘制截面1，单击 ✓ 按钮

课题 4　旋转/混合实体特征建模

续表

任务	步骤	操作结果	操作说明
2 创建杯体	绘制混合截面 2		定义偏移尺寸为 120，以同样的方法进入草绘，绘制 φ80 的圆，通过圆心和截面 1 的顶点创建构造中心线，在圆的交点处打断，得到截面 2 与截面 1 相同的节点数 8 个，单击 ✔ 按钮完成
	设置旋转参数		在操控板上单击 ✔ 按钮或直接单击鼠标中键完成混合特征的创建
3 创建茶杯内壁	方法一：旋转命令移除材料		调用"旋转"命令创建旋转截面，单击 按钮进行移除材料
	方法二：混合命令移除材料		调用"混合"命令，选择杯口端面为草绘平面，绘制 φ78 截面 1，单击 ✔ 按钮，绘制 φ4 截面 2，定义偏移尺寸为 −114(反向)，单击 按钮进行移除材料

· 45 ·

续表

任务	步骤	操作结果	操作说明
4 创建杯底切槽	拉伸命令移除材料		调用"拉伸"命令,选择底面为草绘平面,进入草绘后单击 偏移 按钮,选择"环"单选按钮,选择轮廓,输入向内偏移3,单击"确定"按钮,输入切除材料深度3,单击 按钮
5 存盘	保存设计文件	单击 按钮完成存盘	如果要改变目录存盘或名称,可执行"文件"→"另存为"命令,保存模型的副本
小结		平行混合是由两个及以上大小或形状不同的平行截面通过顶点连接起来得到的,所以要求各截面顶点数必需一样多,且对应起点要一致,多个截面时,顶点连接可以是直的或是光滑的,得到不同的效果	

【例 4-3】 指环设计

指环设计图形如图 4-3 所示。

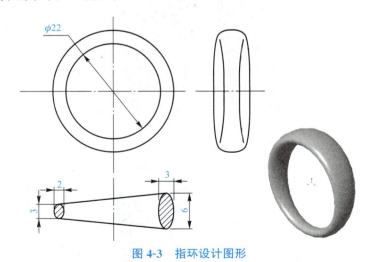

图 4-3 指环设计图形

教学任务:

完成指环模型设计,掌握创建旋转混合的基本方法。

操作分析：

该模型由三个椭圆截面经过旋转混合而成，在创建第一个草绘截面时需创建旋转中心线，设定旋转直径或半径，创建其他截面时需定义旋转半径及与上一截面的旋转角度（设定值允许范围为−120°～120°）。

操作过程：

指环建模过程见表4-3。

表4-3 指环建模过程

任务	步骤	操作结果	操作说明
1 新建文件	新建"零件"文件	新建文件名：SL4−3.prt	操作方法与前例同
2 创建旋转混合特征	调用混合指令	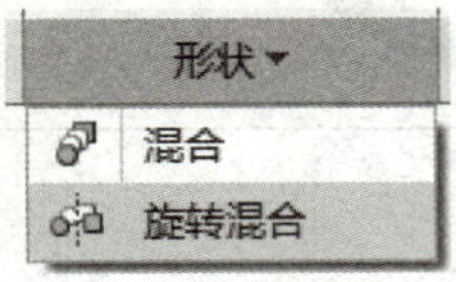	执行"模型"→"形状"→"旋转混合"命令。在"选项"中单击"平滑"按钮
	绘制混合截面1	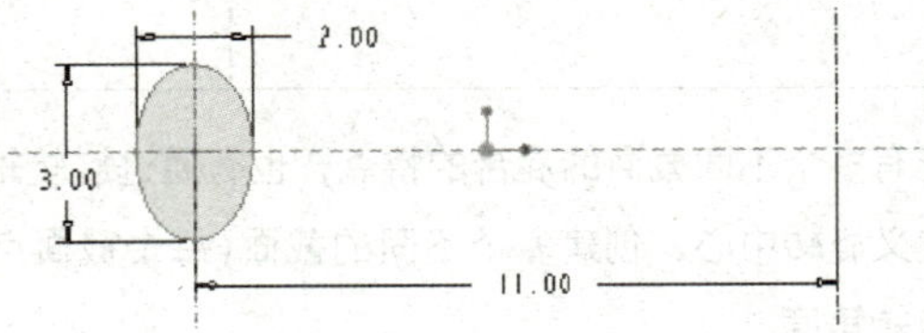	执行"截面"→"草绘截面"→"定义"命令，选择草绘平面进入草绘界面。单击 按钮，调整视图。绘制旋转中心线及截面1，单击✔按钮
	绘制混合截面2	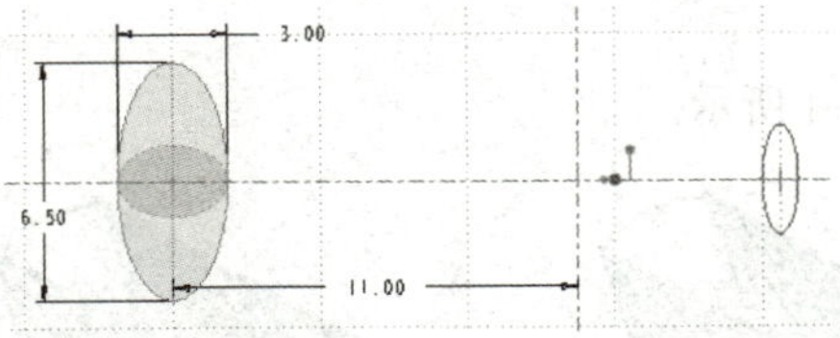	同上方法绘制混合截面2，单击✔按钮
	绘制混合截面3	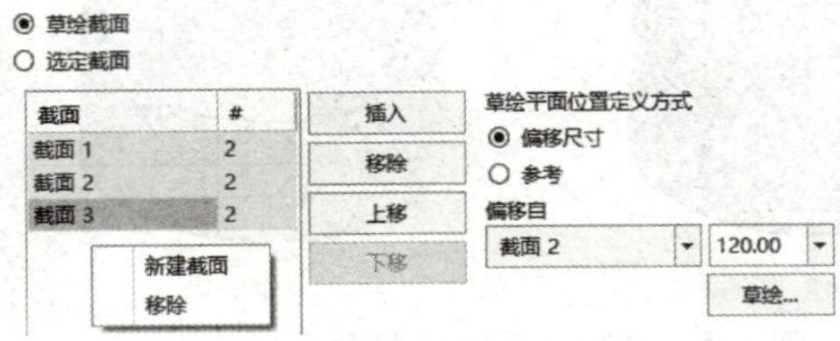	在"截面"选项卡中单击鼠标右键，新建截面，绘制混合截面3（同截面2），单击✔按钮

续表

任务	步骤	操作结果	操作说明
2 创建旋转混合特征	设置旋转参数及选项属性		在"截面"选项卡中设置偏移尺寸,定义截面间的旋转角度均为120°,在"选项"选项卡中单击"平滑"按钮,勾选"连接终止截面和起始截面",单击 ✓ 按钮
	完成旋转混合特征创建		改变选项属性可以得到不同的建模效果
3 存盘	保存设计文件	单击 🖫 按钮完成存盘	如果要改变目录存盘或名称,可执行"文件"→"另存为"命令,保存模型的副本
	小结	旋转混合既有多个不同截面的混合的特点,也有通过旋转轴旋转而得的特点,建模时需要定义旋转中心,创建多个不同的截面(每个截面点数要一样多),设置截面间的旋转角度	

【例 4-4】 电吹风套头设计

电吹风套头设计图形如图 4-4 所示。

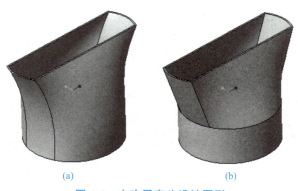

(a)　　　　　　　　(b)

图 4-4　电吹风套头设计图形

(a)光滑;(b)直

教学任务：

完成电吹风套头零件设计，掌握多截面平行混合建模方法及在截面上加入截断点与不同连接属性的平行混合建模。

操作分析：

该模型不同的各截面间相互平行且光滑过度，故使用平行混合/光滑来创建。在草绘混合各截面时，要求各个截面具有相同的顶点数（增加顶点数可以通过截断点或者启用混合顶点），而且混合起点位置要相对应，否则创建出的模型会出现扭曲变形。另外，选择不同的连接属性可以得到不同的造型效果。

操作过程：

电吹风套头建模过程见表 4-4。

表 4-4　电吹风套头建模过程

任务	步骤	操作结果	操作说明
1 新建文件	新建"零件"文件	新建文件名：SL4－4.prt	操作参见前例
2 创建平行混合特征	调用混合命令		执行"模型"→"形状"→"混合"命令，单击"创建薄特征"按钮，设置厚度为"2"
	草绘截面1		(1) 执行"截面"→"草绘截面"→"定义"命令，选择"TOP"面，默认"草绘"，进入草绘界面； (2) 按图尺寸草绘截面1，保证参照中心为对称中心单击"确定"按钮，退出草绘界面

续表

任务	步骤	操作结果	操作说明
2 创建平行混合特征	草绘截面 2	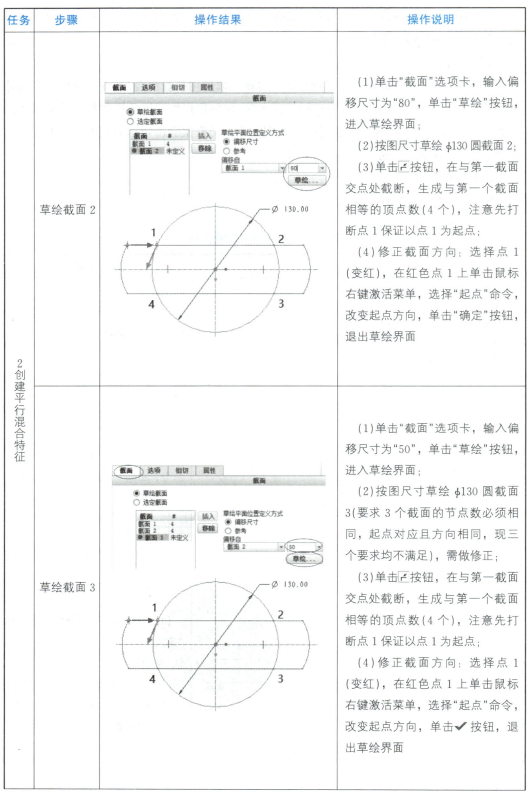	(1)单击"截面"选项卡，输入偏移尺寸为"80"，单击"草绘"按钮，进入草绘界面； (2)按图尺寸草绘 φ130 圆截面 2； (3)单击 ☑ 按钮，在与第一截面交点处截断，生成与第一个截面相等的顶点数(4 个)，注意先打断点 1 保证以点 1 为起点； (4)修正截面方向：选择点 1 (变红)，在红色点 1 上单击鼠标右键激活菜单，选择"起点"命令，改变起点方向，单击"确定"按钮，退出草绘界面
	草绘截面 3		(1)单击"截面"选项卡，输入偏移尺寸为"50"，单击"草绘"按钮，进入草绘界面； (2)按图尺寸草绘 φ130 圆截面 3(要求 3 个截面的节点数必须相同，起点对应且方向相同，现三个要求均不满足)，需做修正； (3)单击 ☑ 按钮，在与第一截面交点处截断，生成与第一个截面相等的顶点数(4 个)，注意先打断点 1 保证以点 1 为起点； (4)修正截面方向：选择点 1 (变红)，在红色点 1 上单击鼠标右键激活菜单，选择"起点"命令，改变起点方向，单击 ✓ 按钮，退出草绘界面

续表

任务	步骤	操作结果	操作说明
2 创建平行混合特征	设置混合特征属性		(1)单击▣按钮，设置壁厚为"2"； (2)在"选项"选项卡中选择"平滑"选项，单击▣按钮，结果如图； (3)若执行"选项"→"直"命令，则单击▣按钮后结果如图
4 存盘	保存设计文件	单击▣按钮完成存盘	如果要改变目录存盘或名称，可执行"文件"→"另存为"命令，保存模型的副本
小结		可否以圆作为第一个截面创建？ 　圆没有顶点，如果将圆作为第一个截面来创建，将无法确定与下一截面对应的顶点位置，所以，一般先创建有最多顶点的截面为第一截面，再创建圆截面时可以上一个截面的顶点为参照，通过打断圆弧来添加顶点	

五、强化训练

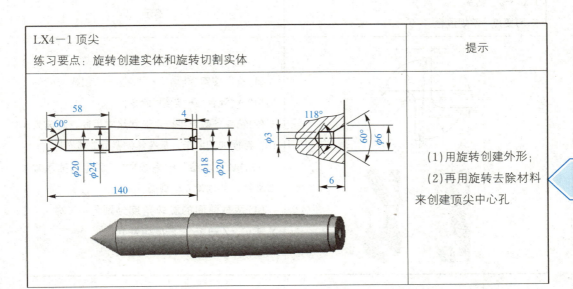

LX4-1 顶尖 练习要点：旋转创建实体和旋转切割实体	提示
	(1)用旋转创建外形； (2)再用旋转去除材料来创建顶尖中心孔

续表

	提示
LX4－2 旋钮 练习要点：旋转切割实体（旋转轴的恰当选择）	(1)以主视轮廓的一半绘制封闭的截面，旋转创建旋钮基体； (2)旋转切割 1 个凹槽； (3)镜像得另外 1 个凹槽
LX4－3 车标 练习要点：旋转及混合特征创建	(1)创建混合特征，第一个截面为三棱截面，第二个截面为一个点； (2)旋转创建圆环特征
LX4－4 钩形座 练习要点：拉伸、平行混合、旋转混合	(1)底座用拉伸＋平行混合创建（也可以只用平行混合创建）； (2)钩形部分用旋转混合创建，第一截面为底座上表面，第二、第三截面分别为椭圆和圆，均绕 Y 轴旋转 60°（尺寸比例自定）
LX4－5 钻头 练习要点：常规混合	(1)执行搜索"继承"→"特征"→"创建"→"伸出项"→"混合"→"常规"命令； (2)钻头各截面平行且形状尺寸相同，距离为 10；截面如图所示，保存绘制截面二维草图； (3)执行"草绘"→"系统文件"命令来插入截面文件，共创建 6 个截面； (4)两截面间的旋转角度分别为：X 轴 0°、Y 轴 0°、Z 轴 45°、深度均为 10

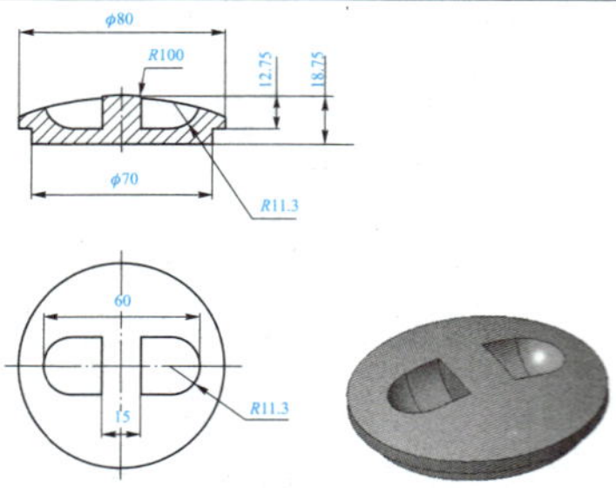

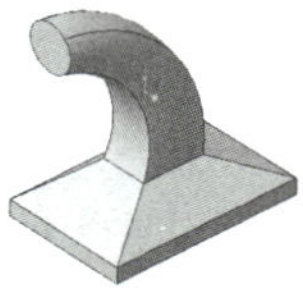

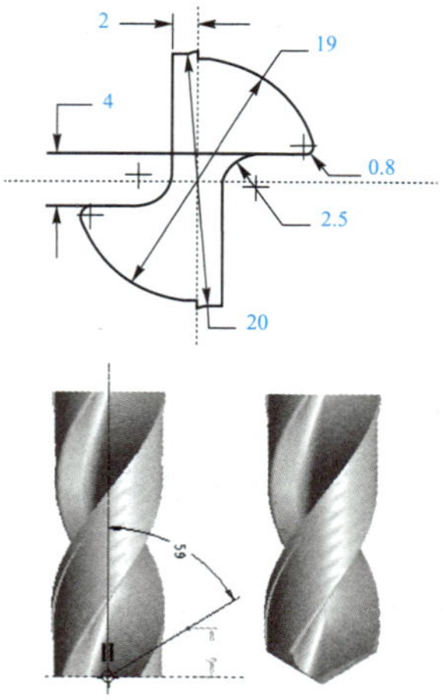

课题 5　扫描特征建模
（扫描/螺旋扫描/扫描混合/可变截面扫描）

一、教学知识点

课题 5　数字资源

1. 扫描实体特征

(1)基准/参照的选用；

(2)扫描轨迹和扫描截面的定义；

(3)扫描生成实体或薄壁实体；

(4)扫描切割实体；

(5)特征参数的修改。

2. 螺旋扫描特征

(1)螺旋扫描的建模要素和步骤；

(2)螺旋轨迹(中心线、螺旋曲面的轮廓轨迹线和螺距)；

(3)截面及其与轨迹线的位置关系；

(4)生成材料和切除材料；

(5)特征的修改。

3. 扫描混合特征

(1)扫描混合的建模要素和步骤；

(2)螺旋扫描轨迹、截面绘制及位置的选取；

(3)特征的修改。

4. 可变截面扫描特征

(1)可变截面扫描的建模要素和步骤；

(2)轨迹线的创建与选择；

(3)截面创建及控制方式；

(4)特征的修改。

二、教学目的

(1)通过本课题了解"扫描"命令的含义,掌握如何将草绘截面沿轨迹线扫描来创建扫描特征模型。

(2)了解螺旋扫描、扫描混合和可变截面扫描实体特征的应用特点,熟练掌握这三种特征的建模方法。

三、教学内容

1. 基本操作步骤

(1)扫描。执行"新建"→"零件"→"扫描"命令,定义扫描轨迹,单击✔按钮,定义扫描截面,单击✔按钮,再单击"确定"按钮完成。

(2)螺旋扫描。执行"模型"→"扫描"→"螺旋扫描"命令,单击▢按钮创建实体(或薄特征/曲面等),设置属性("参考"/"间距""选项""属性"等),设置起点(中心线和轨迹线),草绘截面,单击✔按钮预览,单击✔按钮完成。

(3)扫描混合。单击∿按钮,草绘轨迹,执行"模型"→"扫描混合"命令,单击▢按钮创建实体(或薄特征/曲面等),进行参考设置(选取轨迹、截面位置及角度选择),绘制各个截面,单击✔按钮预览,单击✔按钮完成。

(4)可变截面扫描。单击∿按钮,草绘轨迹曲线,单击"扫描"按钮,单击▢按钮创建实体(或单击▢按钮创建曲面),单击"可变截面扫描"按钮∠,进行参照设置、选取多条轨迹、设置轨迹(X轨迹、原点轨迹等),绘制截面,单击两次✔按钮。

2. 操作要领与技巧

(1)扫描特征。扫描轨迹和扫描截面是扫描特征的两个基本要素;在扫描过程中,扫描截面始终垂直于扫描轨迹,可以在起点或者是定义的位置点草绘截面;扫描轨迹线可以通过单击鼠标右键来切换选取。从建模原理上说,拉伸和旋转都是扫描实体特征的特例,拉伸实体特征是将截面沿直线扫描,旋转实体特征是将截面沿圆周扫描。

(2)螺旋扫描特征。螺旋扫描特征的扫描轨迹线是假想螺旋线,由扫描外形线和螺旋节距定义的,其不会在特征几何上显现出来,因此,绘制扫描外形线时必须绘制旋转轴线和轮廓轨迹线,注意轮廓轨迹线不能为封闭的曲线而且不能与旋转轴的法线相切。

(3)扫描混合。扫描混合同时具有扫描和混合的双重特点,要求各截面几何图元数要相等,起始点方向相同;当扫描轨迹线是开放的,在轨迹线的起始点和终点处必须要建立截面;当扫描轨迹线是闭合的,该轨迹线必须要存在两个或两个以上的断点,而截面可以建立在这些断点处。

(4)可变截面扫描。可变截面扫描是将草绘截面约束到多条轨迹或者使用 trajpar 参数

课题 5　扫描特征建模(扫描/螺旋扫描/扫描混合/可变截面扫描)

关系将草绘截面沿着轨迹链变化；轨迹或轨迹链应在执行可变截面扫描功能之前创建。

四、教学实例

【例 5-1】　管接头设计

管接头设计图形如图 5-1 所示。

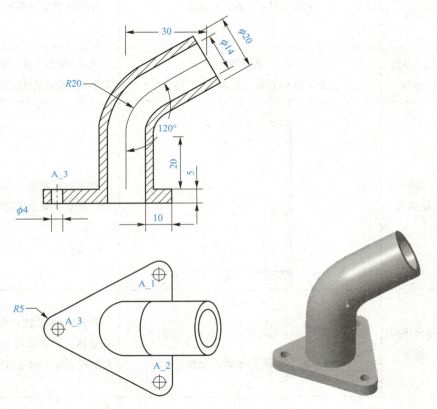

图 5-1　管接头设计图形

教学任务：

完成管接头三维实体模型的设计，掌握创建扫描实体特征的方法，包括扫描伸出项(增加材料)、薄板伸出项(薄壁加厚)和切口(去除材料)的操作。

操作分析：

本例先用扫描实体特征来创建圆管后，再用拉伸命令来创建底板。调用扫描前先使用外部草绘创建扫描轨迹线，再选取轨迹线来创建扫描特征，扫描圆管时可以用创建薄板特征的方法来实现。

操作过程：

管接头建模过程见表 5-1。

表 5-1　管接头建模过程

任务	步骤	操作结果	操作说明
1 新建文件	新建"零件"文件	新建文件名：SL5－1.prt	新建操作参见前例
2 创建扫描管道	进入草绘界面	单击"草绘"按钮，点选 FRONT 面，单击"草绘"按钮	选定 FRONT 面为草绘平面，参照及方位接受默认设置
	绘制轨迹线	（草图：30，R 20，120°，20）	绘制扫描轨迹，单击 ✔ 按钮，完成并退出草绘界面
	调用扫描指令	（扫描操控板：参考 选项 相切 属性，值3）	单击扫描按钮，选择扫描轨迹线，单击按钮创建薄板特征，输入特征值为 3
	草绘截面	（轨迹线起点处圆截面 ⌀20）	单击操控板中的按钮，在轨迹线起点处绘制圆截面，直径为 20
	创建扫描	（管接头三维模型）	单击 ✔ 按钮，完成扫描图形（扫描管道也可以直接绘制两个同心圆截面来构建）

· 56 ·

续表

任务	步骤	操作结果	操作说明
3 创建拉伸底板	草绘拉伸截面	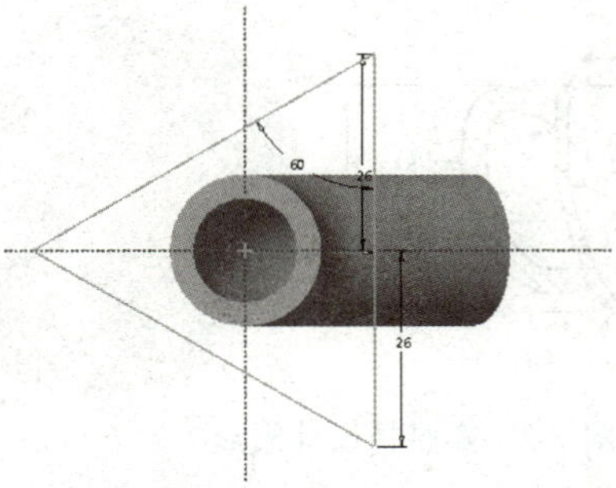	单击 按钮进行拉伸，选择管道端面作为草绘面绘制，草图为等边三角形，边长为52，如图截面
	创建拉伸（底板）		输入拉伸高度为5，单击 按钮完成拉伸创建
4 创建附加特征	倒圆角和孔特征	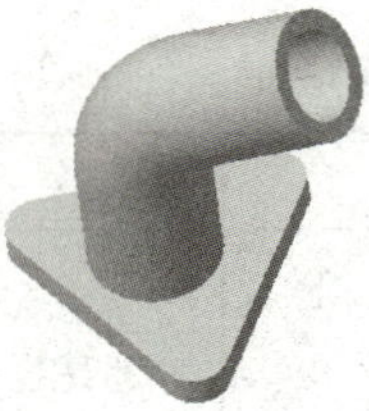 	(1) 单击 按钮，对边倒圆角，半径为5； (2) 创建基准轴：单击 按钮，选择倒圆角曲面创建基准轴； (3) 单击 按钮，选择基准轴和平面，创建直径为4的孔特征
5 存盘	保存设计文件	单击 按钮完成存盘	如果要改变目录存盘或名称，可执行"文件"→"另存为"命令，保存模型的副本
	小结	本案例为管接头，其结构简单，主要目的是使同学们熟悉扫描命令的基本创建流程，为接下来深入学习扫描奠定好基础。本案例底板上的3个小通孔，除运用孔特征创建外，还可以通过拉伸去除材料来实现	

【例 5-2】 咖啡杯设计

咖啡杯设计图形如图 5-2 所示。

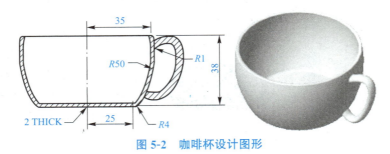

图 5-2　咖啡杯设计图形

教学任务：

完成咖啡杯三维实体模型的设计，掌握扫描特征创建时端面与其他特征相交的处理方法。

操作分析：

水杯的杯体是回转体，利用旋转命令来创建特征，通过设置草绘加厚来得到薄壁杯体（也可以用抽壳工具来创建），水杯手柄部分用扫描特征来创建，要求扫描端部与杯体完好结合。

操作过程：

咖啡杯建模过程见表 5-2。

表 5-2　咖啡杯建模过程

任务	步骤	操作结果	操作说明
1 新建文件	新建"零件"文件	新建文件名：SL5－2.prt	新建操作参见前例
2 创建杯体	调用旋转命令进入草绘界面		在"模型"中单击 按钮，单击 按钮加厚草绘，在"放置"选项卡中选择草绘平面进入草绘，单击 按钮，调整视图
	草绘旋转截面		(1) 绘制如图开放截面； (2) 添加旋转中心线； (3) 完成草绘

续表

任务	步骤	操作结果	操作说明
2 创建杯体	完成旋转特征		旋转角度接受默认设置，加厚草绘值为2，完成旋转特征(本例也可以通过抽壳工具来创建)
3 草绘轨迹	草绘	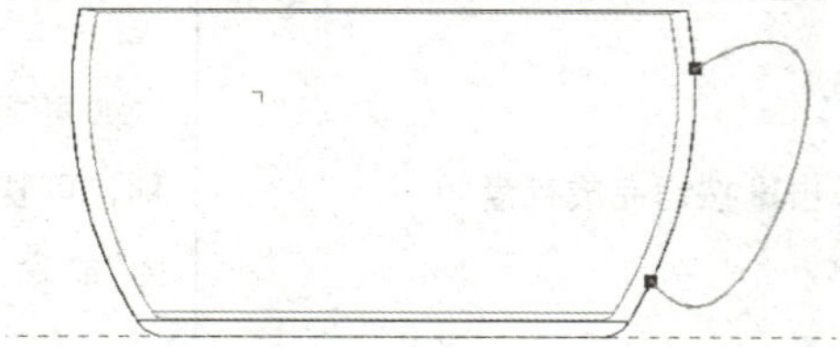	单击 ∽ 按钮进入草绘，绘制样条曲线，约束端点与杯体外轮廓重合
4 创建扫描特征	调用扫描命令		(1)单击 扫描 按钮； (2)选择扫描轨迹线； (3)单击操控板中的 ☑ 按钮进入草绘
	草绘扫描截面	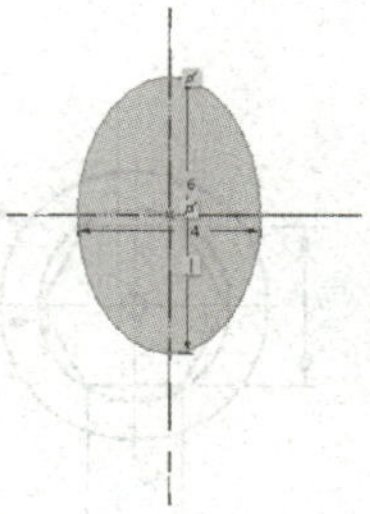 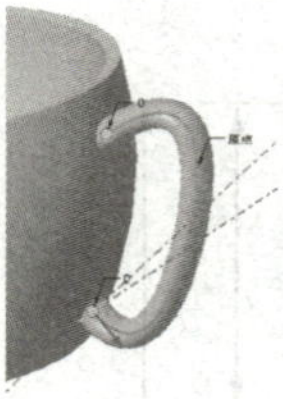	在轨迹线起点处绘制长轴为6，短轴为4的椭圆截面，单击 ✓ 按钮完成
	设置选项	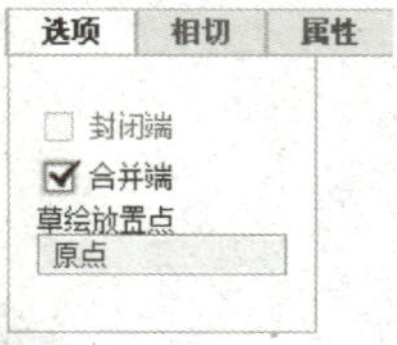	在"选项"选项卡中勾选"合并端"复选框，使扫描的两端与杯体完全结合
	完成扫描特征		单击 ✓ 按钮完成扫描，如图(可通过编辑操作，观察合并端与非合并端的区别)

续表

任务	步骤	操作结果	操作说明
5 边倒圆	创建倒圆角		单击 倒圆角 按钮，对边倒圆角，半径均为 0.5
6 存盘	保存设计文件	单击 按钮完成存盘	如果要改变目录存盘或名称，可执行"文件"→"另存为"命令，保存模型的副本
	小结	本案例为咖啡杯，整体难度不大，杯体主要考察旋转特征，杯柄主要考察扫描命令，其中杯柄和杯体的合并最为关键，可通过编辑操作，观察合并端与非合并端的区别	

【例 5-3】 螺栓设计

螺栓设计图形如图 5-3 所示。

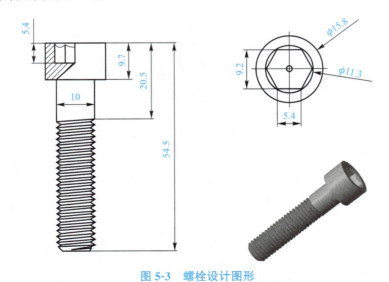

图 5-3 螺栓设计图形

教学任务：

完成螺栓实体模型设计，掌握螺旋扫描特征的建模要素、步骤和方法，并熟悉减材料的应用方法。

课题 5 扫描特征建模(扫描/螺旋扫描/扫描混合/可变截面扫描)

操作分析：

螺旋扫描建模方法适用于创建弹簧、内外螺纹等复杂零件特征。

(1)螺栓零件可分为 3 个部分，即螺栓基体、外螺纹特征和螺纹收尾特征；

(2)螺栓基体可用拉伸和旋转命令创建；外螺纹特征可用螺旋扫描创建；螺纹收尾特征则用前面所学的"旋转混合"按钮 创建；

(3)螺纹和弹簧都用螺旋扫描命令来创建，但螺纹的创建通常是通过从已有模型上切除部分材料。

操作过程：

螺栓建模过程见表 5-3。

表 5-3 螺栓建模过程

任务	步骤	操作结果	操作说明
1 新建	新建"零件"文件	新建文件名：SL5－3.prt	新建操作参见前例
2 创建螺栓基本体	拉伸螺杆		在"模型"中单击"拉伸"按钮，以"TOP"面为草绘面绘制 φ10 的圆截面，单击 ✔ 按钮，拉伸长为"54.5"的圆柱，单击 ☑ 按钮完成
	拉伸螺栓头		(1)单击"拉伸"按钮，以圆柱上表面为草绘面绘制 φ15.8 的圆截面； (2)拉伸长为 9.7，单击 ☑ 按钮完成
	孔创建		单击 按钮，选择中心基准轴和平面，创建直径为 9.2、深度为 3 的孔特征

续表

任务	步骤	操作结果	操作说明
2 创建螺栓基本体	内六角特征创建		(1)单击"拉伸"按钮，以圆柱上表面为草绘面绘制边长为"5.4"的正六边形； (2)单击"去除材料"按钮，去除材料的深度为"5.4"，单击☑按钮完成
		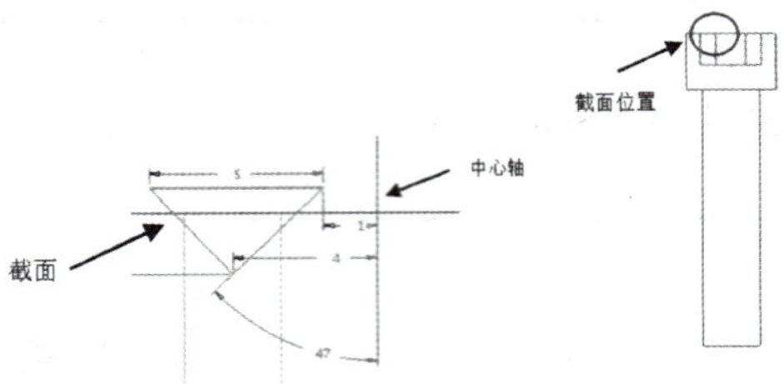 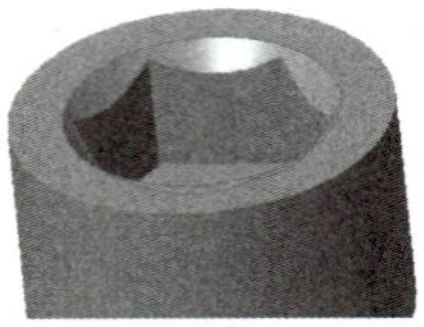	单击 旋转 按钮，以"FRONT"面为草绘面，绘制三角形，草绘如图，草绘旋转轴线，单击✔按钮退出草绘界面，单击☑按钮完成
	倒角		单击 倒角 按钮，选择螺栓杆端面边界圆，选择"45×D"，输入D值"1.5"，单击☑按钮完成
			在"模型"中单击"扫描"→"螺旋扫描"按钮，单击"移除材料"☑按钮，输入螺距值"1.5"

续表

任务	步骤	操作结果	操作说明
3 创建螺栓外螺纹	草绘轨迹	路径　中心线　34　13	(1)单击"参考"选项卡,执行"螺旋扫描轮廓"→"定义"命令,选择"FRONT"基准面,单击"草绘"按钮; (2)绘制中心线、螺纹路径(高度)为 34,单击 ✔ 按钮完成,退出草绘器
	草绘截面	14　7°　12　截面　截面位置	(1)在指定位置草绘截面图:高度尺寸 1.2,底长尺寸 1.4,单击 ✔ 按钮完成,退出草绘器; (2)出现指向实体外的箭头,选择正向,单击 ✔ 按钮退出
	观察		观察螺纹收尾处,不符合加工特征,如果追求完美,读者可以自行运用"旋转混合"方法创建螺纹收尾特征。以下介绍进行螺纹收尾线的简单方法
4 创建螺栓外螺纹收尾特征	启用编辑定义	1.5　参考　间距　选项　属性　螺旋扫描轮廓　内部 轮廓截面　编辑	对"▶ ⟲ 螺旋扫描1"进行"编辑选定对象的定义",回到"螺旋扫描"操控板,单击"参考"选项卡,单击"编辑"按钮回到草绘器

续表

任务	步骤	操作结果	操作说明
4 创建螺栓外螺纹收尾特征	修改路径		单击"直线"按钮绘制收尾路径，单击 ✔ 按钮退出草绘器，单击 ☑ 按钮完成
5 存盘	保存设计文件	单击 🖫 按钮完成存盘	如果要改变目录存盘或名称，可执行"文件"→"另存为"命令，保存模型的副本
	小结	本案例为螺栓零件，综合运用了拉伸、旋转、螺旋扫描和旋转混合四个基本命令特征，其中外螺纹特征和螺纹收尾特征创建相对较难，外螺纹特征创建需要注意在不同草绘平面创建螺纹截面和路径	

【例 5-4】 吊钩设计

吊钩设计图形如图 5-4 所示。

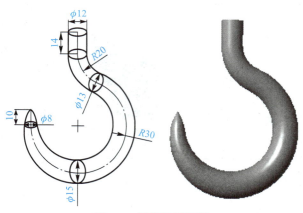

图 5-4 吊钩设计图形

教学任务：

完成吊钩零件实体模型设计，熟练掌握扫描混合特征的建模方法，熟悉扫描混合特征创建各种要素设置，进一步了解综合设计方法。

操作分析：

该零件分两个步骤创建：

(1)创建吊钩的弯钩部分：创建一条轨迹线，在轨迹的端点和各断点位置创建截面(至少两个)，参考设置。

(2)采用扫描方法创建吊钩的吊环：应用扫描方法。

操作过程：

吊钩建模过程见表5-4。

表5-4 吊钩建模过程

任务	步骤	操作结果	操作说明
1 新建	新建"零件"文件	新建文件名：SL5－4.prt	新建操作参见前例
2 创建吊钩扫描轨迹	绘制轨迹	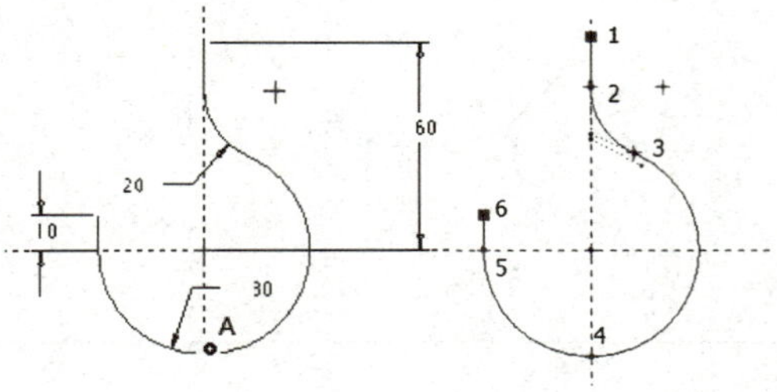	(1)单击"草绘"按钮，选择"FRONT"面，绘制如图轨迹线； (2)单击" 分割 "按钮，将圆弧在下方 A 点处打断，轨迹共有 6 个节点，单击✔按钮退出草绘界面
3 创建吊钩实体	执行扫描混合命令		在"模型"中单击 🖉 按钮，单击 🗔 按钮，单击"参考"选项卡，进入扫描混合操控板
	选择轨迹设置参考	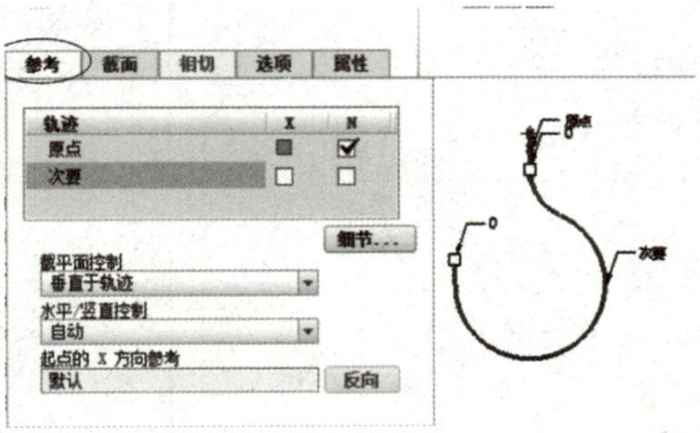	(1)选择上一步草绘的图形(当轨迹为唯一时系统自动选择)，作为扫描轨迹； (2)控制条件设置如图

续表

任务	步骤	操作结果	操作说明
3 创建吊钩实体	绘制截面1		在"截面"选项卡中选择"草绘截面",在绘图区选择激活轨迹的顶端起点1,在操控板中单击"草绘"按钮,进入草绘器,在坐标原点绘制 φ12 圆形截面1,单击 ✓ 按钮
	绘制截面2		插入"截面2",在绘图区选择轨迹上的点2,点2被激活,单击"草绘"按钮,在坐标原点绘制 φ12 圆形截面2,单击 ✓ 按钮

续表

任务	步骤	操作结果	操作说明
3 创建吊钩实体	绘制截面 2、3、4、5、6	(吊钩建模过程示意图，包含点截面6、φ12圆形截面1、φ12圆形截面2、φ8圆形截面5、φ13圆形截面3、φ15圆形截面4)	(1)重复以上步骤分别绘制φ13圆形截面3，φ15圆形截面4，φ8圆形截面5、截面6只需绘制一个点，单击两次✓按钮完成 (2)注意：本例因为轨迹为开放，各个截面必须同时封闭，节点数相同，起点位置对应，截面方向相同。如不相同，可以参照混合建模方法采用" 分割 "或"混合顶点"增加节点数，采用"起点"改变起点位置或截面方向。读者可以自行实践
4 存盘	保存设计文件	单击 🖫 按钮完成存盘	如果要改变目录存盘或名称，可执行"文件"→"另存为"命令，保存模型的副本
	小结	本案例为吊钩模型，通过扫描混合特征进行创建，创建过程中需要注意各分割点的位置，以及各分割点圆形截面的创建	

【例 5-5】 油壶设计

油壶设计图形如图 5-5 所示。

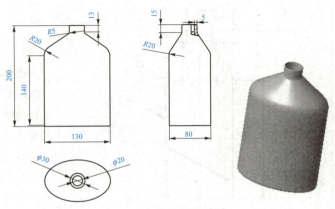

图 5-5　油壶设计图形

教学任务：

完成油壶实体模型设计，掌握使用可变截面扫描建模方法创建模型的要素和步骤。

操作分析：

该零件的特点是，多处截面不一致，Creo 5.0软件提供的可变截面扫描方法可以快速完成此类特征的创建。可变截面扫描特征建模有原点轨迹链、一般轨迹链(可以是多条)和截面三个要素。

该零件创建可分4个步骤：草绘轨迹链(包括原点轨迹链、一般轨迹链)，创建截面，创建倒圆角，抽壳。

操作过程：

油壶建模过程见表5-5。

表5-5　油壶建模过程

任务	步骤	操作结果	操作说明
1 新建	新建"零件"文件	新建文件名：SL5－5.prt	新建操作参见前例
2 创建轨迹链	草绘原点轨迹链，链1、链2	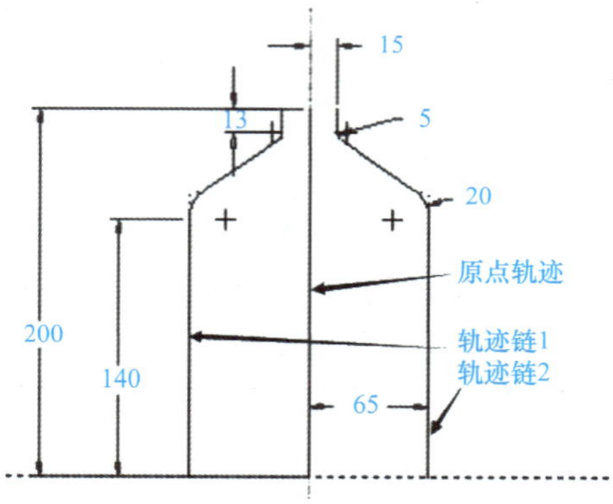	单击"草绘"按钮，选择"FRONT"面绘制尺寸如图原点轨迹轨迹链1、轨迹链2，单击 ✓ 按钮
	创建链3 链4	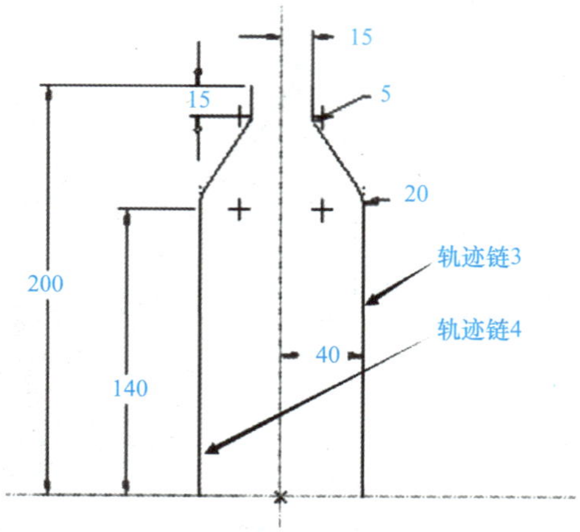	单击"草绘"按钮，选择"RIGHT"面绘制轨迹链3和轨迹链4尺寸，单击 ✓ 按钮

续表

任务	步骤	操作结果	操作说明
3 创建可变截面扫描	执行可变截面扫描命令	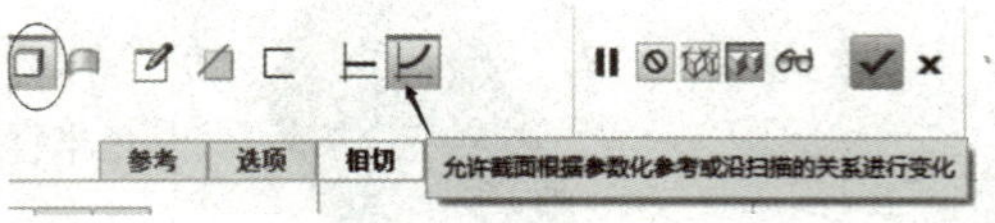	在"模型"中单击"扫描"按钮，进入扫描操控板，单击"实体"按钮和"可变截面扫描"按钮
	设定轨迹线	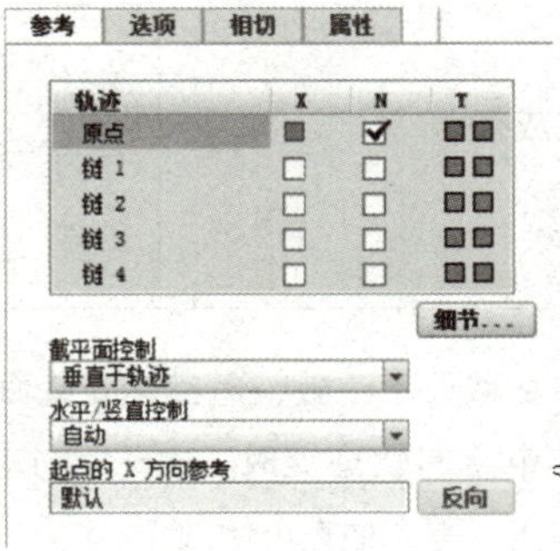 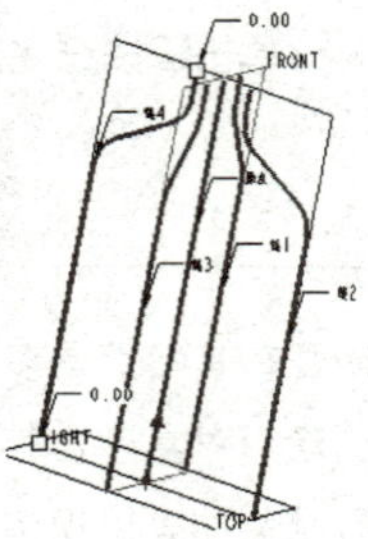	(1)单击"参考"标签，设置如图； (2)按住 Ctrl 键，依次点选原点轨迹链、轨迹链1、轨迹链2、轨迹链3、轨迹链4，结果如图
	创建截面	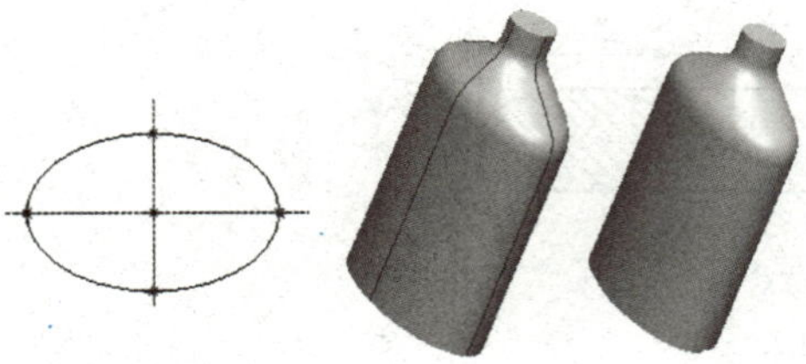	(1)在操控板上单击"草绘"按钮，草绘椭圆，并约束到4条轨迹链的端点，单击✔按钮； (2)模型树中隐藏5条轨迹链。 注意：截面与 X 轨迹，一般轨迹必须有约束或尺寸关系
4 抽壳	抽壳	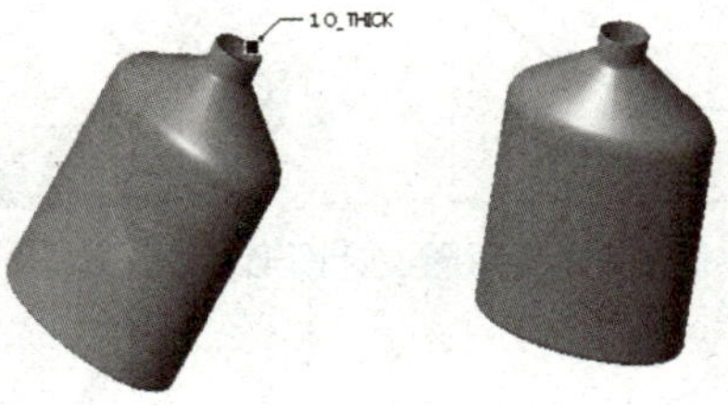	(1)在工具栏单击▣按钮； (2)选择油壶口的上表面为开放面； (3)输入厚度值为"5"； (4)单击▣按钮完成抽壳

续表

任务	步骤	操作结果	操作说明
5 创建倒圆	倒圆角		单击 倒圆角 按钮，输入圆角半径"2"，选择油壶上、下方边线，单击 ✓ 按钮
6 保存设计文件	保存设计文件	单击 🖫 按钮完成存盘	如果要改变目录存盘或名称，可执行"文件"→"另存为"命令，保存模型的副本
小结		该案例为油壶，其特点是多处截面不一致，通过可变截面扫描方法可进行创建。该零件创建相对复杂，其中绘制轨迹链时，由于尺寸较多，需特别注意。产品抽壳时为避免抽壳出现错误，需先抽壳再倒圆角	

【例 5-6】 甜甜圈设计

甜甜圈设计图形如图 5-6 所示。

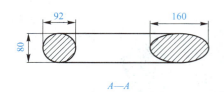

A—A

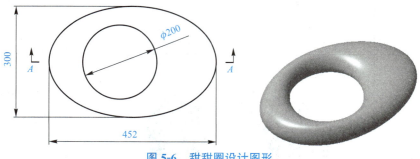

图 5-6 甜甜圈设计图形

教学任务：

完成甜甜圈实体模型设计，掌握使用可变截面扫描建模方法创建模型的要素和步骤。

课题 5 扫描特征建模(扫描/螺旋扫描/扫描混合/可变截面扫描)

操作分析:

该零件的特点是各处截面大小不一致,创建时需要不同轨迹链。零件创建主要分两大步骤,即草绘轨迹链和创建截面。草绘轨迹为圆形和椭圆,截面形状为椭圆。

操作过程:

甜甜圈建模过程见表 5-6。

表 5-6 甜甜圈建模过程

任务	步骤	操作结果	操作说明
1 新建文件	新建"零件"文件	新建文件名:SL5-6.prt	新建操作参见前例
2 草图轨迹绘制	进入草绘界面	单击按钮,点选 TOP 面,单击"草绘"按钮	TOP 面选定为草绘平面,参照及方位接受默认设置
	草绘界面,绘制圆形	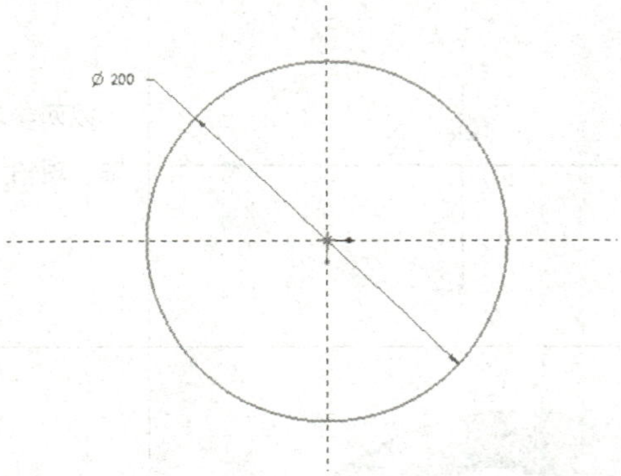 绘制直径为200的圆(Ø 200)	绘制直径为 200 的圆
	草绘界面,绘制椭圆	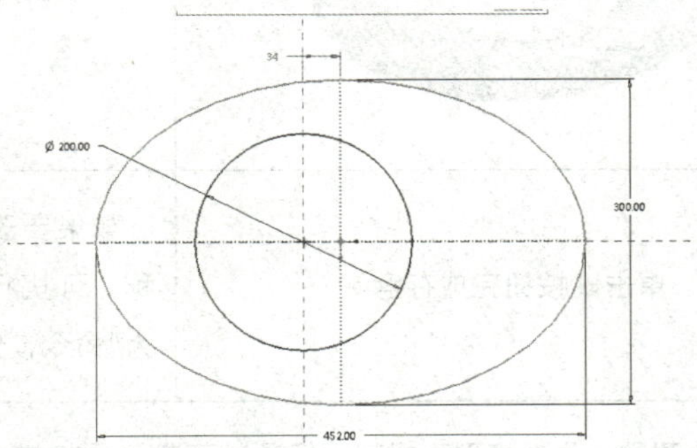 绘制长轴452、短轴300的椭圆(Ø 200.00)	绘制长轴为 452、短轴为 300 的椭圆截面,单击 ✓ 按钮完成

续表

任务	步骤	操作结果	操作说明
3 创建扫描特征	调用扫描命令		(1)单击扫描按钮进行扫描； (2)先选择圆，接着按住Ctrl选择椭圆； (3)单击操控板中的按钮进入草绘
	视图调整		单击按钮调整视图方向，形成两个参考点，分别为1和2
	绘椭圆制		以两参考点的长度为椭圆长轴、短轴为80绘制椭圆截面
	实体创建		单击✔按钮完成，形成三维实体模型
4 存盘	保存设计文件	单击按钮完成存盘	如果要改变目录存盘或名称，可执行"文件"→"另存为"命令，保存模型的副本
	小结	该模型为甜甜圈，虽然模型不规则，但通过可变截面扫描创建难度不大，需要注意的是，截面椭圆长轴的创建	

课题 5 扫描特征建模(扫描/螺旋扫描/扫描混合/可变截面扫描)

五、强化训练

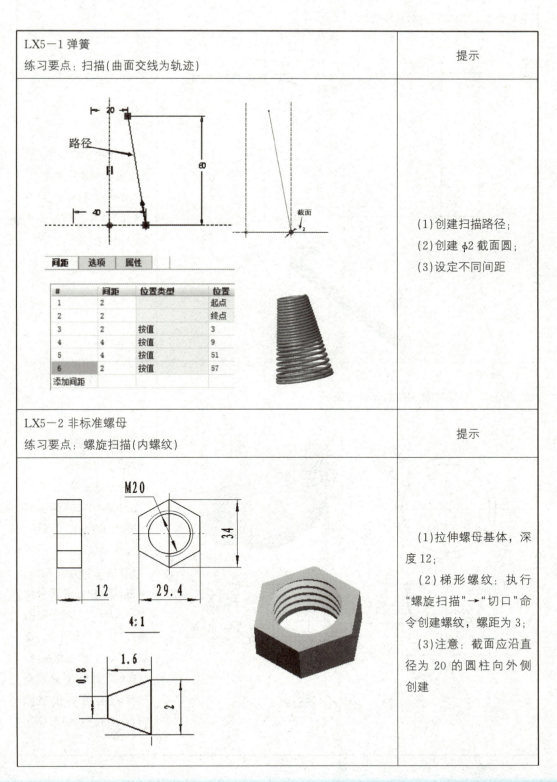

LX5－1 弹簧 练习要点：扫描(曲面交线为轨迹)	提示
	(1)创建扫描路径； (2)创建 φ2 截面圆； (3)设定不同间距
LX5－2 非标准螺母 练习要点：螺旋扫描(内螺纹)	提示
	(1)拉伸螺母基体，深度 12； (2)梯形螺纹：执行"螺旋扫描"→"切口"命令创建螺纹，螺距为 3； (3)注意：截面应沿直径为 20 的圆柱向外侧创建

	续表
LX5-3 拐杖 练习要点：扫描混合(薄板特征) 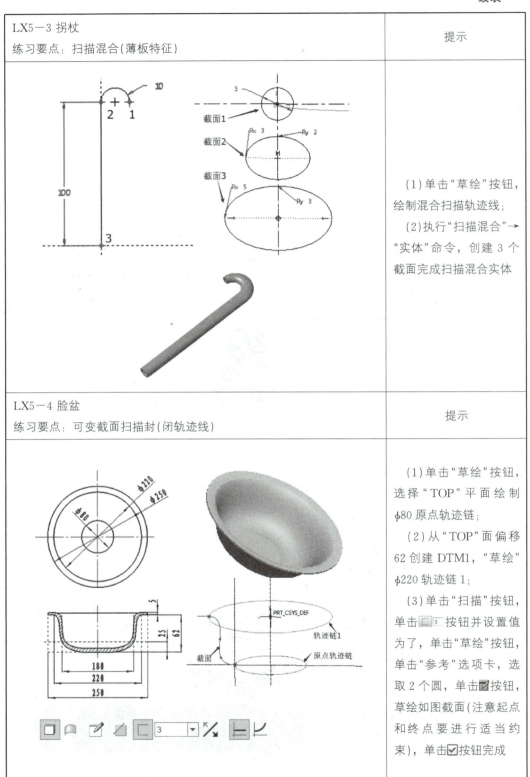	提示 (1)单击"草绘"按钮，绘制混合扫描轨迹线； (2)执行"扫描混合"→"实体"命令，创建3个截面完成扫描混合实体
LX5-4 脸盆 练习要点：可变截面扫描封(闭轨迹线)	提示 (1)单击"草绘"按钮，选择"TOP"平面绘制φ80原点轨迹链； (2)从"TOP"面偏移62创建DTM1，"草绘"φ220轨迹链1； (3)单击"扫描"按钮，单击☑按钮并设置值为了，单击"草绘"按钮，单击"参考"选项卡，选取2个圆，单击☑按钮，草绘如图截面(注意起点和终点要进行适当约束)，单击☑按钮完成

课题6 附加特征建模
（孔/倒圆角/倒角/拔模/抽壳/筋）

一、教学知识点

课题6 数字资源

1. 孔特征：简单孔、标准孔和草绘孔的创建

(1)参照设置：圆孔放置位置、圆孔定位尺寸参照；

(2)定义圆孔深及直径、草绘圆孔截面。

2. 倒圆角特征：简单倒圆角和高级倒圆角(过渡区倒圆角)

(1)参照：边线倒圆角、面与边倒圆角、面与面倒圆角、贯通曲线倒圆角、完全倒圆角、变化半径倒圆角等的参照选择；

(2)倒圆角半径的设置。

3. 倒角特征

(1)边倒角、边倒角形式(D×D、D1×D2、角度×D、45×D)；

(2)过渡区倒角、过渡区倒角过渡形式(默认相交、曲面片、拐角平面)。

4. 拔模特征

(1)选定拔模面、拔模枢轴、拔模方向和拔模角度；

(2)通过对象分割法，对两侧同时拔模，通过改变拔模方向生成材料或去除材料。

5. 抽壳特征

(1)壳特征；

(2)参考设置：移除曲面选择(一个或多个)、非默认厚度设置、厚度设置、方向设定等；

(3)选项设置：排除曲面设定、曲面延伸设置、防穿透设置等；

(4)带有岛屿类零件的抽壳特征创建。

6. 筋特征

(1)筋特征：筋特征参照的选择、基准面的选择、筋生成厚度方向和材料生长方向的选择；筋特征截面的绘制；

(2)空心筋特征的创建。

二、教学目的

通过本课题学习，了解放置型实体特征的创建思路，掌握这些特征的创建和应用方法。

三、教学内容

1. 基本操作步骤及常用指令操作

(1)孔特征。

1)简单孔：[孔]→[简单孔]→矩形钻孔轮廓→放置(孔放置面)→偏移参照→尺寸→[✓]；

2)标准孔：[孔]→[标准孔]→螺纹类型(ISO)及形状控制→放置(孔放置面)→偏移参照→尺寸→[✓]；

3)草绘孔：[孔]→[简单孔]→草绘钻孔轮廓→放置面选择→偏移参照→[草绘]草绘孔的旋转截面→[✓]。

(2)倒圆角：[倒圆角]→[✓]→设置→选择参照→输入半径→[✓]。

(3)倒角：

1)边倒角：边倒角→[倒角]→参照→倒角形式→参数→倒角特征设置[✓](或[✓])→尺寸→[✓]；

2)拐角倒角：插入→倒角→拐角类型→选择角点(过渡位置)→选出/输入→输入值→确定。

(4)拔模：[拔模]→参考→选择拔模曲面→选择拔模枢轴→输入角度→[✓]。

(5)抽壳特征：[壳]→移除面→壳厚度→厚度方向→[✓]；

(6)筋特征：

1)轨迹筋：[轨迹筋]→参考→定义→草绘→选择基准平面→单击设置中的参考→选取草绘中的线→草绘→确定→修改筋厚度和方向；

2)轮廓筋：[轮廓筋]→参考→定义→草绘→选择基准平面→单击设置中的参考→选取草绘中的线→画出筋→确定→输入筋厚度。

2. 操作要领与技巧

(1)工程特征属于放置型特征，只能在已有特征的基础上进行创建；

(2)筋特征的截面必须开放；

(3)孔特征必须指定圆孔的放置面并进行孔的中心定位，普通孔是直接输入直径，标准孔是系统按工业标准提供；

(4)倒圆角特征在零件设计中起到减少尖角造成的应力集中，有助于造型的变化和美观的作用。在设计中尽可能晚些建立倒圆角特征，而且为避免创建从属于倒圆角特征的子

课题 6 附加特征建模(孔/倒圆角/倒角/拔模/抽壳/筋)

特征,在选择特征基准时尽量不要以圆角边为参照边,以免以后改变设计时产生麻烦;

(5)倒角特征可以对零件的单条边、面和面、面和边、边和边进行倒角,还可以通过一条连续的曲线对零件的边进行变半径倒角;

(6)拔模可以通过对象分割法,对两侧同时拔模;还可以通过改变拔模方向生成材料或去除材料。

四、教学实例

【例 6-1】 电极夹头设计

电极夹头设计图形如图形 6-1 所示。

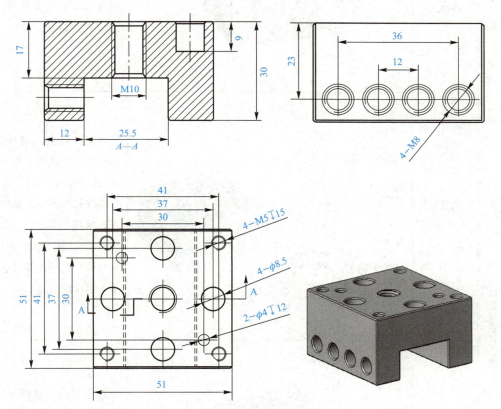

图 6-1 电极夹头设计图形

教学任务:

在课题 3 例 3-1 操作的基础上完成电极夹头的三维实体设计,掌握倒角、简单孔、标准孔和螺纹孔等特征的基本操作方法。

操作分析:

打开文件或按照课题 3 例 3-1 操作方法创建基本体,单击"孔"按钮 创建简单孔和标准孔,阵列孔特征,单击"倒角"按钮 对边进行倒角,单击"螺旋扫描"按钮创建内螺纹。

· 77 ·

操作过程：

电极夹头建模过程见表 6-1。

表 6-1 电极夹头建模过程

任务	步骤	操作结果	操作说明
1 打开文件	将实例 3-1 的文件"另存为"	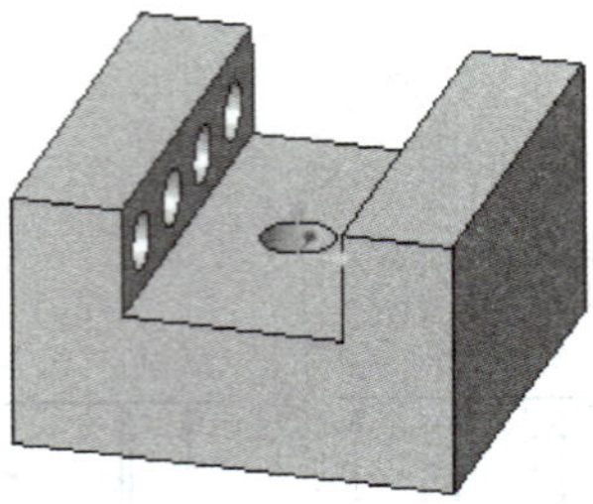	(1) 打开课题 3 例 3-1 电极夹头文件 SL3－1.prt (2) 执行"文件"→"另存为"命令，新文件名称为 SL6－1.prt
2 创建直径 8.5 的孔	创建孔特征	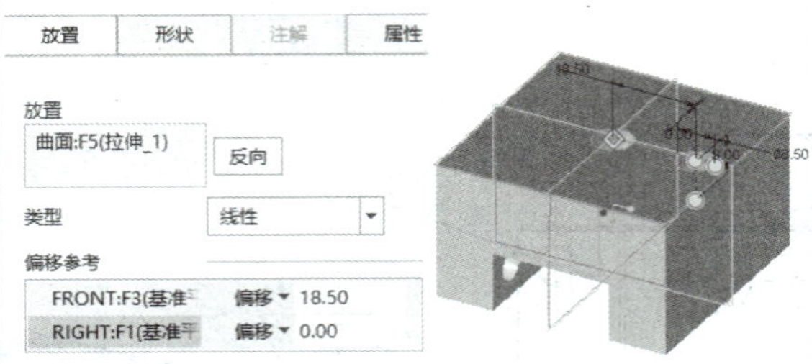	单击按钮，选择底面为孔的放置面，在"放置"选项卡的"偏移参考"中选择孔的定位基准（也可直接拖动驱动点至定位基准），输入孔的定位尺寸值、孔径及深度值，单击按钮完成
	阵列孔	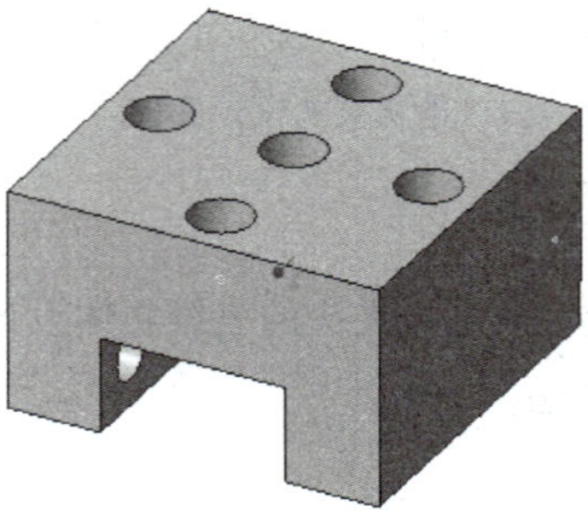	在模型树中选择上一步创建好的孔，单击"阵列"按钮，选择"轴"选项，选择中心轴，输入阵列数量 4，选择角度范围 360°，单击按钮完成

续表

任务	步骤	操作结果	操作说明
3 创建直径4的孔	创建孔特征		操作同上。 单击 按钮,选择底面为孔的放置面,在"放置"选项卡的偏移参考中选择孔的定位基准(也可直接拖动驱动点至定位基准),输入孔的定位尺寸值、孔径及深度值,单击 按钮完成。 重复以上操作创建另一个孔
4 创建M5标准孔	创建标准孔		单击 按钮进入操控板,单击 按钮和 按钮,设置参数,选择底面为孔的放置面,在"放置"选项卡的偏移参考中选择孔的定位基准(也可直接拖动驱动点至定位基准),输入孔的定位尺寸值,单击 按钮完成
	阵列孔		在模型树中选择上一步创建好的标准孔单击"阵列" 按钮,选择轴选项,选择中心轴,输入阵列数量4,选择角度范围∠ 360°,单击 按钮完成

续表

任务	步骤	操作结果	操作说明
5 创建倒角	创建倒角		单击"倒角"按钮 倒角，选择 D×D，输入 D 值为 0.5，按住 Ctrl 键，选择需要倒角的边，单击 ✓ 按钮完成
6 创建孔螺纹	创建螺旋扫描		(1)在"模型"单击"扫描"下拉按键选择"螺旋扫描"，单击 按钮，输入螺距。 (2)在"参考"选项卡中单击"螺旋扫描轮廓"→"定义"按钮，绘制旋转中心线及扫描轮廓线，单击 ✓ 按钮完成。 (3)单击 按钮绘制截面，单击 ✓ 按钮完成。 (4)以同样方法创建侧孔螺纹(略)
7 存盘	保存设计文件	单击 按钮完成存盘	如果要改变目录存盘或名称，可执行"文件"→"另存为"命令，保存模型的副本
	小结	单击"孔"按钮 创建孔时，需要选择孔的放置面和定义孔的定位参考，对于按规律排列的孔可以用阵列操作提高效率	

课题 6　附加特征建模(孔/倒圆角/倒角/拔模/抽壳/筋)

【例 6-2】　烟灰缸设计

烟灰缸设计图形如图 6-2 所示。

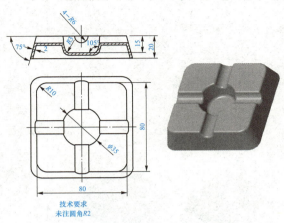

技术要求
未注圆角R2

图 6-2　烟灰缸设计图形

教学任务：

完成烟灰缸实体模型设计，通过造型来复习拉伸知识，并使学生掌握拔模、倒圆角和壳特征的使用方法，特别是拔模特征，需要能够定义拔模曲面、拔模枢轴和拖拉方向。

操作分析：

烟灰缸属于薄壁零件，通过壳命令可以很简单地处理这一类零件造型。同时，由于其内外表面都有拔模角度，便于脱模，因此在进行绘图时需要进行拔模角度的设置。

操作过程：

烟灰缸建模过程见表 6-2。

表 6-2　烟灰缸建模过程

任务	步骤	操作结果	操作说明
1 新建文件	在"主页"的"选择工作目录"中新建文件	新建文件名：SL6－2.prt	新建操作同课题 2 内容
2 创建拉伸特征	拉伸主体		(1)单击"拉伸"按钮； (2)选取"TOP"基准面为草绘平面，绘制拉伸截面如图所示边长为 80 的正方形，拉伸深度为 20； (3)单击 按钮完成，结果如图

续表

任务	步骤	操作结果	操作说明
3 创建拔模特征	拔模	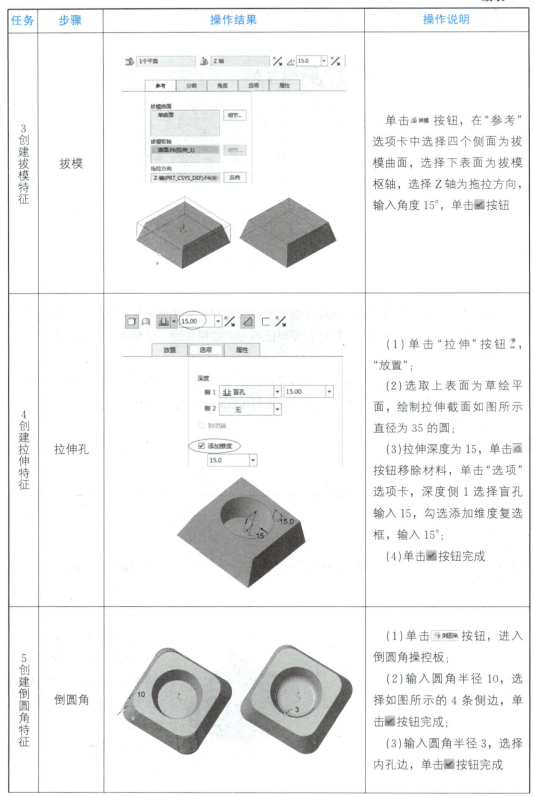	单击 拔模 按钮，在"参考"选项卡中选择四个侧面为拔模曲面，选择下表面为拔模枢轴，选择Z轴为拖拉方向，输入角度15°，单击 按钮
4 创建拉伸特征	拉伸孔		(1) 单击"拉伸"按钮，"放置"； (2) 选取上表面为草绘平面，绘制拉伸截面如图所示直径为35的圆； (3) 拉伸深度为15，单击 按钮移除材料，单击"选项"选项卡，深度侧1选择盲孔输入15，勾选添加锥度复选框，输入15°； (4) 单击 按钮完成
5 创建倒圆角特征	倒圆角		(1) 单击 倒圆角 按钮，进入倒圆角操控板； (2) 输入圆角半径10，选择如图所示的4条侧边，单击 按钮完成； (3) 输入圆角半径3，选择内孔边，单击 按钮完成

课题6　附加特征建模(孔/倒圆角/倒角/拔模/抽壳/筋)

续表

任务	步骤	操作结果	操作说明
6 创建拉伸特征	拉伸侧面孔	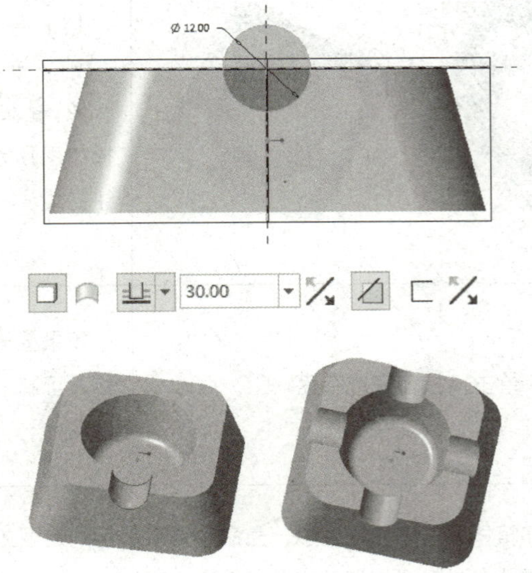	(1)在FRONT面绘制如图所示直径为12的圆，圆心在Z轴，高度为20，创建拉伸； (2)在"拉伸"选项卡下拉列表中单击按钮，输入30，单击按钮后再单击按钮； (3)单击"阵列"按钮，选择创建阵列的中心轴，选择侧面孔为阵列的项，阵列4个角度90°； (4)单击按钮完成，完成阵列
7 创建倒圆角特征	倒圆角	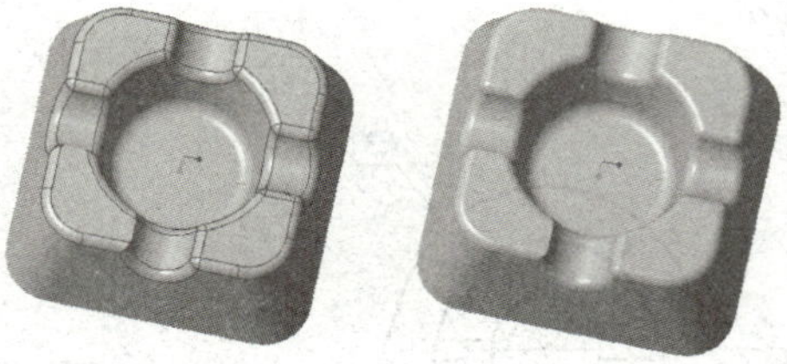	(1)单击"倒圆角"按钮，进入倒圆角操控板； (2)输入倒圆角半径2，选择如图所示的边，单击按钮完成
8 创建壳特征	壳	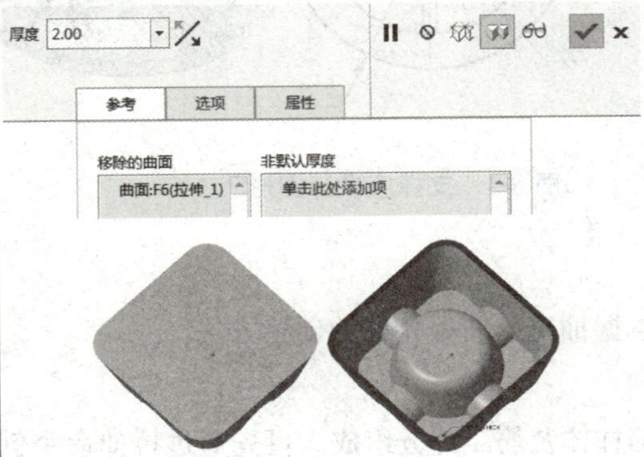	(1)单击壳按钮，进入创建壳操控板； (2)选择下表面为移除面，输入厚度2； (3)预览，单击按钮完成

· 83 ·

续表

任务	步骤	操作结果	操作说明
9 创建倒圆角特征	倒圆角		（1）单击"倒圆角"按钮，进入倒圆角操控板； （2）输入倒圆角半径1，选择如图所示的边，单击☑按钮完成
10 存盘	保存设计文件	单击🖫按钮完成存盘	如果要改变目录存盘或名称，可执行"文件"→"另存为"命令，保存模型的副本
	小结	在薄壁类和箱体类的零件造型中，壳命令是最常用的造型方法，通过壳命令，可以将实体零件变成保留外形一定厚度的空心壳体	

【例 6-3】 支撑座设计

支撑座设计图形如图 6-3 所示。

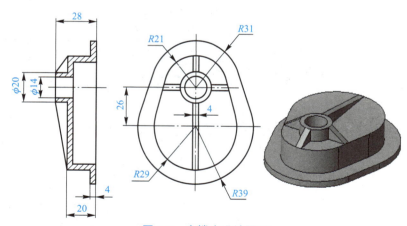

图 6-3 支撑座设计图形

教学任务：

完成支撑座模型设计。掌握抽壳、筋等特征的创建方法。

操作分析：

该零件由底板、盒体、圆柱体及筋 4 部分组成，可先通过拉伸命令创建特征后进行抽壳得到主体，然后用轮廓筋命令创建筋。

操作过程：

支撑座建模过程见表 6-3。

表 6-3　支撑座建模过程

任务	步骤	操作结果	操作说明
1 新建文件	在"主页"的"选择工作目录"中新建文件	新建文件名：SL6－3.prt	新建操作同前例
2 创建底板	创建拉伸特征	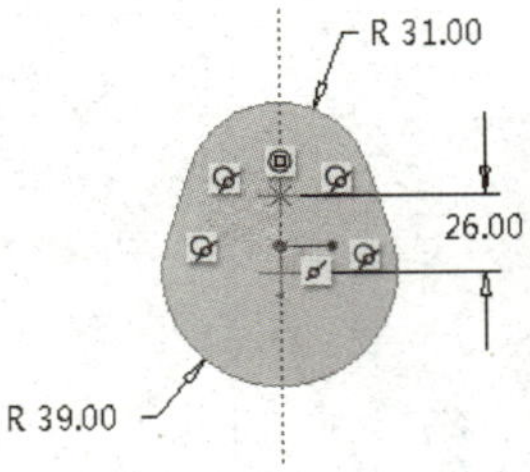 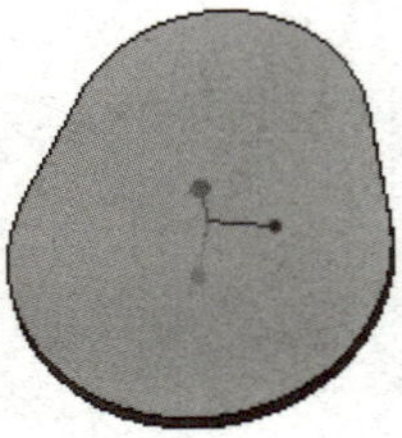 R 31.00　26.00　R 39.00	单击"拉伸"按钮，选取草绘平面，绘制如图所示的截面，设置拉伸深度为 4，单击按钮完成
3 创建主体	创建拉伸特征	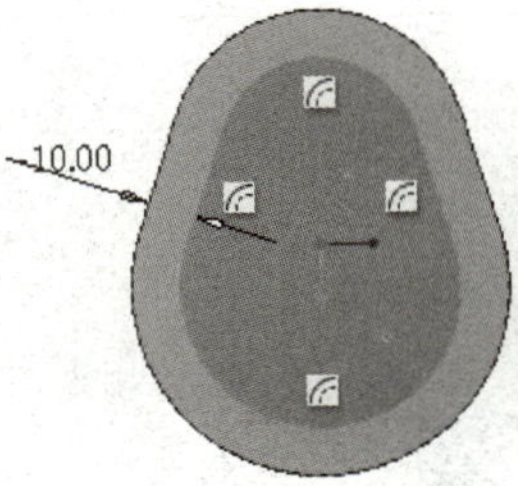 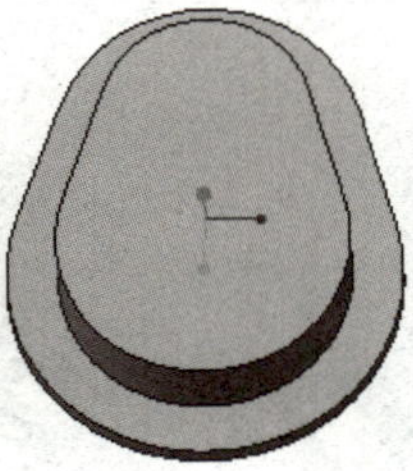 10.00	单击"拉伸"按钮，选取底面为草绘平面，绘制如图所示的截面（单击"偏移"按钮对轮廓线偏移得到），设置拉伸深度为 20，单击按钮完成
4 创建圆柱体	创建拉伸特征	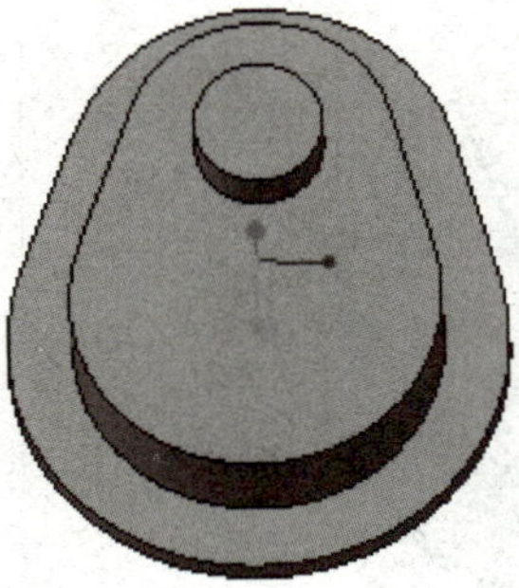	单击"拉伸"按钮，选取顶面为草绘平面，绘制直径为 20 的圆截面，设置拉伸高度为 8，单击按钮完成

续表

任务	步骤	操作结果	操作说明
5 创建盒体	抽壳	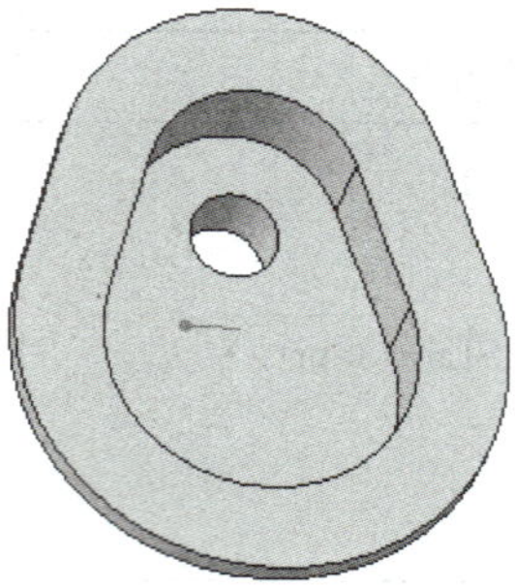	(1) 单击 ▣壳按钮,进入创建壳操控板; (2) 按住 Ctrl 键选择圆柱顶面和底板底面为移除面,输入厚度为 4; (3) 单击"参考"选项卡,在"非默认厚度"中输入厚度 3,选择圆柱面,单击 ✓ 按钮完成
6 创建加强筋	创建轮廓筋 1	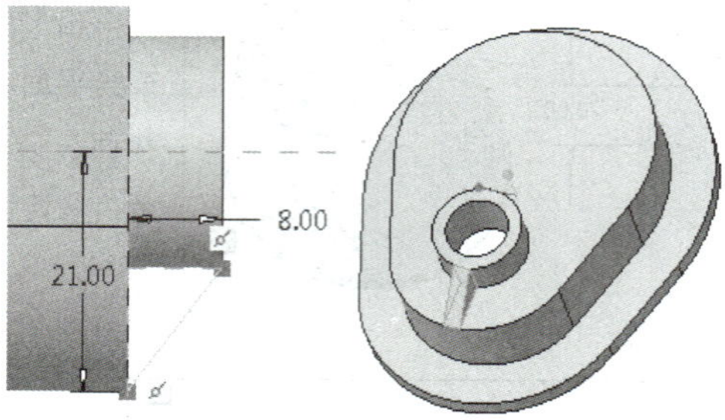 8.00 / 21.00	单击 筋按钮,选择草绘平面,绘制如图开放直线,输入筋厚度为 4,单击 ✓ 按钮完成
	创建轮廓筋 2、筋 3	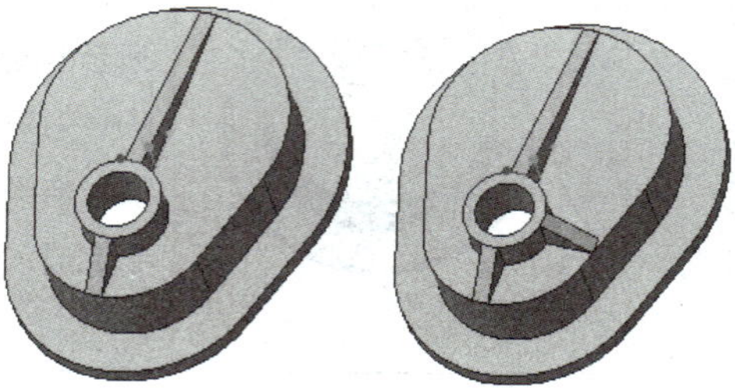	用上述方法创建筋 2 和筋 3
	镜像轮廓筋 4	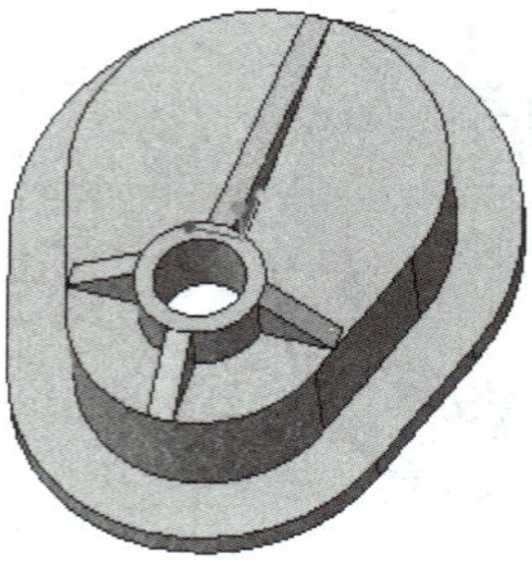	在模型树中选择刚创建好的筋 3 特征,单击"镜像"按钮 镜像,选择对称基准平面,单击 ✓ 按钮完成,得到筋 4

续表

任务	步骤	操作结果	操作说明
7 存盘	保存设计文件	单击 ■ 按钮完成存盘	如果要改变目录存盘或名称，可执行"文件"→"另存为"命令，保存模型的副本
小结		使用轮廓筋命令创建加强筋时，草绘截面须是开放的，并与实体轮廓围成封闭区来创建筋。当有圆形、弧面或其他不规则立面时，轮廓筋无法创建，可直接采用拉伸命令操作	

【例6-4】 套筒设计

套筒设计图形如图6-4所示。

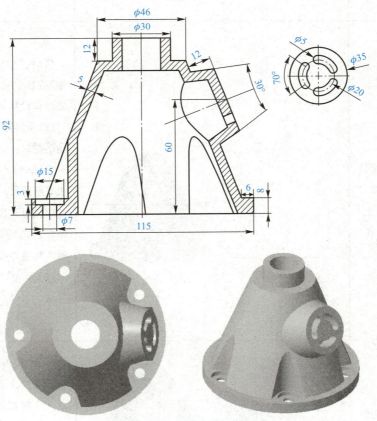

图6-4 套筒设计图形

教学任务：

综合运用拉伸、旋转、阵列、孔、抽壳等命令完成套筒实体模型设计。掌握抽壳、阵列的创建方法及应用技巧。

操作分析：

本例主体为回转体，可以用旋转命令创建，槽、孔特征可以用拉伸或孔命令创建，用阵列完成孔的排列，壳体用抽壳命令，侧面凸台的创建用拉伸命令创建，需通过建立基准平面/轴作为参照，拔模斜度可以在拉伸特征中设置锥角，也可以采用拔模特征命令。

操作过程：

套筒建模过程见表 6-4。

表 6-4 套筒建模过程

任务	步骤	操作结果	操作说明
1 新建文件	在"主页"的"选择工作目录"中新建文件	新建文件名：SL6－4.prt	新建操作同前例
2 创建套筒主体特征	草绘旋转主体	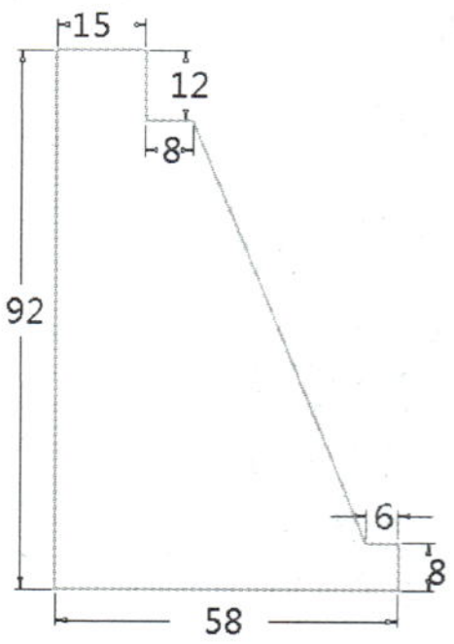 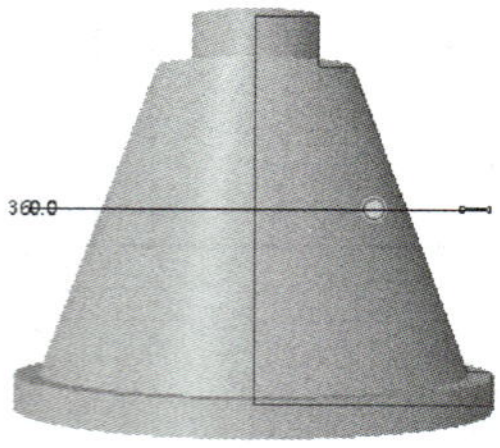	(1) 在"模型"中单击"草绘"按钮，选择"FRONT"面为草绘平面； (2) 草绘形状尺寸如图所示的截面； (3) 单击 ✓ 按钮完成，退出草绘界面； (4) 执行"旋转"→"放置"命令，选择"草绘形状"，输入角度 360； (5) 预览，单击 ✓ 按钮完成
3 创建避让槽特征	拉伸切除避让槽	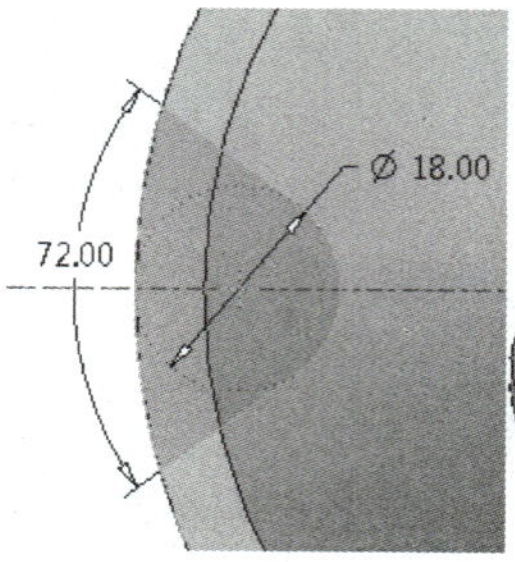 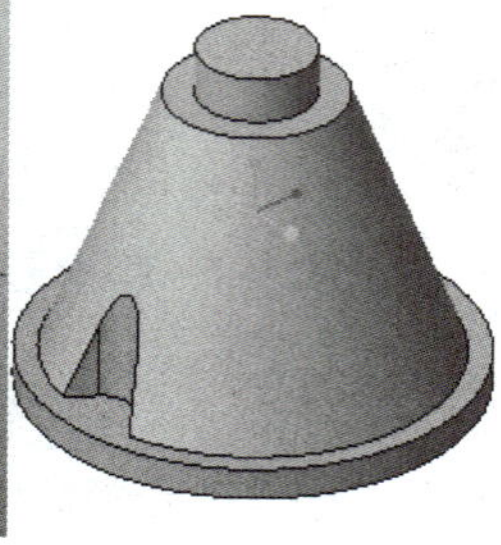	单击"拉伸"按钮，选择底部法兰上表面为草绘平面，绘制如图截面，单击 ✓ 按钮，在拉伸操控板上单击 和 按钮，设置拉伸方向朝上，单击 ✓ 按钮完成

课题6 附加特征建模(孔/倒圆角/倒角/拔模/抽壳/筋)

续表

任务	步骤	操作结果	操作说明
3 创建避让槽特征	阵列避让槽		在模型树中选择刚创建好的避让槽拉伸特征，单击"阵列"按钮⌗，选择创建阵列的轴，选择中心轴，输入阵列数量为5，选择角度范围为360°，单击✓按钮完成阵列
4 创建凸台特征	创建新基准		创建与锥面相切的基准平面DTM1，创建与DTM1平行，距离为12的基准平面DTM2，创建与底面平行，距离为60的基准平面DTM3，创建DTM2与DTM3相交的基准轴A_2
	拉伸侧面凸台		单击"拉伸"按钮，选择DTM2为草绘平面，绘制直径35的圆截面，单击✓按钮选择"拉伸至下一曲面"⌗，在选项中"添加锥度"为15，单击✓按钮完成
5 创建壳特征	抽壳		(1)单击壳按钮，进入创建壳操控板； (2)按住Ctrl键选择上表面和下表面为移除面，输入厚度5； (3)在"参考"选项卡的"非默认厚度"中输入厚度8，选择底部法兰上表面，单击✓按钮完成

续表

任务	步骤	操作结果	操作说明
6 创建凸台内孔特征	拉伸侧面凸台内孔		(1)单击"草绘"按钮，草绘如图曲线侧面凸台内孔，单击☑按钮完成； (2)单击"拉伸"按钮，选择"拉伸至指定深度值"⬇，输入5，单击☑按钮完成
	阵列侧面凸台内孔	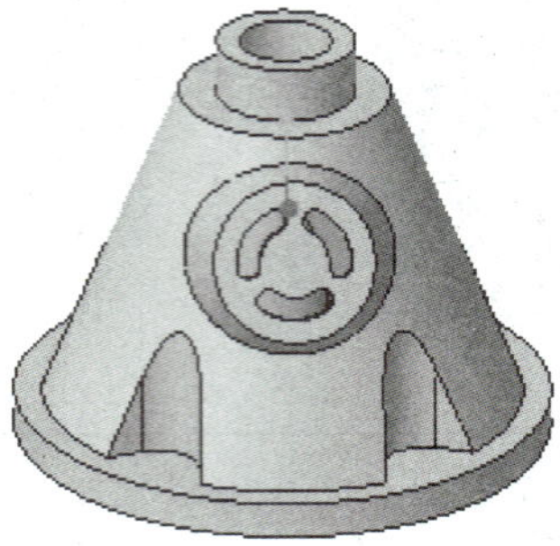	
7 创建拉伸特征	拉伸底部阶梯孔	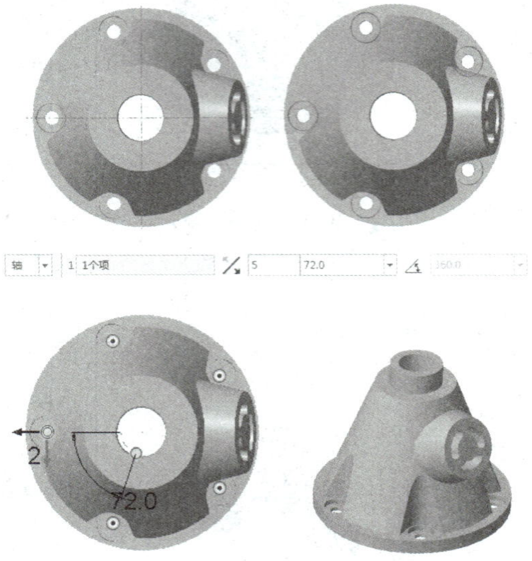	(1)在底部法兰上表面草绘直径15的圆，单击"拉伸"按钮，再单击操控板上⬇和◨按钮，单击☑按钮完成并退出草绘界面； (2)单击"阵列"按钮▦，单击选择创建阵列的轴，选择要阵列的项，阵列5个角度72°，单击☑按钮完成阵列； (3)按照同样步骤完成直径7的圆拉伸及阵列

续表

任务	步骤	操作结果	操作说明
8 存盘	保存设计文件	单击 🖫 按钮完成存盘	如果要改变目录存盘或名称，可执行"文件"→"另存为"命令，保存模型的副本
小结		根据几何关系创建基准和正确选择参照是建模常用的方法与技巧，本例凸台的创建是关键。壳体抽壳需要注意不同壁厚的设置，且抽壳与相关的特征有严格的先后顺序，本例法兰沉头孔必须在抽壳完成后创建	

五、强化训练

	提示
LX6－1 机座壳 练习要点：孔特征、倒圆角特征、壳特征，孔或圆角与壳的创建顺序	
（图）	(1) 用拉伸命令创建底板：按主俯视图外轮廓线画截面（不包括耳部），拉伸深度为 26； (2) 用拉伸命令创建 φ64×24 的中间圆柱； (3) 用拉伸命令创建 φ30×15 的顶圆柱； (4) 用壳命令创建壳体：选底板的下表面和顶圆柱的上表面为移除面，设置厚度为 6； (5) 用拉伸（切除材料）命令创建 φ20 的通孔； (6) 用拉伸命令创建耳部。 注意：如果在(4)、(5)步中，先创建 φ20 的通孔，再抽壳，将无法完成抽壳

	续表
LX6－2 变径管套 练习要点：用拔模创建圆柱内表面的角度	提示
	（1）创建底板：用拉伸命令创建厚度为 7 的底板； （2）创建圆柱体：在底板上表面创建直径为 76 的空心圆柱体； （3）创建孔：在底板上表面创建直径为 11 的孔（用拉伸切除材料、旋转切除材料或孔命令都可以）； （4）拔模：选圆柱体的内表面为拔模面，底板上表面为拔模枢轴面和拖动方向定义面，拔模角度为 12°； （5）倒圆角
LX6－3 壳体 练习要点：抽壳	提示
	壳体实体模型是在基本拉伸体的基础上创建孔，再经过抽壳而得。 （1）放置孔：线性定位创建孔特征，此处创建一般孔； （2）壳特征：将基本实体的 2 个表面进行移除，并通过在参考中进行设置得到不同壁厚

续表

	提示
LX6－4 连接件 练习要点：筋 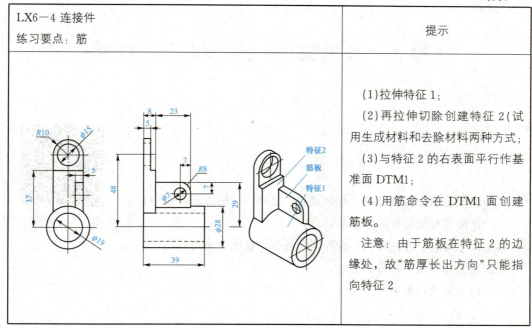	(1)拉伸特征1； (2)再拉伸切除创建特征2(试用生成材料和去除材料两种方式； (3)与特征2的右表面平行作基准面DTM1； (4)用筋命令在DTM1面创建筋板。 注意：由于筋板在特征2的边缘处，故"筋厚长出方向"只能指向特征2

课题 7　特征操作(镜像/阵列/复制)

一、教学知识点

(1)镜像复制、移动复制、旋转复制,复制特征的方法与技巧;
(2)新参考复制特征的方法与特点;
(3)尺寸阵列、方向阵列、轴阵列,阵列特征的方法与技巧;
(4)重排序与插入特征的方法;
(5)再生失败与解决的方法。

课题 7　数字资源

二、教学目的

了解特征编辑的意义,熟悉特征编辑的方法,能应用特征编辑的方法解决实体模型设计中的具体问题。

三、教学内容

基本操作步骤如下:
(1)复制特征:选择对象→复制→选择方式:相同参考或选择性粘贴→粘贴→对属性、大小、位置、参考等进行修改→完成;
(2)阵列特征:选择对象→阵列→选择方式:尺寸阵列、方向阵列或者轴阵列→选择参照→对属性、大小等进行修改→完成;
(3)重排序特征:在模型树选择特征对象→按住鼠标左键拖动到新位置,受特征之间的关系影响,子特征不能排到父特征的前面,读者可以自行实践;
(4)插入特征:在模型树单击 ➡ 在此插入 按钮→按住鼠标左键拖动到新位置→在当前位置可以插入创建新的特征。

四、教学实例

【例 7-1】　支座设计
支座设计图形如图 7-1 所示。

课题 7　特征操作(镜像/阵列/复制)

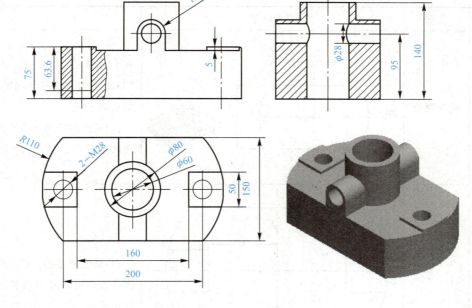

图 7-1　支座设计图形

教学任务：

完成支座零件实体模型设计。掌握镜像复制特征、阵列特征、重排序和插入特征的操作方法，进一步熟练运用拉伸、孔特征进行零件实体设计。

操作分析：

(1)可将该零件分解成为一个底板，一个圆柱，再加上2个拉伸凸耳，2个螺孔，2个通孔；

(2)一个底板、一个圆柱、拉伸凸耳可以运用拉伸方法创建；

(3)螺孔运用孔方法创建；

(4)2个拉伸凸耳、2个螺孔可以运用镜像复制特征或阵列特征创建；

(5)前后、上下的2个通孔可以运用拉伸减材料的方法创建。

操作过程：

支座建模过程见表 7-1。

表 7-1　支座建模过程

任务	步骤	操作结果	操作说明
1 新建文件	在"主页"的"选择工作目录"中新建文件	新建文件名：SL7－1.prt	新建操作同前例

续表

任务	步骤	操作结果	操作说明
2 创建底板	拉伸底板	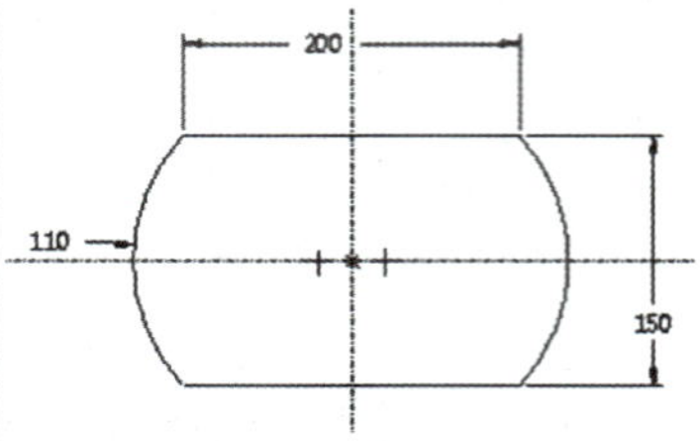 	(1) 单击 按钮，选择"TOP"绘制如图所示的截面，单击 ✔ 按钮； (2) 输入底板高为"70"，单击 按钮
	拉伸凸台	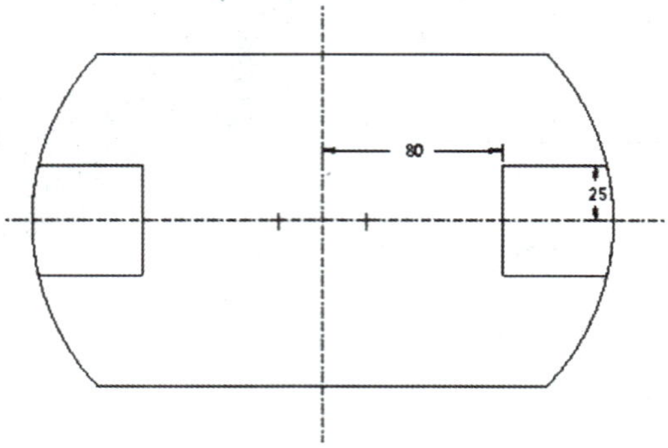 	(1) 单击 按钮，选择底板上表面，进入草绘界面，以定位尺寸"25，80"绘制如图截面，单击 ✔ 按钮； (2) 输入凸台高为"5"，单击 按钮
3 创建圆柱	拉伸圆柱	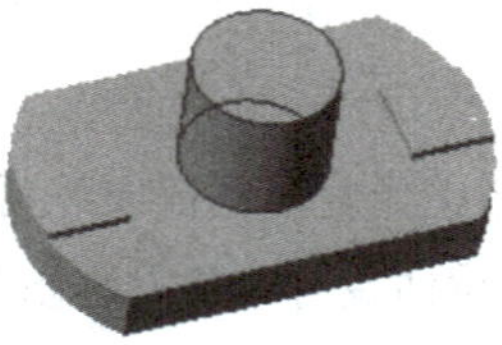	(1) 单击"拉伸"按钮，选择底板上表面，进入草绘界面绘制直径80的圆，单击 ✔ 按钮； (2) 输入圆柱高为"70"单击 按钮
	拉伸圆柱通孔	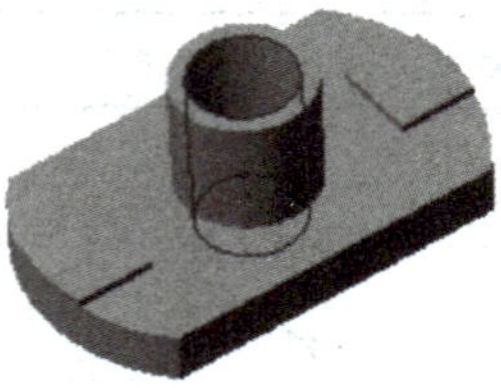	(1) 单击"拉伸"按钮，以圆柱的上表面为草绘面绘制直径为60的圆，单击 ✔ 按钮完成并退出草绘界面； (2) 单击操控板上的 和 按钮； (3) 预览，单击 按钮完成

续表

任务	步骤	操作结果	操作说明
4 创建凸耳	拉伸凸耳	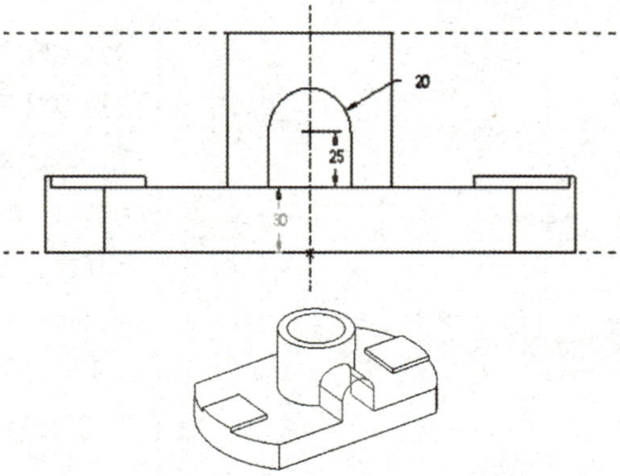	(1)单击"拉伸"按钮，选择底板前表面，进入草绘界面以如图尺寸绘制截面界面✔按钮； (2)单击按钮，选择圆柱前表面，单击✔按钮
	镜像凸耳	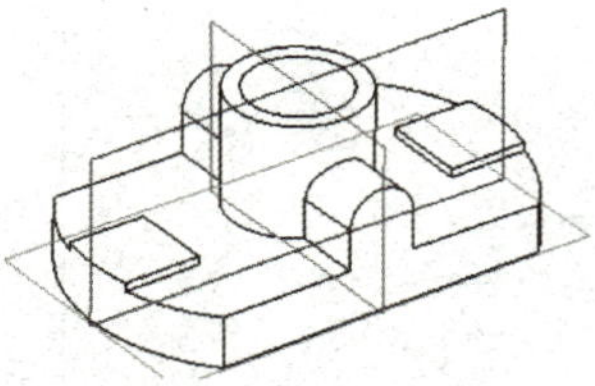	选择凸耳，单击镜像按钮，选择镜像面 FRONT，单击✔按钮
	拉伸凸耳通孔	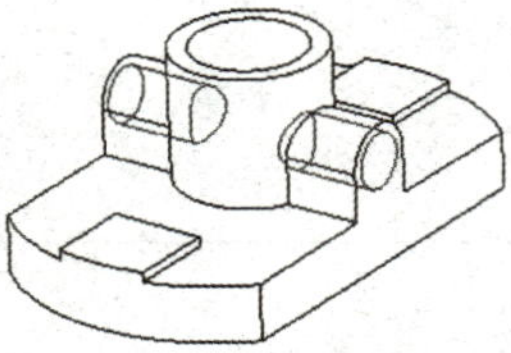	单击"拉伸"按钮，选择底板前表面进入草绘界面绘制直径28的圆，单击按钮，再单击✔按钮
5 创建螺孔	螺孔设置	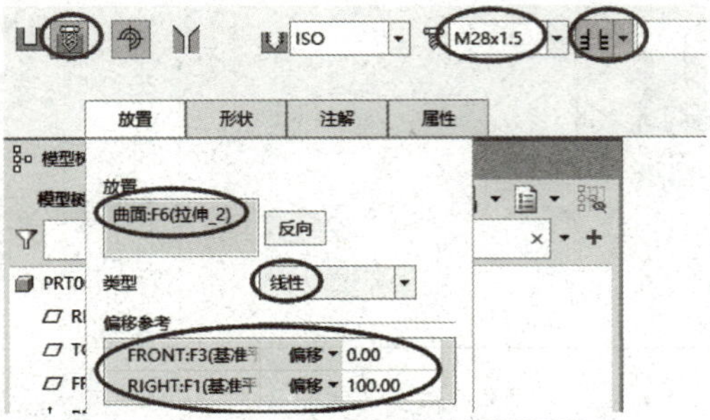 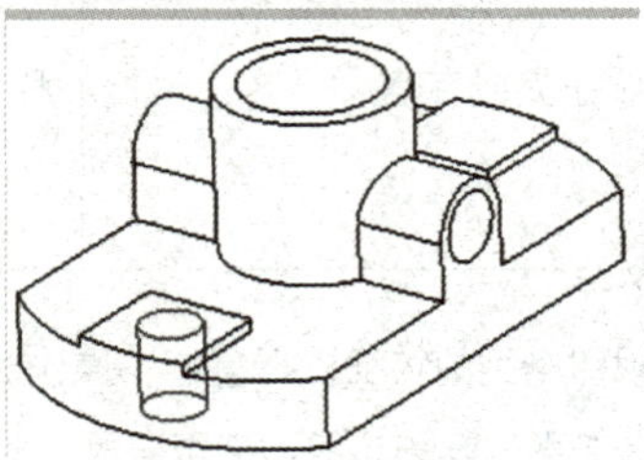	单击按钮，选择凸台上表面，选择"RIGHT"和"FRONT"面，分别输入定位尺寸"100"和"0"，单击✔按钮

续表

任务	步骤	操作结果	操作说明
5 创建螺孔	阵列螺孔（可以用三种方法之一）		尺寸阵列方法： 选择螺孔，单击"阵列"按钮，选择"尺寸"，阵列个数为"2"，单击"尺寸"选项卡，选择模型上的尺寸"100"，在操控板输入尺寸"-200"；方向不对可以通过尺寸的"+""-"来实现，单击按钮
			方向阵方法： 选择螺孔，单击"阵列"按钮，选择"方向"，阵列个数为"2"，选择模型上的一条边做"阵列参考"，在操控板输入尺寸"-200"；方向不对可以通过尺寸的"+""-"来调整，单击按钮
			轴阵列方法： 选择螺孔，单击"阵列"按钮，选择"轴"，阵列个数为"2"，选择模型上的圆柱的轴线作为"阵列参考"，在操控版输入尺寸"100"，单击按钮
6 存盘	保存设计文件	单击按钮完成存盘	如果要改变目录存盘或名称，可执行"文件"→"另存为"命令，保存模型的副本
	小结	镜像、阵列是对按规律排列的特征进行复制，操作时需先选择对象才能调用命令，Creo 5.0 软件提供丰富的阵列功能，类型有尺寸、方向、轴、参考、表等	

课题 7　特征操作(镜像/阵列/复制)

【例 7-2】 角铁设计

角铁设计图形如图 7-2 所示。

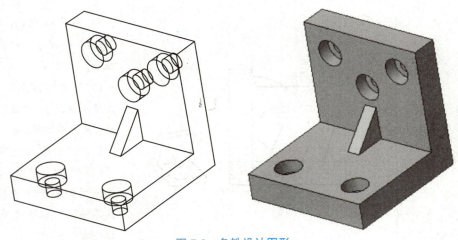

图 7-2　角铁设计图形

教学任务：

完成角铁实体模型的设计。掌握创建相同参照复制及新参照复制的方法，进一步熟练运用镜像复制特征、拉伸特征、孔特征创建的方法。

操作分析：

零件分两个特征，一个是角铁基体，可通过拉伸创建；其余是 5 个孔，孔由于形状一致可通过创建相同参照复制及新参照复制来实现。

操作过程：

角铁建模过程见表 7-2。

表 7-2　角铁建模过程

任务	步骤	操作结果	操作说明
1 新建	在"主页"的"选择工作目录"中新建文件	新建文件名：SL7－2.prt	新建操作同前例
2 创建基本体	拉伸基本体		单击"拉伸"按钮，进入草绘界面，选择"FRONT"面绘制如图所示的图形，设置对称拉伸长度为 100，单击 ✓ 按钮

· 99 ·

续表

任务	步骤	操作结果	操作说明
3 创建筋板	放置筋板	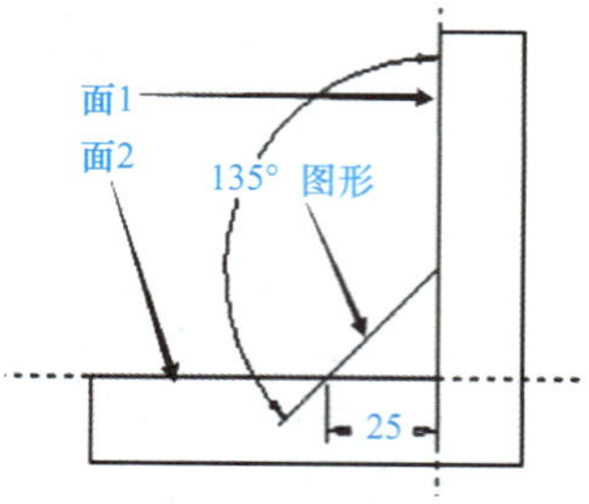 面1 面2 135° 图形 25 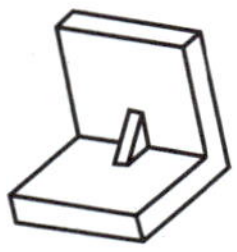	(1)单击 筋 按钮，执行"放置"→"草绘"→"定义"命令； (2)选择"FRONT"面作为草绘面，单击"草绘"按钮，进入草绘界面； (3)在"参考"中选择"面1""面2"作为参照，草绘图形为如图所示的直线，输入筋的对称厚度为10，单击✓按钮完成
4 创建孔	放置孔	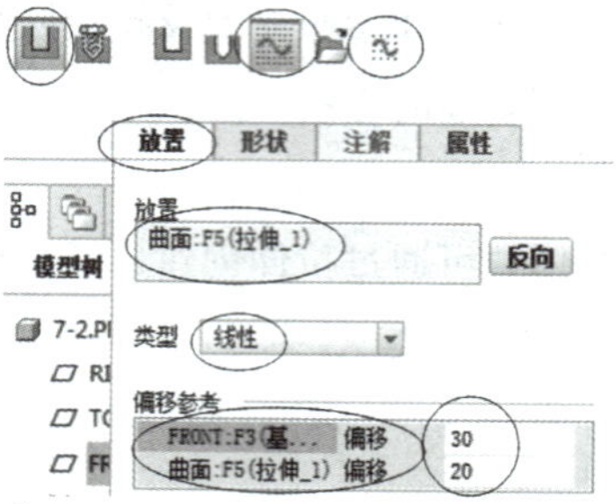 放置 形状 注解 属性 曲面:F5(拉伸_1) 反向 类型 线性 偏移参考 FRONT:F3(基... 偏移 30 曲面:F5(拉伸_1) 偏移 20 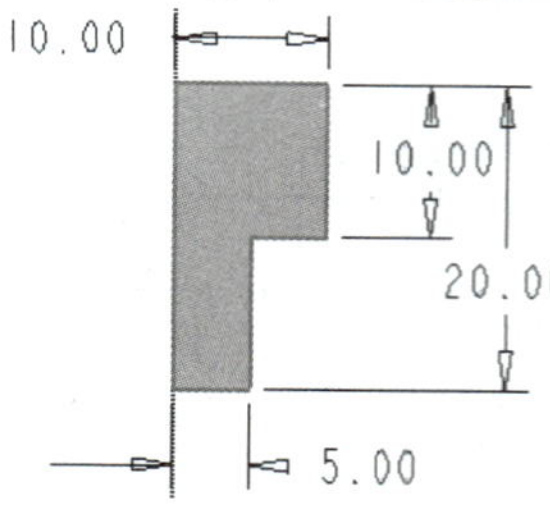 10.00 10.00 20.00 5.00 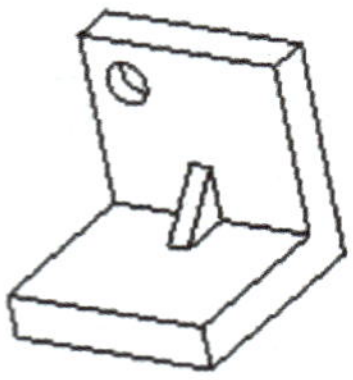	(1)单击"孔"按钮，选择 ，选择立板前表面为孔放置面； (2)将"放置"选项卡中的类型选择为"线性"，"偏移参考"中选择"曲面F5"和"FRONT"为参考，分别输入定位尺寸"20"和"30"； (3)单击 按钮，绘制如图孔旋转截面图形，单击✓按钮
	镜像复制孔	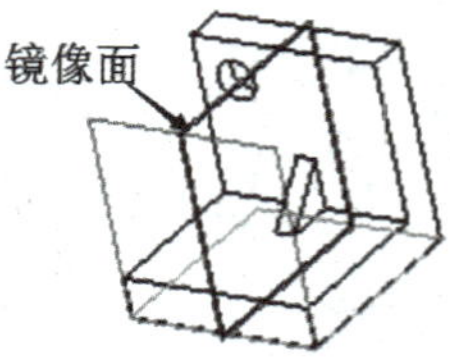 镜像面 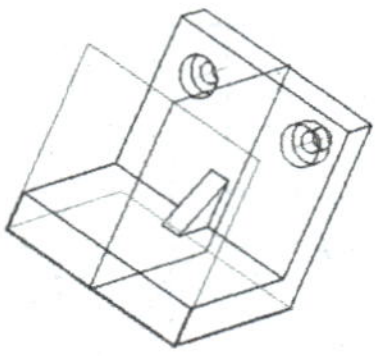	选择孔，单击"镜像"按钮 镜像，选择镜像面"FRONT" FRONT，单击✓按钮

续表

任务	步骤	操作结果	操作说明
4 创建孔	新参考复制孔	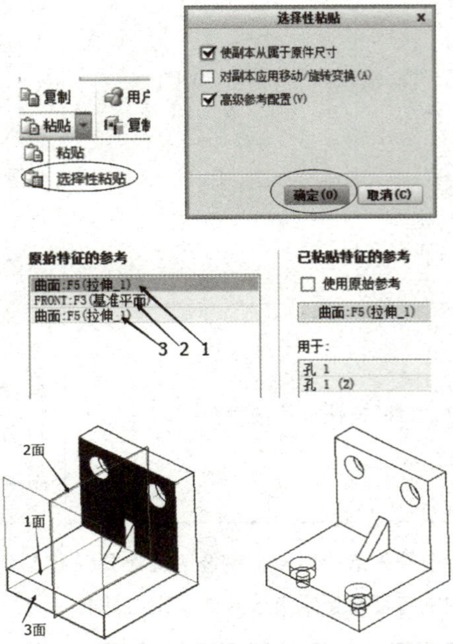	(1)按住 Ctrl 键选择两个孔，单击 复制 按钮，单击"选择性粘贴"按钮，如图设置，单击"确定"按钮； (2)对话框中 1 对应选择模型上 1 面； (3)勾选对话框中"使用原始参考"；或者对话框中 2 对应选择模型上 2 面； (4)对话框中 3 对应选择模型上 3 面，单击"确定"按钮
	移动复制孔	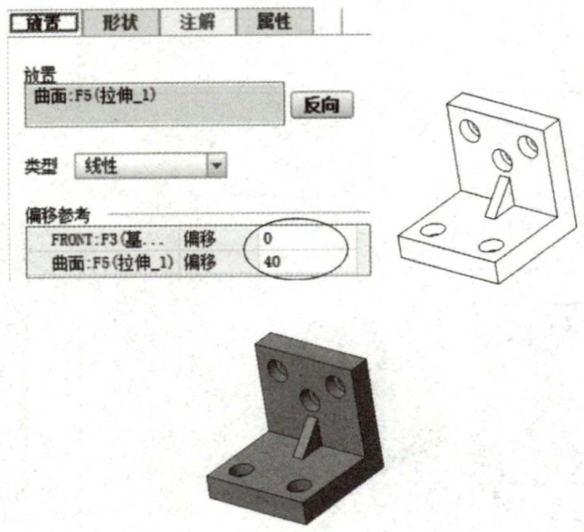	(1)选择第一个创建的孔，执行 复制 → 粘贴 命令； (2)选择底板上表面，作为放孔的表面； (3)对新孔的属性、大小、位置都可以做修改，此处修改定位坐标值为"0"和"40"，单击 ✓ 按钮

续表

任务	步骤	操作结果	操作说明
5 特征重排序	特征排序		(1)角度模型中的孔与筋轮廓不存在父子关系，可以用鼠标拖动互换位置，不影响结果； (2)在模型树单击"在此插入"按钮➡ 在此插入，按住鼠标左键拖动到新位置，在当前位置可以插入创建新的特征
6 存盘	保存设计文件	单击"保存"按钮 完成存盘	如果要改变目录存盘或名称，可执行"文件"→"另存为"命令，保存模型的副本
小结		调用镜像命令前需先选择对象，镜像时需选择对称参考面；"复制"→"粘贴"操作可以对复制的特征重新定义放置面及定位基准	

五、强化训练

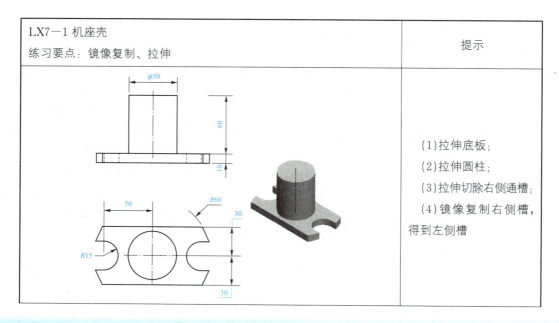

LX7－1 机座壳 练习要点：镜像复制、拉伸	提示
	(1)拉伸底板； (2)拉伸圆柱； (3)拉伸切除右侧通槽； (4)镜像复制右侧槽，得到左侧槽

续表

	提示
LX7-2 垫板 练习要点：孔特征、轴阵列、拉伸 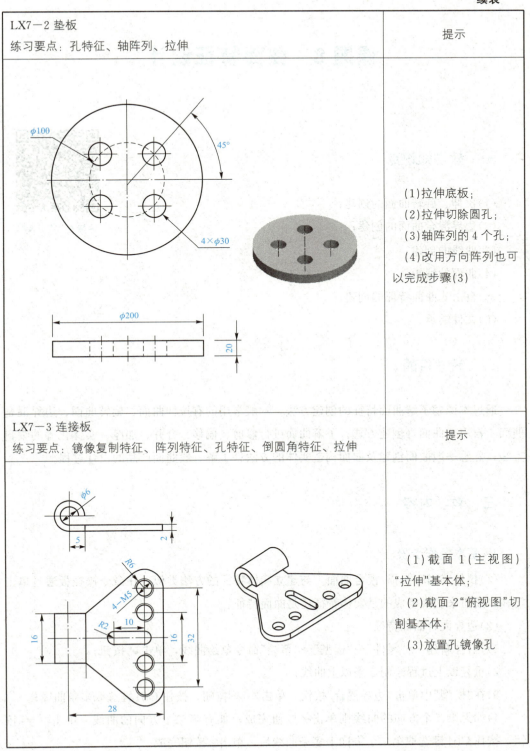	(1)拉伸底板； (2)拉伸切除圆孔； (3)轴阵列的4个孔； (4)改用方向阵列也可以完成步骤(3)
LX7-3 连接板 练习要点：镜像复制特征、阵列特征、孔特征、倒圆角特征、拉伸	提示 (1)截面1(主视图)"拉伸"基本体； (2)截面2"俯视图"切割基本体； (3)放置孔镜像孔

课题 8　曲面特征设计

一、教学知识点

(1)拉伸、旋转曲面的创建；
(2)边界混合曲面的创建；
(3)曲线的创建；
(4)曲面的编辑；
(5)自由式曲面特征的创建；
(6)文件继承。

课题 8　数字资源

二、教学目的

通过本课题了解曲面特征的创建方法，一般常用的有拉伸曲面、旋转曲面、边界混合曲面、自由式曲面等创建方式；了解曲面进行修剪、偏移、合并、加厚、实体化等的编辑方法；熟悉一般曲面创建及曲面构造实体的方法；了解一般曲面产品的设计过程。

三、教学内容

1. 基本操作步骤

(1)拉伸/旋转/扫描/混合曲面。与建立实体特征的方法类似，在命令操控板通过单击 ▭ 和 ▢ 按钮来切换生成的是实体特征还是曲面特征。

(2)边界混合曲面特征。

1)执行"新建"→"零件"→"模型"→"草绘"命令草绘曲线，单击 ✔ 按钮；

2)重复以上过程绘制 2 条以上曲线；

3)在"模型"中单击"边界混合"按钮，单击 [选择项] 按钮，按住 Ctrl 键选取多条曲线；

4)如无第二个方向的曲线则单击 ✔ 按钮完成；如有第二个方向的曲线，单击 [选择项] 按钮，按住 Ctrl 键选取第二个方向上多条曲线后，单击 ✔ 按钮完成。

曲线、零件边、基准点、曲线或边的端点都可作为参考图元使用。在每个方向上，都必须按连续的顺序选择参考图元，不同的顺序形成的曲面将不同。命令中的"第一方向"指的是曲线A与曲线B之间形成的曲面,曲线可以相交也可以不相交;"第二方向"指的是曲线C分别与曲线A的一端和曲线B的一端相交形成的曲面,曲线必须和第一方向的曲线相交,形成封闭的环。

(3)投影曲线特征。可以将曲线沿特定方向投影到曲面上,多用于投影后对曲面进行修剪。

在"模型"中单击"投影"按钮选择要投影到的曲面,选择要投影到的曲线,选择要投影的方向,单击✔按钮完成。

(4)修剪曲面特征。可以使用基准曲线、内部曲面边或实体模型边的连续链来修剪面组,从而创建一个新的特征。

1)在绘图区选取要修剪的面组;

2)在"模型"中单击"修剪"按钮,选择要修剪的对象,在操控板上单击％按钮,选择要保留的曲面,单击✔按钮完成。

(5)偏移曲面特征。偏移曲面用于对曲面或实体进行恒定或可变距离偏移,从而创建一个新的特征。

1)在绘图区选取要偏移的对象;

2)在"模型"中单击"偏移"按钮,在偏移操控板设置⬚⋯ ⊢10.00 ％,单击✔按钮完成。

(6)合并曲面特征。

1)在绘图区选择要合并的两个特征曲面;

2)在"模型"中单击"合并"按钮,在合并操控板设置％％,选择要保留的曲面侧,单击✔按钮完成。

(7)加厚曲面特征。

1)在绘图区选择要加厚的曲面;

2)在模型中单击"加厚"按钮,在加厚操控板设置加厚的数值和加厚的方向,单击✔按钮完成。

(8)实体化曲面特征。

1)在绘图区选择要实体化的曲面;

2)在"模型"中单击"实体化"按钮,在实体化操控板设置⬚◢％,选择合适的方式,单击✔按钮完成。

(9)自由式曲面特征。自由式建模环境提供了使用多边形控制网格快速简单地创建光滑且正确定义的B样条曲面的命令。

在"模型"中单击"自由式"按钮,添加形状,对顶点、边、面进行拖动、编辑,单击✔按钮完成。

2. 操作要领与技巧

(1)曲面的选择。多数情况下,当选择过滤器为"几何"选项时,任意选中面组中的其中一小块曲面,系统会自动判定为选择面组,因此,在"合并"等曲面编辑命令中,只需选择两个面组中的任意小曲面,都可以完成两个面组的合并等操作,而不用特意将选择过滤器切换成"面组"选项。

(2)样条曲线端点的控制。样条曲线的端点有时要求平滑过渡,这时可以在端点绘制一线段,用"相切"等约束的方式对样条曲线的端点进行调整。

(3)边界混合命令。可在参考图元(在一个或两个方向上定义曲面)之间创建边界混合特征。命令中的"第一方向"指的是曲线A与曲线B之间形成的曲面,曲线可以相交也可以不相交;"第二方向"指的是曲线C分别与曲线A的一端和曲线B的一端相交形成的曲面,曲线必须和第一方向的曲线相交,形成封闭的环。选择参考图元的规则如下:

1)曲线、零件边、基准点、曲线或边的端点可作为参考图元使用;

2)在每个方向上,都必须按连续的顺序选择参考图元。但是,可对参考图元进行重新排序。

(4)修剪曲面命令。单击操控板中的 按钮,可获得修剪方向上曲面的最大轮廓,类似于模具设计中的分模面,这在产品设计(特别是复杂曲面设计)中经常用到。

(5)自由式曲面。自由式建模可以操控和以递归方式分解控制网格的面、边或顶点来创建新的顶点和面。新顶点在控制网格中的位置基于附近的旧顶点位置来计算。此过程会生成一个比原始网格更密的控制网格。与多边形曲面相同,可以拉伸自由式曲面的特定区域来创建细节。

在选择顶点、边、面时,单击鼠标选中的是一个元素,鼠标拖动框选选中的则是选框中包含的所有元素,应充分利用好视图方向,方便选择多个元素,进行统一的调整,以便减少工作量。

(6)文件继承。文件继承允许将选定参考零件的几何和特征数据向目标文件进行单向关联传播。即使参考零件不在会话中,创建的目标零件也完全起作用。当参考零件有修改时,目标零件经重生成模型后,也会作相应的修改,减少设计工作量。

四、教学过程

【例 8-1】 鼠标上壳曲面造型

鼠标上壳曲面造型如图 8-2 所示。

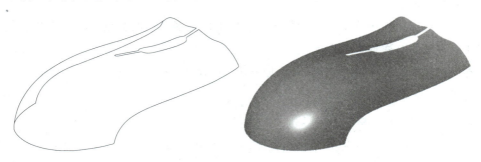

图 8-1 鼠标上壳曲面造型

教学任务：

完成鼠标上壳曲面造型的设计，掌握边界混合曲面、曲线投影、曲面修剪的基本方法。

操作分析：

该零件曲面线条比较多样化，需通过绘制不同方向上的边界曲线，再使用边界混合命令得到整个曲面，然后将曲线投影到曲面上，最后修剪曲面完成设计。

操作过程：

鼠标上壳曲面造型建模过程见表8-1。

表8-1　鼠标上壳曲面造型建模过程

任务	步骤	操作结果	操作说明
1 设置工作目录	设置新建文件的保存路径	新建文件夹"SL8"用于保存设计文件，设置工作目录后，所有的设计文件将保存于此文件夹中	在主界面上的"主页"中单击 按钮，将路径指向新建的文件夹
2 新建文件	新建"零件"文件	新建文件名：SL8－1.prt	(1)执行"新建"→"零件"命令，输入名称"SL8－1"；(2)取消"使用缺省模板"复选框的勾选，确定并选择"mmns_part_solid"，确定
3 创建竖直方向曲线特征	进入草绘界面	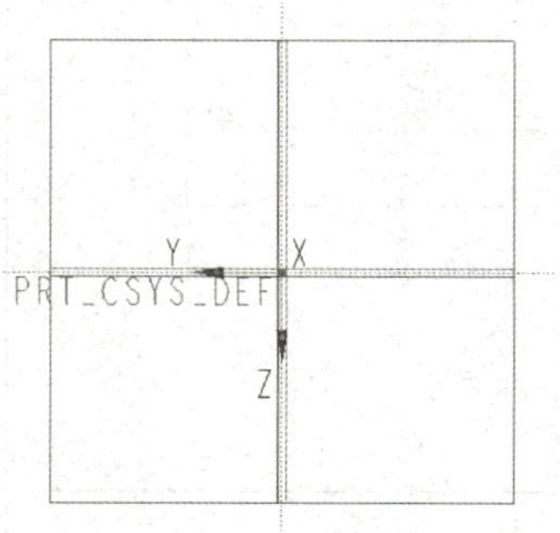	(1)单击 按钮，点选RIGHT面；(2)草绘方向参考TOP面方向为"左"，单击 草绘 按钮进入草绘界面；(3)单击 按钮调整草绘视图
	绘制草绘曲线1	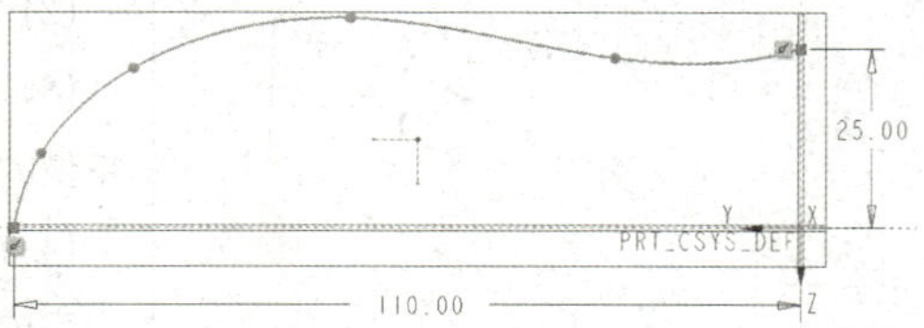	(1)单击 样条 按钮，绘制如图所示的曲线；(2)除两个端点有尺寸控制外，其他样条插值点可自行设计调整；(3)单击 ✓ 按钮完成并退出草绘界面

续表

任务	步骤	操作结果	操作说明
3 创建竖直方向曲线特征	创建基准面1	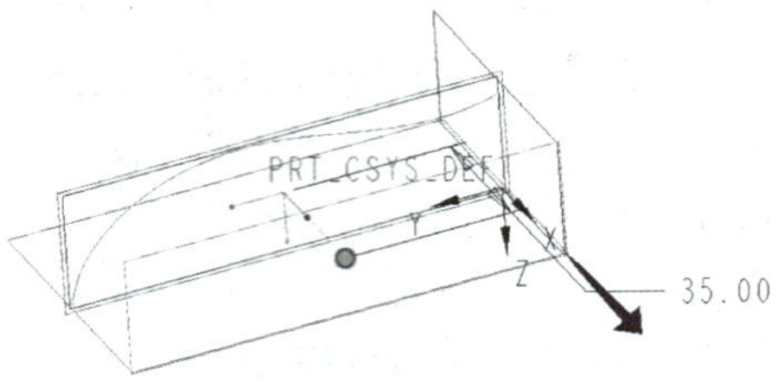	(1)单击 按钮； (2)在绘图区选择 RIGHT 面为参照； (3)平移距离值为 35； (4)单击"确定"按钮完成基准面1的创建
	进入草绘界面	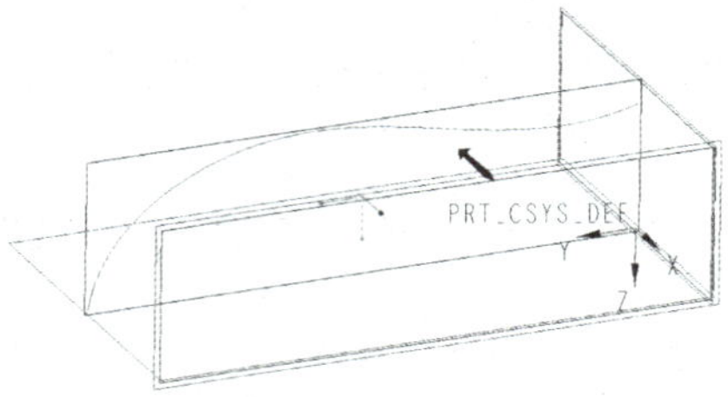	(1)单击 按钮，点选刚创建的 DTM1 基准面； (2)草绘方向参考 TOP 面方向为"左"，单击 草绘 按钮进入草绘界面； (3)单击 按钮调整草绘视图
	绘制草绘曲线2	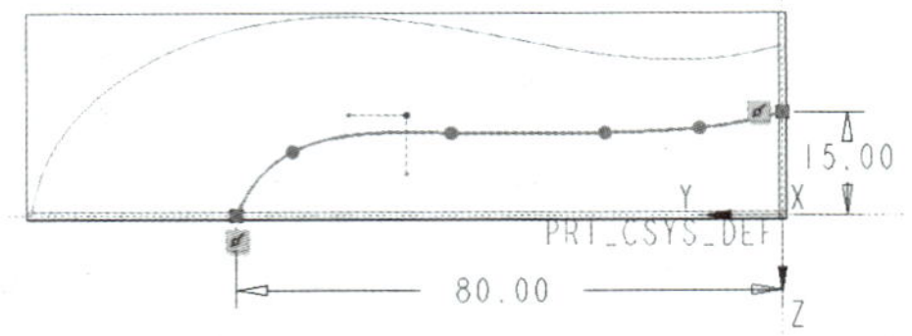	(1)单击 样条 按钮，绘制如图所示的曲线； (2)除两个端点有尺寸控制外，其他样条插值点可自行设计调整； (3)单击 ✔ 按钮完成并退出草绘界面
	镜像获得曲线3	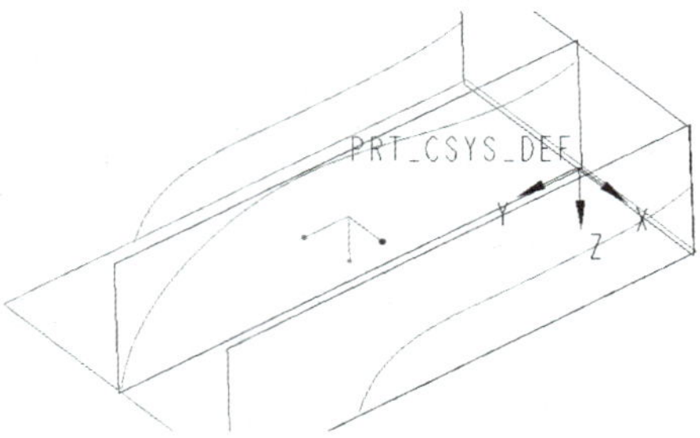	(1)选择刚创建的曲线2； (2)单击 镜像 按钮； (3)点选 RIGHT 面作为镜像的平面； (4)在操控板上单击 按钮完成曲线的创建

续表

任务	步骤	操作结果	操作说明
4 创建水平方向曲面特征	创建基准点		(1)单击 ✱点 按钮； (2)按住 Ctrl 键，同时点选 TOP 面和曲线 1，创建基准点 PNT0； (3)继续在基准点面板中在单击 ➡ 新点按钮； (4)按住 Ctrl 键同时点选 TOP 面和曲线 2，创建基准点 PNT1； (5)同理，分别继续单击 ➡ 新点按钮，创建 FRONT 面分别与曲线 1、曲线 2 相交的 PNT2、PNT3； (6)单击"确定"按钮完成基准点的创建
	进入草绘界面		(1)单击 按钮，点选 TOP 面； (2)草绘方向参考 RIGHT 面方向为"右"，单击 草绘 按钮进入草绘界面； (3)单击 按钮调整草绘视图
	绘制辅助线		(1)单击 按钮； (2)用直线工具在 PNT0 上向左边画一条任意长度的短线； (3)关闭构造模式

续表

任务	步骤	操作结果	操作说明
4 创建水平方向曲面特征	绘制草绘曲线4	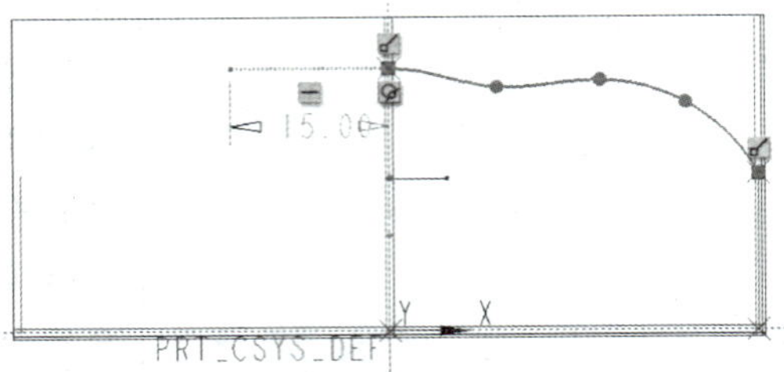	(1)单击~样条按钮，绘制如图所示的曲线； (2)除两个端点分别为PNT0、PNT1外，其他样条插值点可自行设计调整； (3)单击✓相切按钮，约束样条曲线与短线相切
		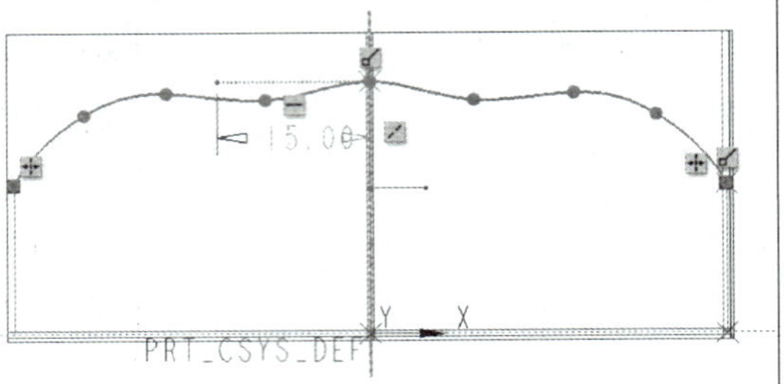	(1)单击中心线按钮，在中间绘制一条中心线； (2)用镜像命令镜像样条曲线； (3)单击✓按钮完成并退出草绘界面
	进入草绘界面	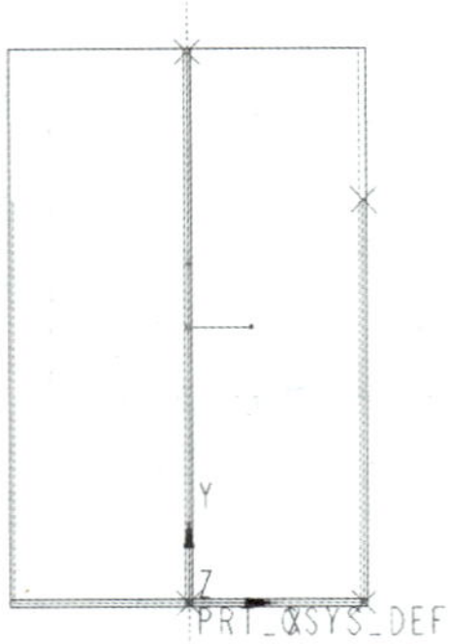	(1)单击"草绘"按钮，点选FRONT面； (2)草绘方向参考RIHGT面方向为"右"，单击 草绘 按钮进入草绘界面； (3)单击按钮调整草绘视图
	绘制辅助线	 PNT2	(1)单击按钮； (2)用直线工具在PNT2上向左边画一条任意长度的短线； (3)关闭构造模式

续表

任务	步骤	操作结果	操作说明
4 创建水平方向曲面特征	绘制草绘曲线 5	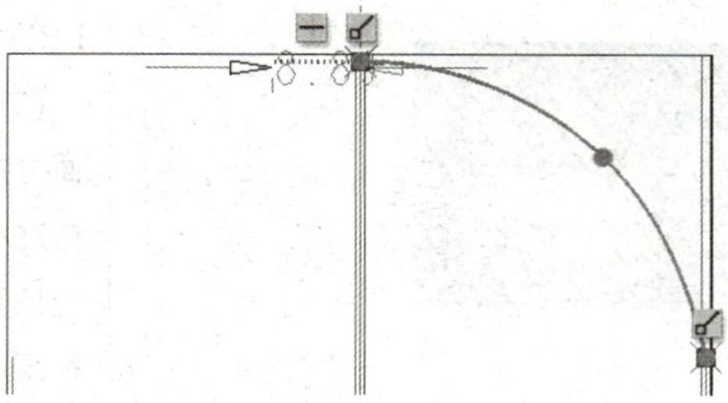	(1)单击 ～样条 按钮，绘制如图所示的曲线； (2)除两个端点分别为 PNT2、PNT3 外，其他样条插值点可自行设计调整； (3)单击 相切 按钮，约束样条曲线与短线相切
		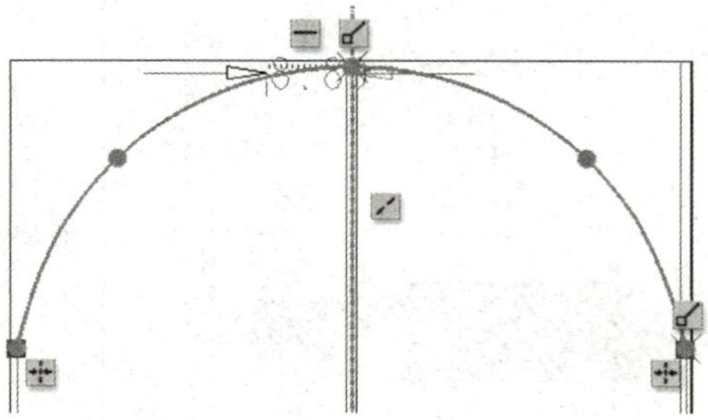	(1)单击 中心线 按钮，在中间绘制一条中心线； (2)用镜像命令镜像样条曲线； (3)单击 ✔ 按钮完成并退出草绘界面
	查看曲线绘制结果	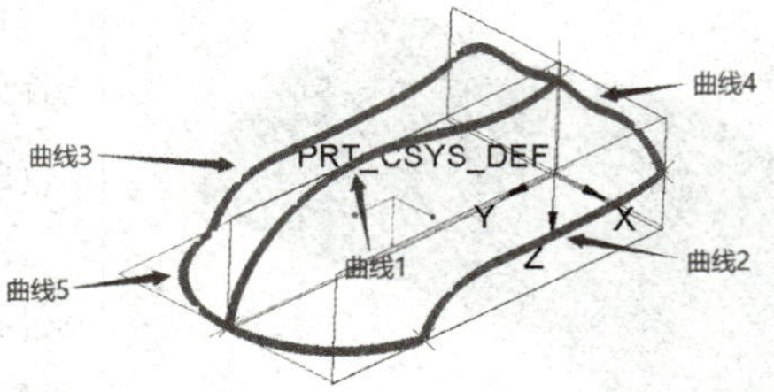	检查 5 条曲线是否绘制完成
5 创建曲面特征	调用边界混合命令	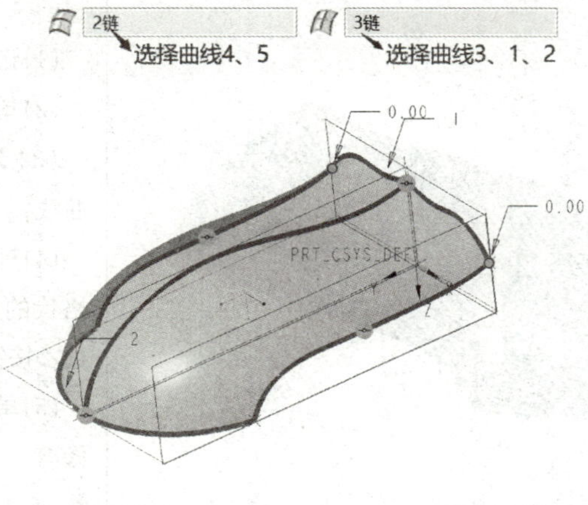	(1)单击 按钮； (2)激活 选择项 第一方向链收集器，按住 Ctrl 键同时选择曲线 4、5； (3)激活 选择项 第二方向链收集器，按住 Ctrl 键同时选择曲线 3、1、2； (4)单击 ✔ 按钮完成边界混合命令

续表

任务	步骤	操作结果	操作说明
6 修剪曲面特征	进入草绘界面	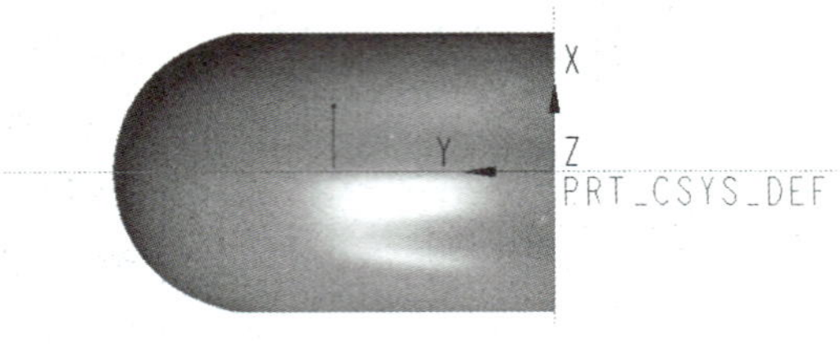	（1）单击 ∽ 按钮，点选 FRONT 面； （2）草绘方向参考 RIHGT 面方向为"上"，单击 草绘 按钮进入草绘界面； （3）单击 按钮调整草绘视图
	绘制滚轮位草图	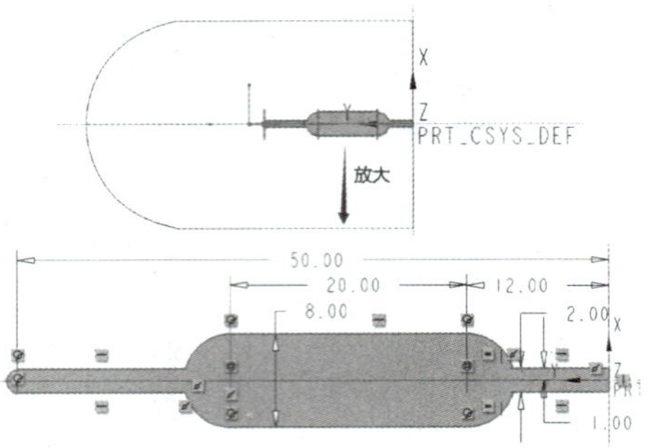	（1）绘制如图草绘； （2）单击 ✔ 按钮完成并退出草绘界面
	投影滚轮位草图到曲面上	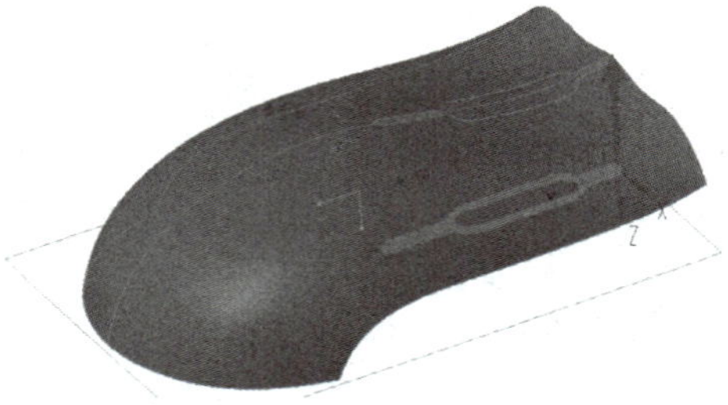	（1）选中刚创建的滚轮位草图； （2）单击 投影 按钮； （3）选择鼠标曲面； （4）单击 按钮完成曲线投影
	修剪鼠标曲面	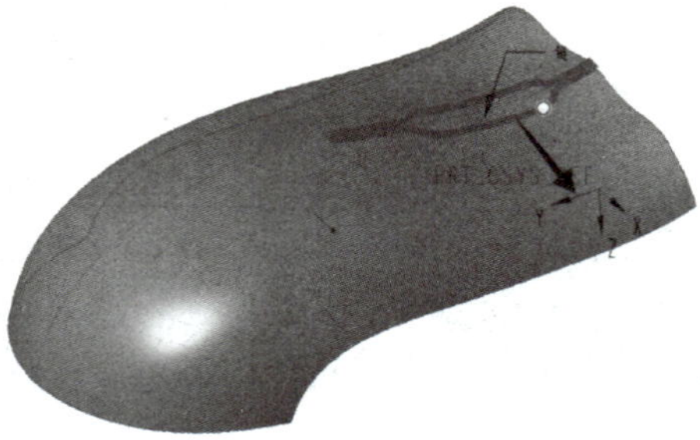	（1）选中鼠标曲面； （2）单击 修剪 按钮； （3）选择刚投影生成的曲线； （4）观察曲面表面，有网格状的为保留部分，可通过 按钮进行调整； （5）单击 按钮完成曲面修剪

续表

任务	步骤	操作结果	操作说明
7 存盘	保存设计文件	单击 按钮完成存盘	如果要改变目录存盘或名称，可执行"文件"→"另存为"命令，保存模型的副本
	小结	本实例主要简单演示了边界混合曲面的创建过程，根据从点到线再到面的创建思路进行绘制，在绘制过程中对样条曲线端点的控制和基准点的创建是产品设计中经常用到的技巧。 曲面加厚等特征将在后续案例中学习	

【例 8-2】 旋钮开关设计

旋钮开关设计图形如图 8-2 所示。

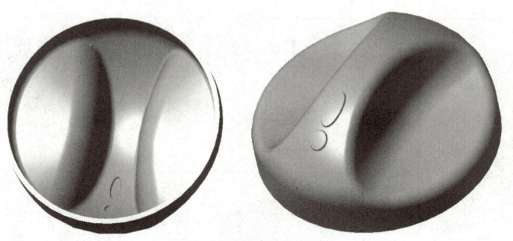

图 8-2　旋钮开关设计图形

教学任务：

完成旋钮开关模型的设计，掌握旋转曲面、边界混合曲面、曲面镜像、曲面合并、曲面偏移、曲面加厚的基本方法。

操作分析：

该零件的凹槽部分是不规则的曲面，且左右对称，因此，只需要用边界混合命令创建其中半边曲面部分，然后通过镜像、合并与加厚等曲面编辑命令，即可完成设计。

操作过程：

旋钮开关建模过程见表 8-2。

表 8-2　旋钮开关建模过程

任务	步骤	操作结果	操作说明
1 新建文件	新建"零件"文件	新建文件名：SL8－2.prt	新建操作同前例
2 创建旋转曲面特征	进入草绘界面	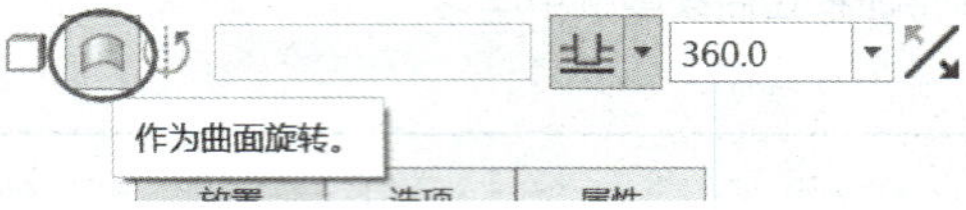	(1)单击"模型"选项卡的 旋转 按钮； (2)单击"作为曲面旋转"按钮切换成曲面特征； (3)点选 FRONT 面作为草绘平面； (4)单击 按钮调整草绘视图
	绘制旋转曲面	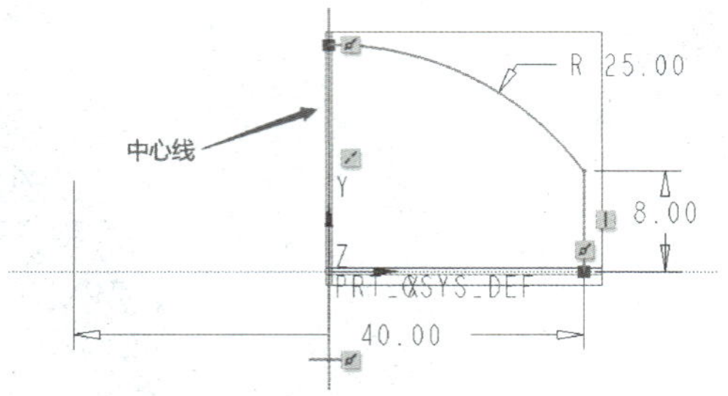	(1)单击 中心线 按钮，绘制如图旋转中心线； (2)用"弧""线"命令绘制如图曲线； (3)单击 ✔ 按钮完成并退出草绘界面
	完成旋转曲面	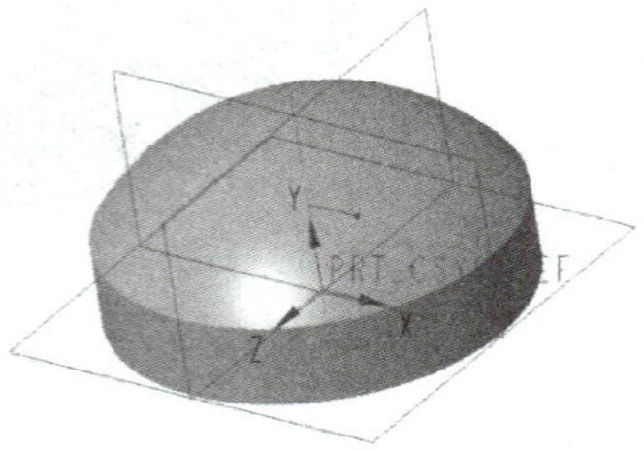	单击 ✔ 按钮完成曲面特征
	倒圆角	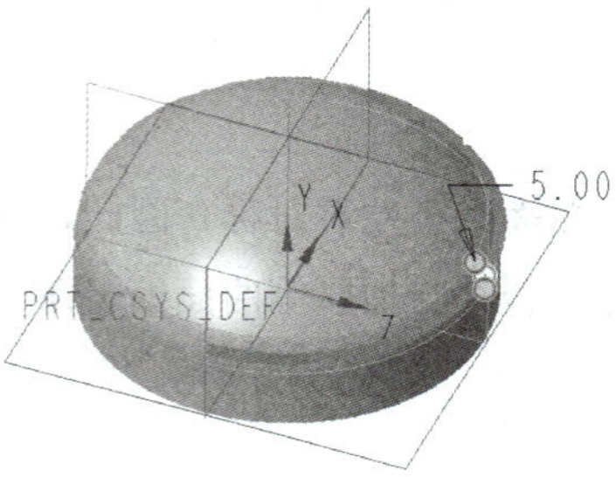	(1)用"倒圆角"工具在图示位置进行倒圆角，圆角半径值为 5； (2)在操控板上单击 ✔ 按钮完成倒圆角

续表

任务	步骤	操作结果	操作说明
3 创建3条曲线特征	进入草绘界面	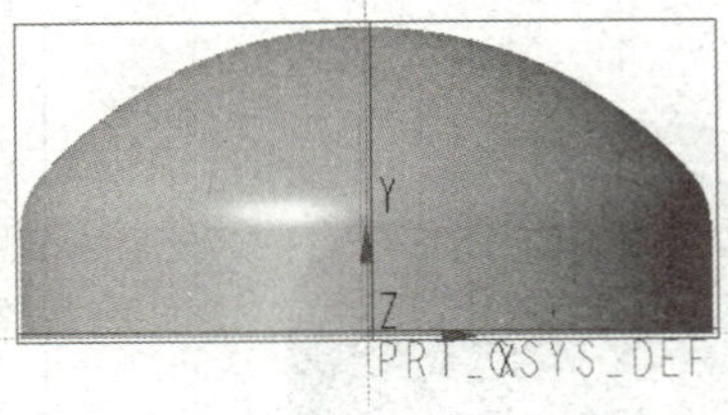	(1)单击 按钮，点选TOP面； (2)草绘方向参考RIGHT面方向为"右"，单击 草绘 按钮进入草绘界面； (3)单击 按钮调整草绘视图
	绘制曲线1	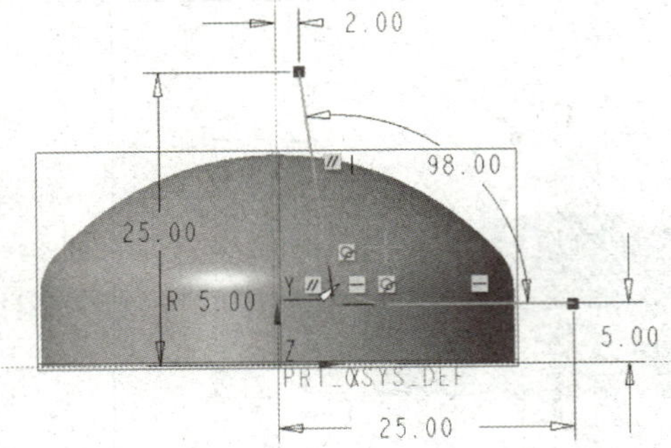	(1)用"直线"命令绘制2条直线； (2)使用"倒圆角"命令进行倒角； (3)约束尺寸如图所示
	完成曲线1的绘制	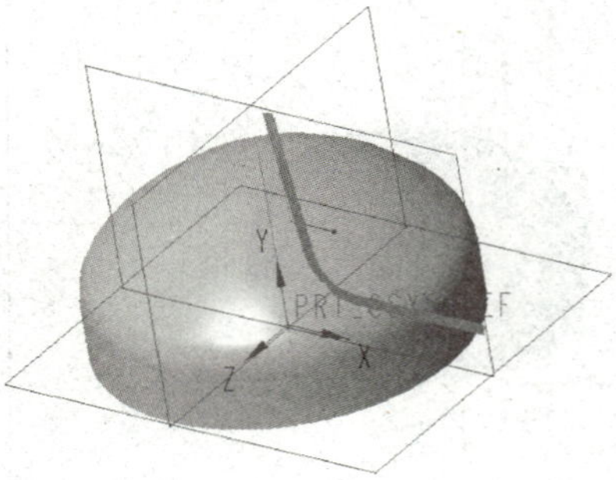	单击 ✔ 按钮完成并退出草绘界面
	创建基准面1	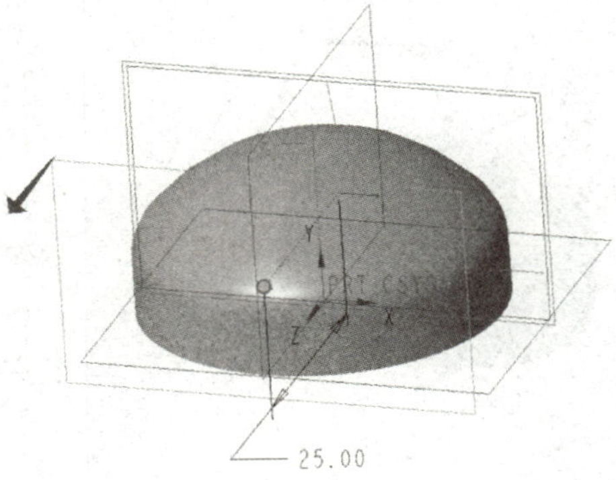	(1)单击 按钮； (2)在绘图区选择FRONT面为参照； (3)平移距离值为25； (4)单击"确定"按钮完成基准面1的创建

续表

任务	步骤	操作结果	操作说明
3 创建3条曲线特征	进入草绘界面	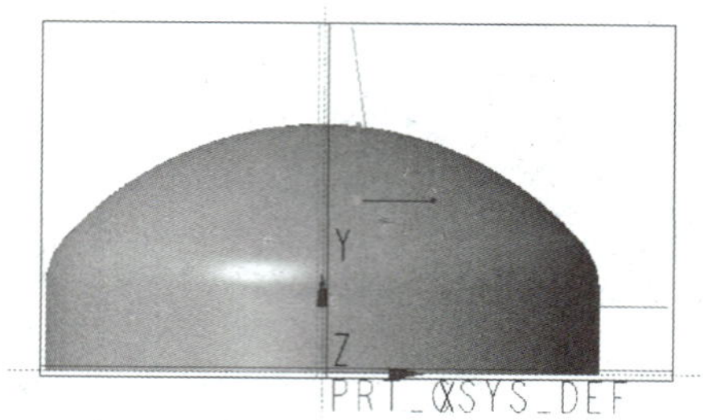	(1)单击 按钮，点选刚创建的 DTM1； (2)草绘方向参考 RIGHT 面方向为"右"，单击 草绘 按钮进入草绘界面； (3)单击 按钮调整草绘视图
	绘制曲线2	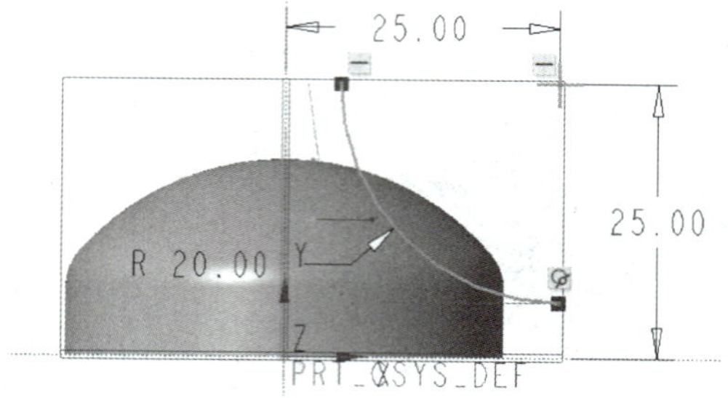	(1)绘制如图所示的1/4圆； (2)约束尺寸如图所示；
	完成曲线2的绘制	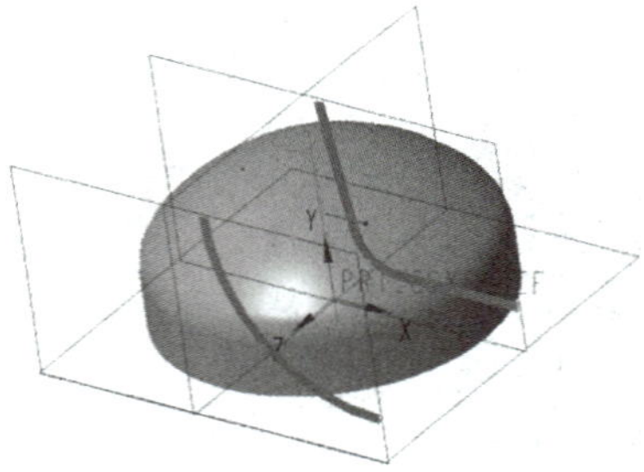	单击 ✓ 按钮完成并退出草绘界面
	镜像获得曲线3	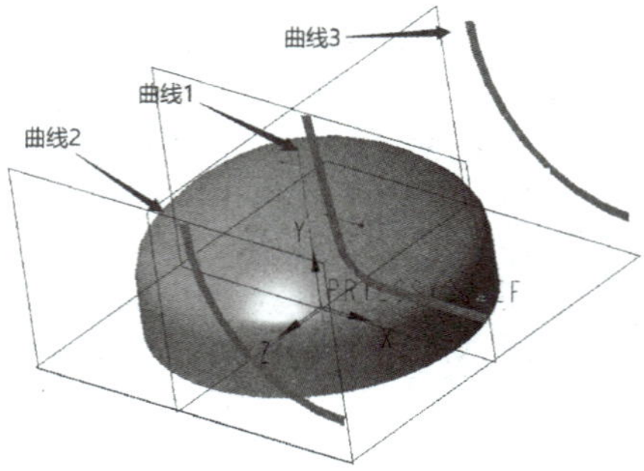	(1)选择刚创建的曲线2； (2)单击 镜像 按钮； (3)点选 FRONT 面作为镜像的平面； (4)在操控板上单击 ✓ 按钮完成曲线镜像的创建

续表

任务	步骤	操作结果	操作说明
4 创建边界混合曲面特征	调用边界混合命令		(1)单击 按钮； (2)在 选择项 中按住 Ctrl 键同时选择曲线 2、1、3； (3)单击 按钮完成边界混合命令
	完成第一个边界混合曲面的绘制		(1)在操控板上单击 按钮完成边边界混合曲面的创建； (2)在模型树上出现： 边界混合 1
	镜像完成第二个边界混合曲面的绘制		(1)选择刚创建的边界混合 1 曲面； (2)单击 镜像 按钮； (3)点选 RIGHT 面作为镜像的平面； (4)在操控板上单击 按钮完成曲面镜像的创建
5 合并曲面	调用合并曲面命令		(1)按住 Ctrl 键，在绘图区同时选取旋转曲面和第一个边界曲面； (2)单击"合并"按钮

续表

任务	步骤	操作结果	操作说明
5 合并曲面	确认	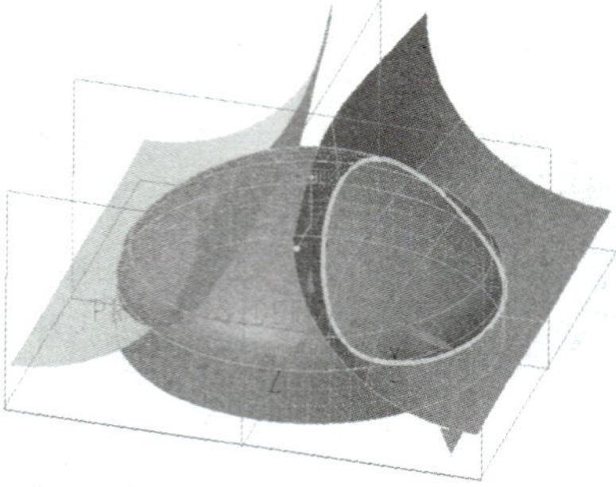	(1)通过 ✗✗ 方向按钮，确定需要保留的带网格部分的曲面； (2)在操控板上单击 ✓ 按钮完成合并曲面
	合并另一部分曲面	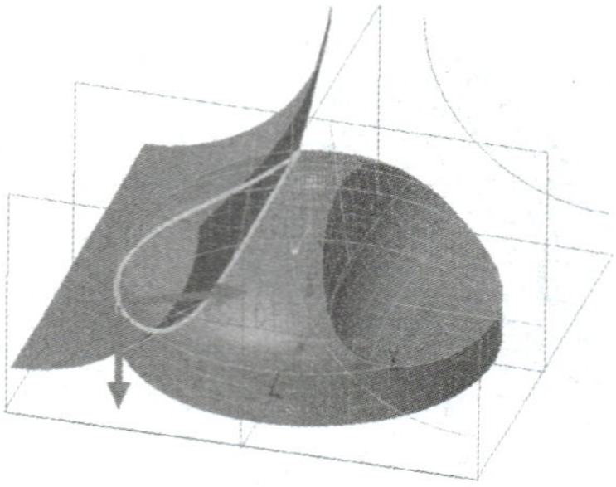	用同样的方法合并另一部分曲面
	倒圆角	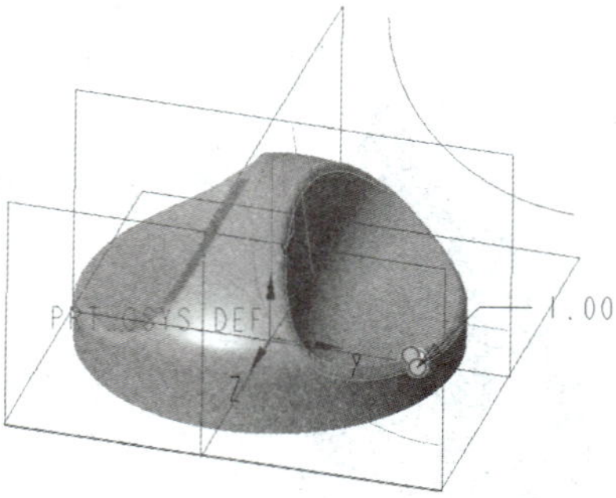	(1)用"倒圆角"工具在图示位置进行倒圆角，圆角半径值为1； (2)在操控板上单击 ✓ 按钮完成倒圆角
6 偏移曲面	进入草绘界面	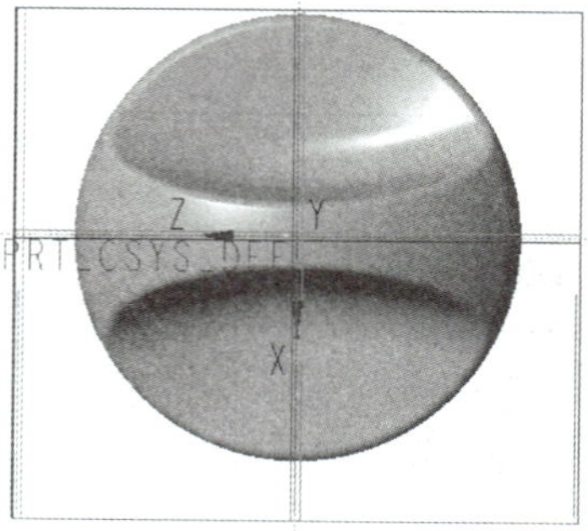	(1)单击 ～ 按钮，点选TOP面； (2)草绘方向参考RIHGT面方向为"下"，单击 草绘 按钮进入草绘界面； (3)单击 ⌖ 按钮调整草绘视图

续表

任务	步骤	操作结果	操作说明
6 偏移曲面	绘制草绘3	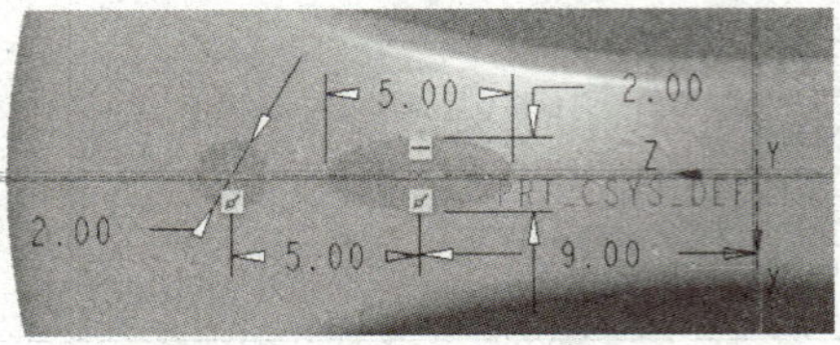	(1)使用椭圆和圆绘图工具绘制椭圆和圆； (2)约束尺寸如图所示
	完成草绘3的绘制	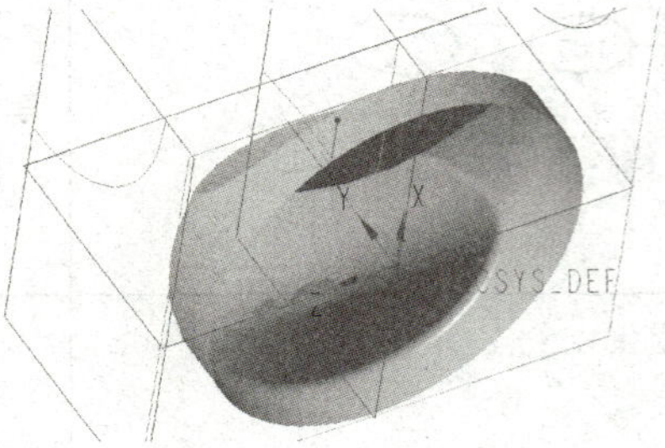	单击 ✔ 按钮完成并退出草绘界面
	调用偏移命令	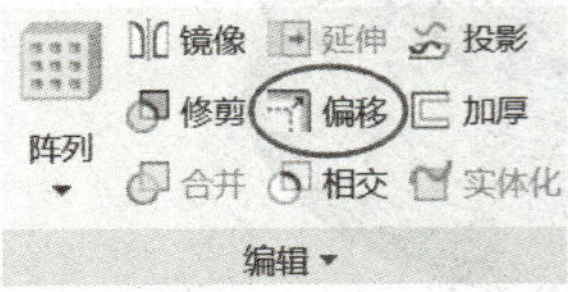	(1)选择旋钮曲面； (2)单击"偏移"按钮
	设置偏移命令	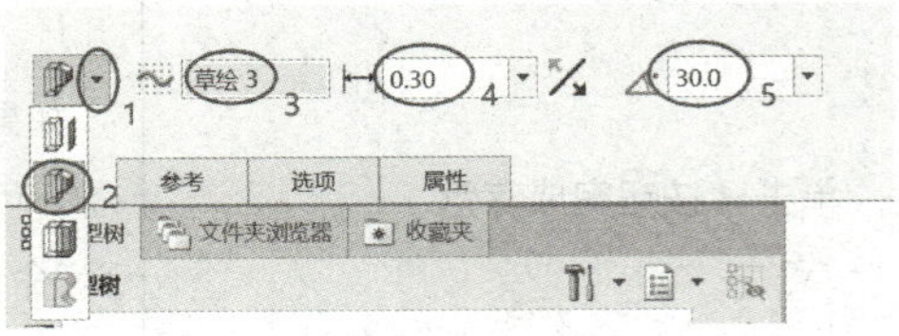	(1)单击"编绘类型"下拉按钮选择偏移类型为"具有拔模特征"； (2)选择刚绘制的草绘3作为拔模参考轮廓； (3)设置偏移值为0.3； (4)拔模角度设置为30°
	完成曲面偏移	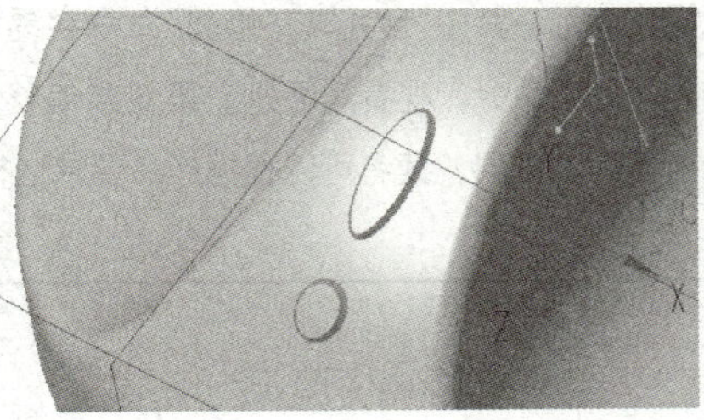	在操控板上单击 ✔ 按钮完成偏移曲面

续表

任务	步骤	操作结果	操作说明
7 加厚曲面	调用加厚命令		(1)选择旋钮曲面； (2)单击"加厚"按钮
	设置加厚命令		(1)设置加厚厚度值为1； (2)通过 ％ 按钮，确定需要加厚的方向，这里设置为向外侧加厚
	完成曲面加厚		在操控板上单击 ✓ 按钮完成加厚曲面
8 存盘	保存设计文件	单击 🖫 按钮完成存盘	如果要改变目录存盘或名称，可执行"文件"→"另存为"命令，保存模型的副本
	小结	本案例在巩固边界混合命令的同时，对"镜像""合并""偏移""加厚"等常用的曲面编辑方式进行了操作演示，其中"合并"与"修剪"命令容易混淆，读者可在第5步合并曲面中尝试使用"修剪"命令，观看其区别。第6步偏移曲面和第7步加厚曲面操作顺序互换也会有不同的结果，读者可以根据产品要求进行绘制顺序上的调整	

【例 8-3】 电风扇扇叶设计

电风扇扇叶设计图形如图 8-2 所示。

图 8-3　电风扇扇叶设计图形

教学任务：

完成电风扇扇叶模型的设计，掌握边界混合曲面、曲面合并、曲面实体化、分组阵列的基本方法。

操作分析：

该零件是由中间回转体和 3 片叶片组成的，叶片部分是不规则的曲面，因此，只需要用边界混合命令创建曲面部分，然后通过合并曲面，再进行曲面实体化，最后通过分组阵列的方式完成电风扇扇叶的设计。

操作过程：

电风扇扇叶建模过程见表 8-3。

表 8-3　电风扇扇叶建模过程

任务	步骤	操作结果	操作说明
1 新建文件	新建"零件"文件	新建文件名：SL8－3.prt	新建操作同前例
2 创建旋转实体特征	进入草绘界面		(1) 单击"模型"选项卡的 旋转 按钮； (2) 单击"作为曲面旋转"按钮切换成曲面特征； (3) 点选 FRONT 面作为草绘平面； (4) 单击 按钮调整草绘视图

续表

任务	步骤	操作结果	操作说明
2 创建旋转实体特征	绘制旋转实体	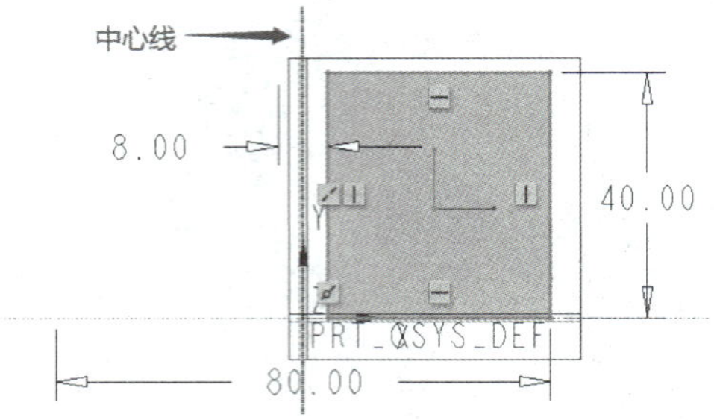	(1)单击 中心线 按钮，绘制如图旋转中心线； (2)用"弧""线"命令绘制如图曲线； (3)单击 ✓ 按钮完成并退出草绘界面
	完成旋转曲面	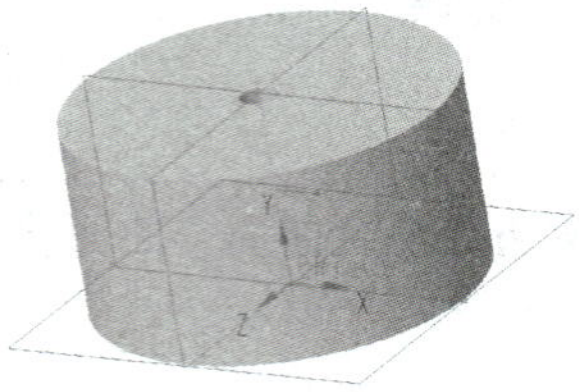	单击 ✓ 按钮完成曲面特征
3 创建抽壳实体特征	抽壳	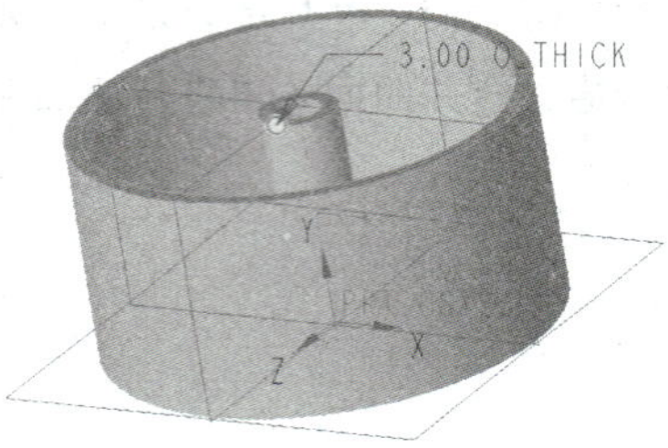	(1)单击 壳按钮； (2)设置厚度值为3； (3)点选旋转实体上表面作为要移除的面； (4)单击 ✓ 按钮完成抽壳特征
4 拉伸去除形成凹槽	进入草绘平面		(1)单击"模型"选项卡的"拉伸"按钮； (2)点选如图所示圆柱上表面选定为草绘平面； (3)点选 FRONT 面作为草绘平面； (4)单击 按钮调整草绘视图
	绘制草绘截面	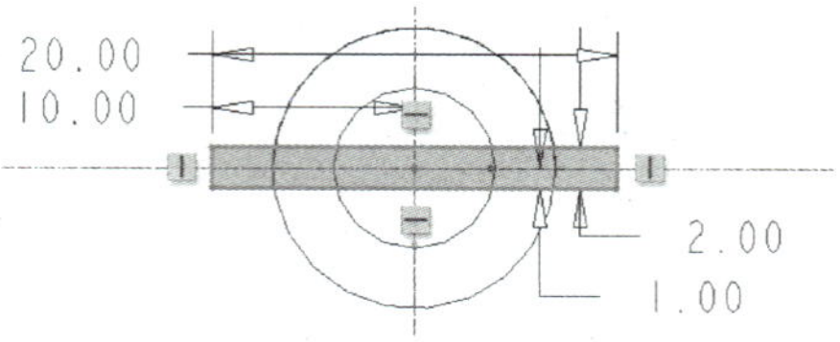	(1)用矩形绘图工具绘制矩形； (2)约束尺寸如图所示； (3)单击 ✓ 按钮完成并退出草绘界面

课题 8　曲面特征设计

续表

任务	步骤	操作结果	操作说明
5 创建抽壳实体特征	移除材料并确认	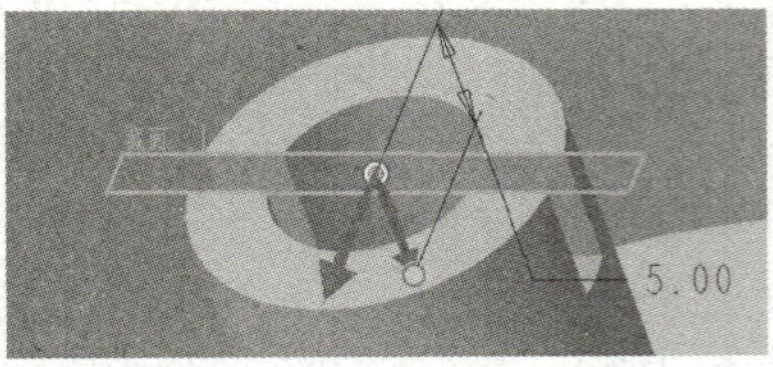	(1) 设置为向下移除材料，深度值为 5； (2) 在操控板上单击 ✓ 按钮完成拉伸 1 的创建
6 创建轮廓筋	调用命令	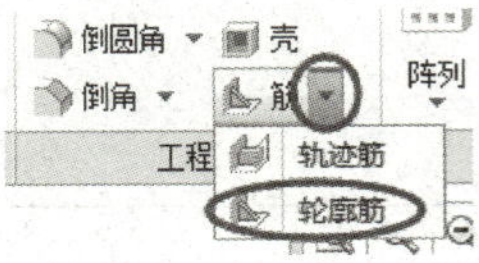	单击"筋"下拉按钮，选择"轮廓筋"选项
	草绘截面	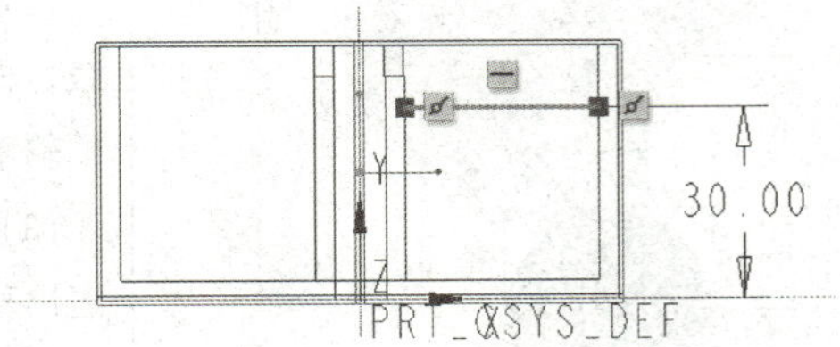	(1) 设置 FRONT 面为草绘平面，视向及方位接受默认设置； (2) 设置内侧左右两条边为参考线； (3) 用直线绘图工具绘制直线； (4) 约束尺寸如图所示； (5) 单击 ✓ 按钮完成并退出草绘界面
	确认	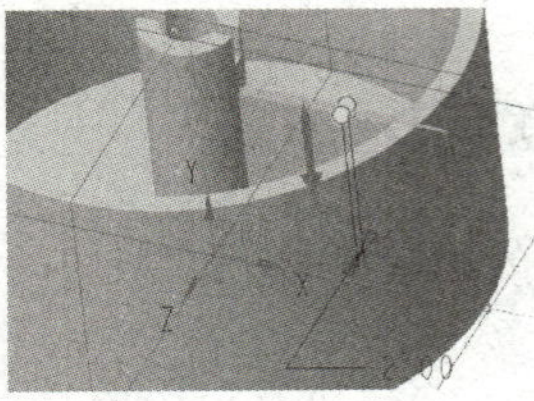	(1) 调整筋生成方向为向内侧； (2) 筋板厚度值为 2； (3) 在操控板上单击 ✓ 按钮完成筋 1 的创建
	阵列筋	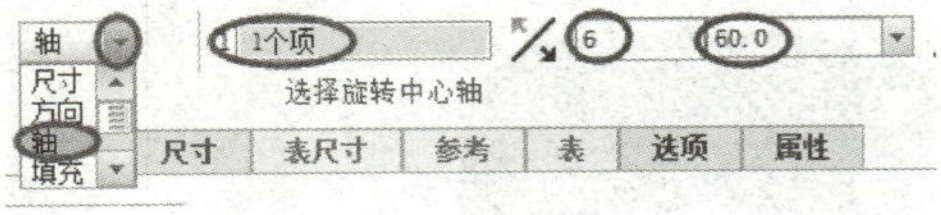	(1) 选取轮廓筋 1； (2) 单击"阵列"按钮； (3) 在设置面板中按如图所示进行设置
	确认		在操控板上单击 ✓ 按钮完成旋转 1 的创建

续表

任务	步骤	操作结果	操作说明
7 创建拉伸叶片轮廓曲面	进入草绘界面	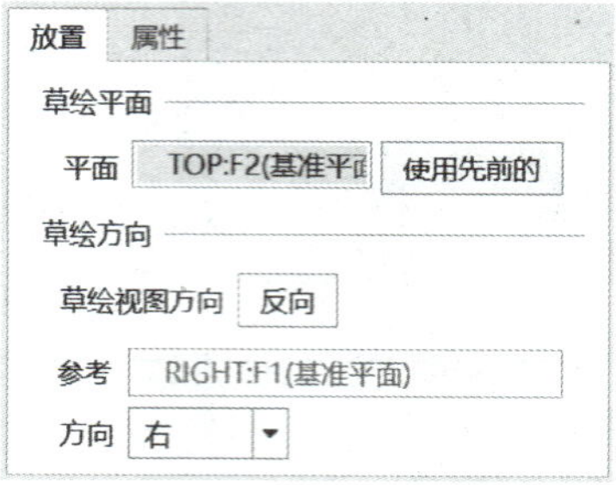 放置 属性 草绘平面 平面 TOP:F2(基准平面) 使用先前的 草绘方向 草绘视图方向 反向 参考 RIGHT:F1(基准平面) 方向 右	(1)单击 按钮，点选TOP面； (2)草绘方向参考RIGHT面方向为"右"，单击 草绘 按钮进入草绘界面； (3)单击 按钮调整草绘视图
	绘制曲线	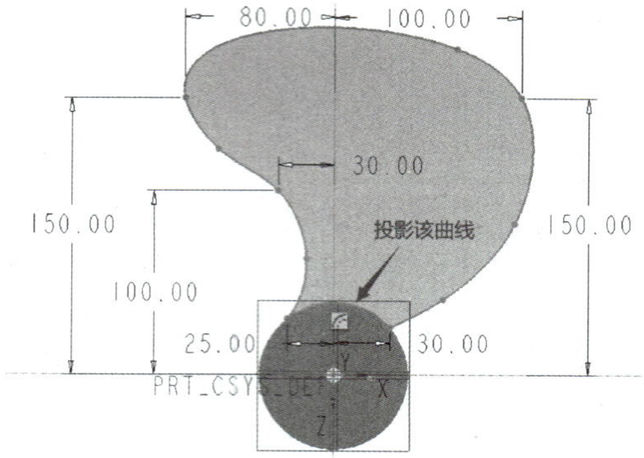 (图示：80.00、100.00、30.00、150.00、150.00、100.00、25.00、30.00，投影该曲线)	(1)绘制曲线链如图所示； (2)投影圆柱上的圆弧曲线，保证叶片是一个封闭的轮廓； (3)单击 ✔ 按钮完成并退出草绘界面
	调用拉伸命令	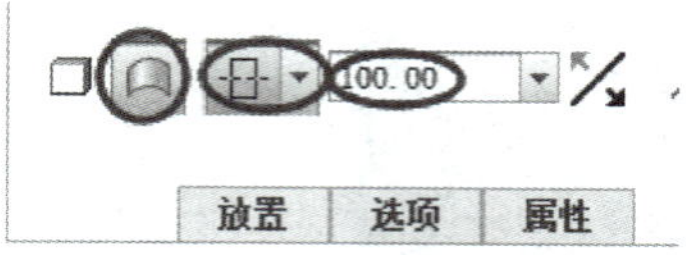 （拉伸操控板，深度100.00）	(1)选择刚绘制的曲线作为拉伸对象； (2)设置拉伸为曲面； (3)拉伸方式为对称拉伸； (4)输入拉伸深度值为100
	确认	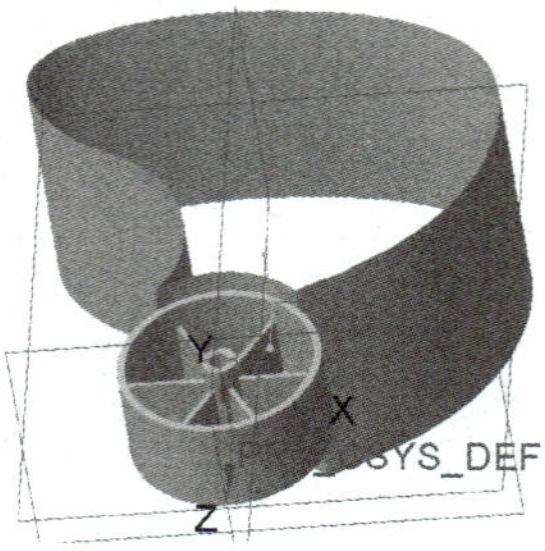 （拉伸曲面预览图）	在操控板上单击 ✔ 按钮完成拉伸2的创建

续表

任务	步骤	操作结果	操作说明
8 创建2条曲线特征	进入草绘界面	草绘平面 平面 FRONT:F3(基准) 使用先前的；草绘方向 草绘视图方向 反向；参考 RIGHT:F1(基准平面)；方向 右	(1)单击 按钮，点选 FRONT 面； (2)草绘方向参考 RIGHT 面方向为"右"，单击 草绘 按钮进入草绘界面； (3)单击 按钮调整草绘视图
	绘制曲线1	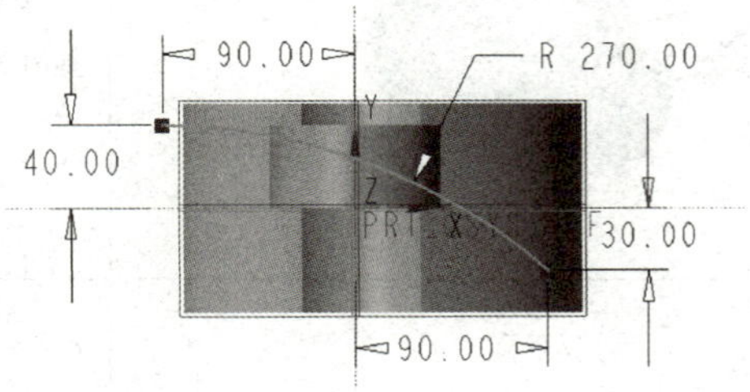 90.00, 40.00, R 270.00, 30.00, 90.00	(1)用"圆弧"绘制圆弧； (2)约束尺寸如图所示； (3)单击 ✔ 按钮完成并退出草绘界面
	创建基准面1	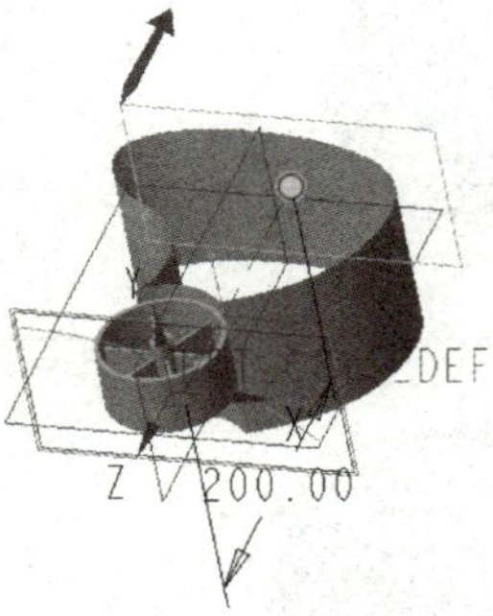 200.00	(1)单击 按钮； (2)在绘图区选择 FRONT 面为参照； (3)平移距离值为 200； (4)单击"确定"完成基准面1的创建
	进入草绘界面	草绘平面 平面 DTM1:F18(基准) 使用先前的；草绘方向 草绘视图方向 反向；参考 RIGHT:F1(基准平面)；方向 右	(1)单击 按钮，点选 DTM1 面； (2)草绘方向参考 RIGHT 面方向为"右"，单击 草绘 按钮进入草绘界面； (3)单击 按钮调整草绘视图

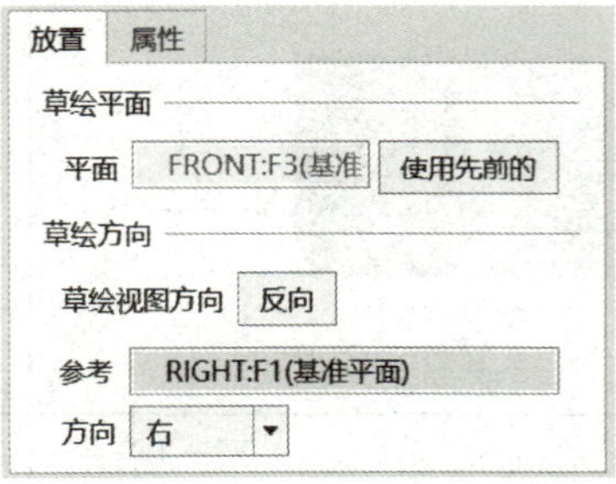

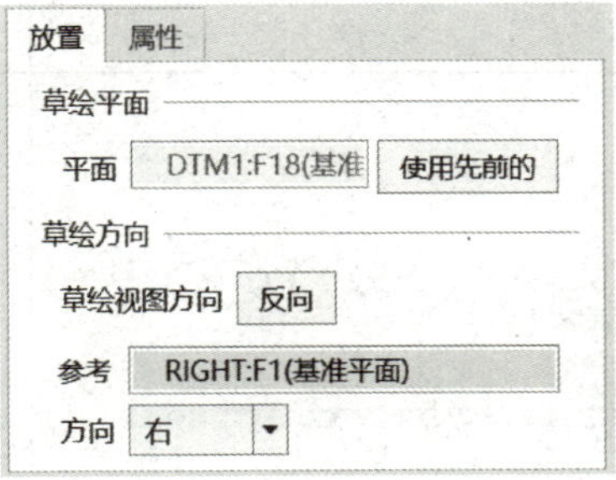

续表

任务	步骤	操作结果	操作说明
8 创建 2 条曲线特征	绘制曲线 2	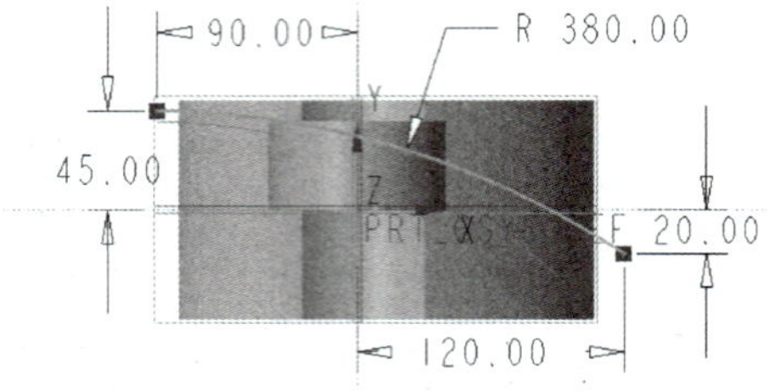	(1)使用"圆弧"按钮绘制圆弧； (2)约束尺寸如图所示
	确认	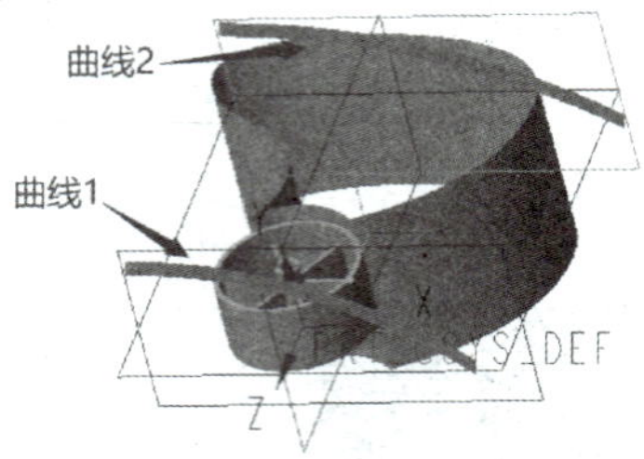	单击 ✔ 按钮完成并退出草绘界面
9 创建边界混合曲面	调用边界混合曲面命令	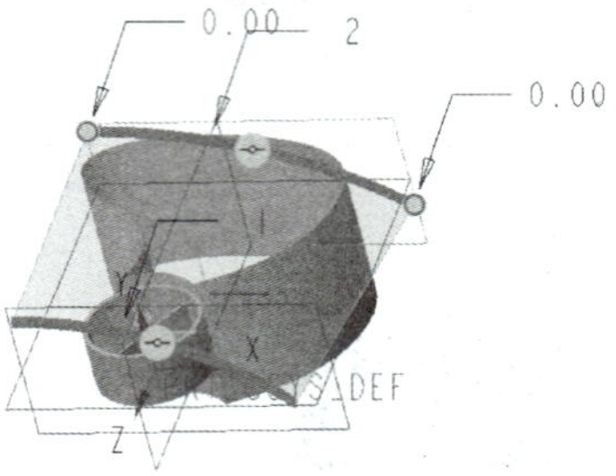	(1)单击 按钮； (2)在 选择集 中按住 Ctrl 键同时选择曲线 1、2
	确认	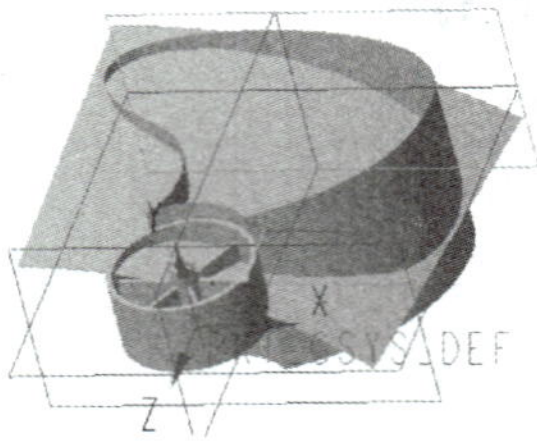	在操控板上单击 ✔ 按钮完成边界混合曲面的创建
	调用阵列命令		(1)选取刚创建的边界混合 1 曲面； (2)单击"阵列"按钮； (3)按图示设置； (4)单击 ✔ 按钮完成曲面平移

续表

任务	步骤	操作结果	操作说明
9 创建边界混合曲面	完成曲面平移		至此创建了3个曲面
10 合并曲面	调用合并曲面命令		(1)在绘图区按住Ctrl键同时选取曲面1、3; (2)单击"合并"按钮
	确认		(1)通过 ☒ 按钮,确定需要保留的部分为叶片内侧和下半部分; (2)在操控板上单击 ☑ 按钮完成合并曲面
	调用合并曲面命令		(1)在绘图区按住Ctrl键同时选取曲面1、2; (2)单击"合并"按钮
	选择要合并曲面		通过 ☒ 按钮,确定需要保留的部分为叶片内侧和上半部分
	完成曲面合并		在操控板上单击 ☑ 按钮完成合并曲面

续表

任务	步骤	操作结果	操作说明
11 曲面实体化	调用实体化曲面命令		(1)在绘图区选取已合并的合并2曲面； (2)单击"实体化"按钮
	确认	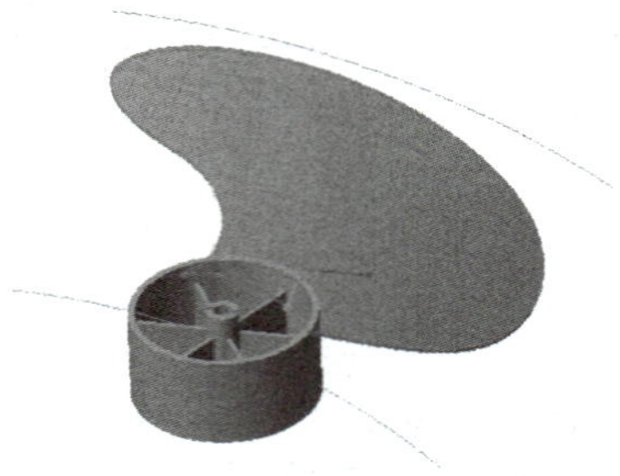	在操控板上单击☑按钮完成曲面实体化
12 阵列叶片	创建分组	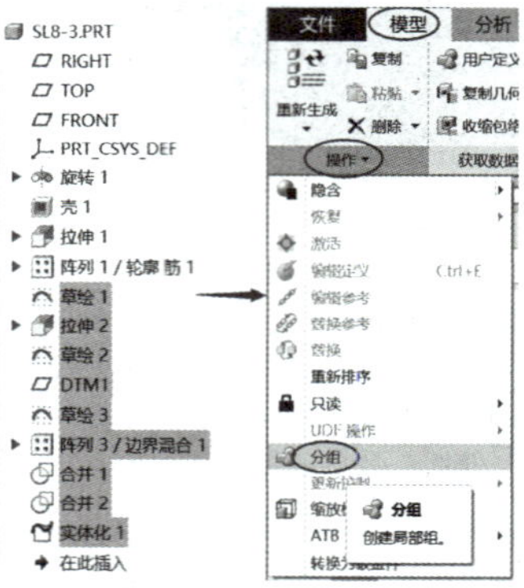	(1)在模型树中，按住Ctrl键，同时选中筋板之后的所有特征； (2)执行"模型"→"操作"→"分组"命令； (3)在模型树上出现： ▶ 组LOCAL_GROUP
	调用阵列并设置		(1)选取组； (2)单击"阵列"按钮； (3)在设置面板中按如图所示进行设置
	确认		(1)在操控板上单击☑按钮完成阵列； (2)将不需要显示的特征进行隐藏

续表

任务	步骤	操作结果	操作说明
13 存盘	保存设计文件	单击 按钮完成存盘	如果要改变存盘目录或名称，可执行"文件"→"另存为"命令
	小结	本实例提供了曲面绘制的另一种思路，边界混合、拉伸曲面等特征都是为最终的曲面作铺垫，通过多个维度上的曲面合并，得到比较复杂的曲面特征。对扇叶曲面不直接加厚而是使用多次合并再实体化是因为从模具制造过程中对产品的分模面进行设计而考虑的，读者可自行尝试加厚，观看其区别	

【例 8-4】 玩具车设计

玩具车设计图形如图 8-4 所示。

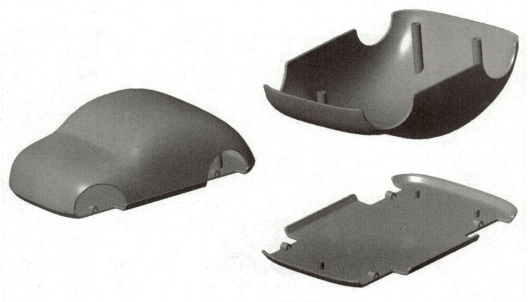

图 8-4　玩具车设计图形

教学任务：

完成玩具车的设计，掌握参照图片设计、自由式曲面造型、文件继承的基本方法，了解一般曲面产品的设计过程。

操作分析：

该零件由汽车上盖和汽车底盘两部分构成，曲面复杂，可以考虑自由式曲面造型方式进行整体曲面绘制，然后通过文件继承，分别修剪上下部分，分开设计，即可完成。

操作过程：

玩具车建模过程见表 8-4。

表 8-4　玩具车建模过程

任务	步骤	操作结果	操作说明
1 新建文件	新建"零件"文件	新建文件名：SL8-4.prt	新建操作同前例
2 导入参考图片	准备图片	car.jpg	将源文件里的图片文件复制到工作目录
	导入图片		(1)单击"视图"选项卡的 图像 按钮； (2)单击 按钮，选择 FRONT 基准面放置图像，选择要导入的图像文件 car.jpg； (3)将视图方向设置为 FRONT 方向
	设置图片	100.00	(1)单击 按钮，图片上出现带有两个端点的短线； (2)拖动两个端点到汽车轮子圆心，双击尺寸设置为 100； (3)再次单击"调整"按钮，完成图片大小的设置
		PRT_CSYS_DEF	(1)单击 50% 按钮，将图片透明设置为 90%； (2)拖动图片，将汽车前轮设置在坐标原点； (3)单击 ✓ 按钮完成图片导入

续表

任务	步骤	操作结果	操作说明
3 创建自由式特征	添加球体	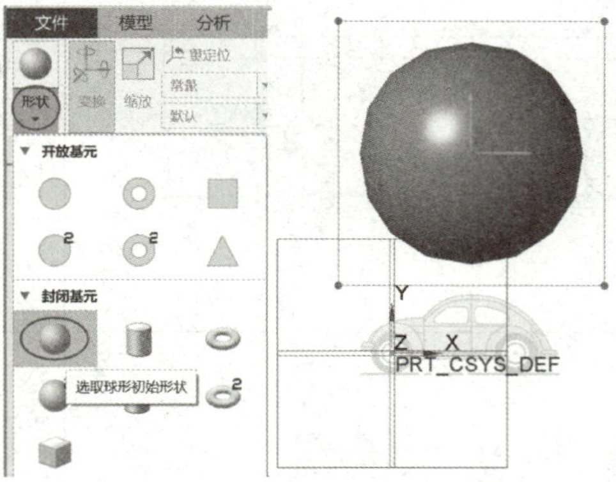	（1）单击"模型"选项卡的 自由式 按钮； （2）单击"形状"按钮，选择球形进行添加； （3）将视图方向设置为 FRONT 方向，除特别说明外，后面的视图方向都是该视图； （4）分别拖动水平与竖直箭头或扇形，将球体调整至汽车图片上方
	对其平面	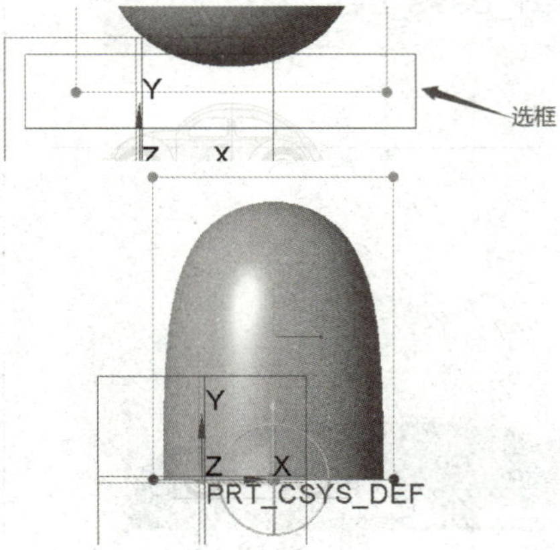	（1）从左向右框选球体下面的顶点和边（从右向左框选效果是不同的，请自行尝试，后面除特别说明外，都是从左向右框选）； （2）单击 按钮，选择 TOP 基准面进行对齐
	调整大小	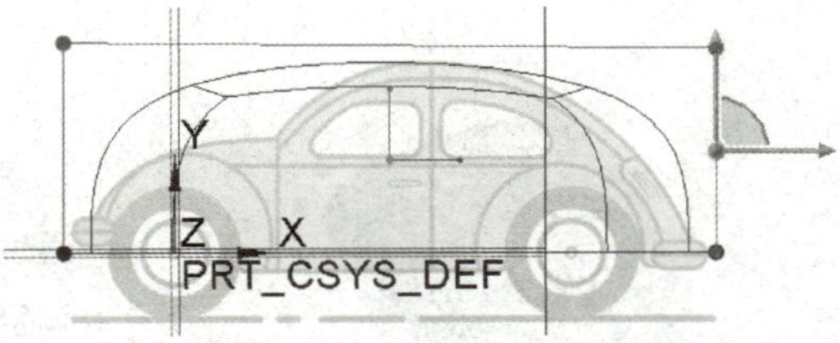	（1）单击 按钮或按 CTRL＋4 键切换至消隐模式； （2）框选上面的顶点和边； （3）拖动箭头或扇形，调整顶点和边的位置； （4）重复以上操作，直至该视图方向的半球大小调整如图所示（其他视图方向可暂不调整）

续表

任务	步骤	操作结果	操作说明
3 创建自由式特征	分割边	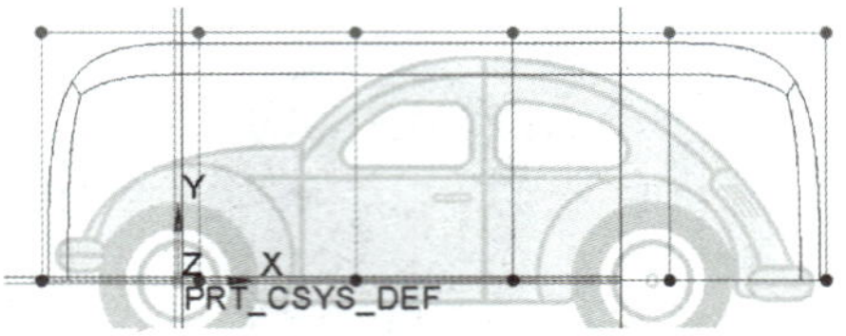	单选上面的边→单击 边分割▼下拉按钮选择"4次分割"
	调整曲面	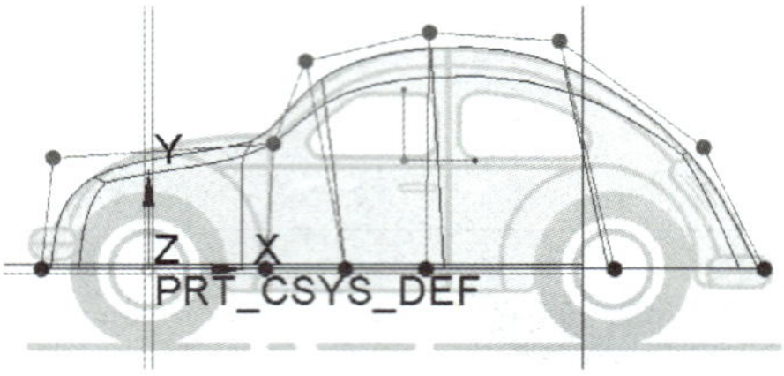	分别框选所有的顶点，通过拖动箭头或扇形，调整曲面的形状至如图所示
	镜像曲面	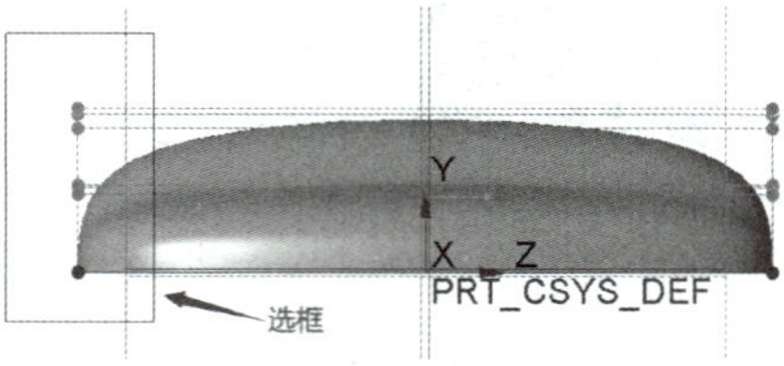	（1）调整视图方向为LEFT方向； （2）框选左边所有的顶点和边； （3）单击按钮，选择FRONT基准面作为镜像平面，此时左边的顶点和边消失，剩下中间和右边的顶点和边
	调整宽度	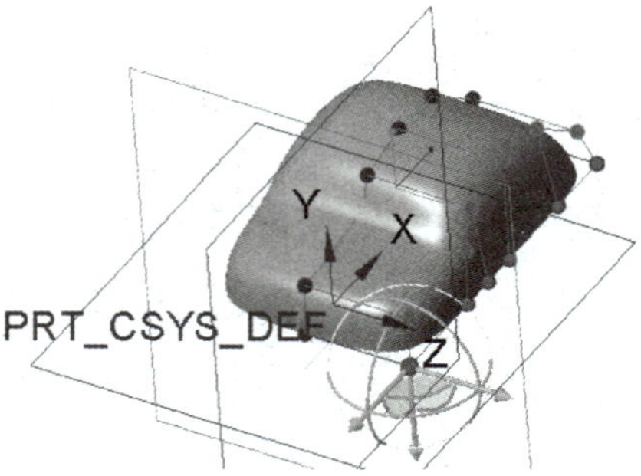	框选右边所有的顶点，通过拖动箭头或扇形，调整汽车的宽度至合适位置

续表

任务	步骤	操作结果	操作说明
3 创建自由式特征	拉伸曲面	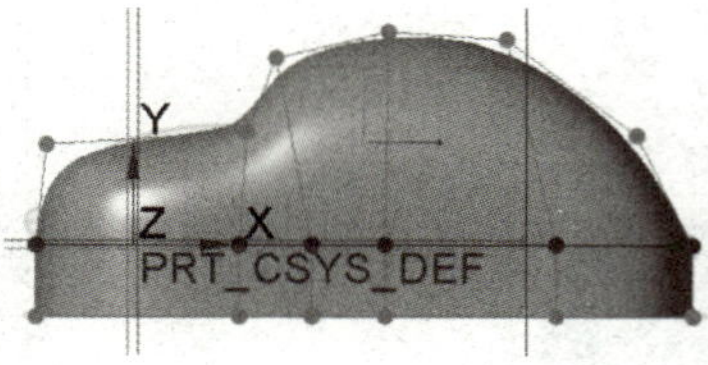	（1）调整视图方向为FRONT方向； （2）框选下面所有的顶点和边； （3）单击按钮
	调整高度	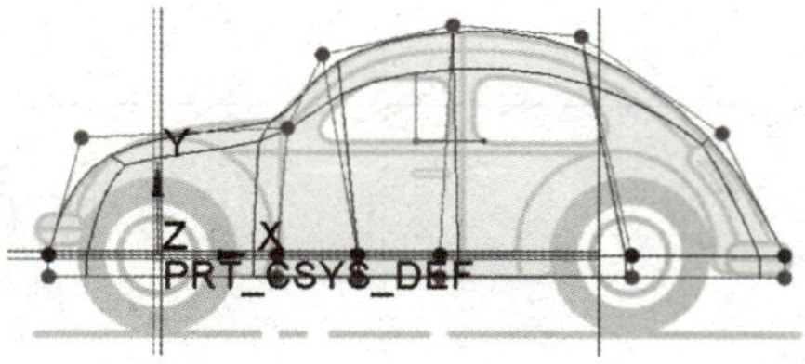	框选最下面所有的顶点和边，调整高度至如图所示
	调整下围	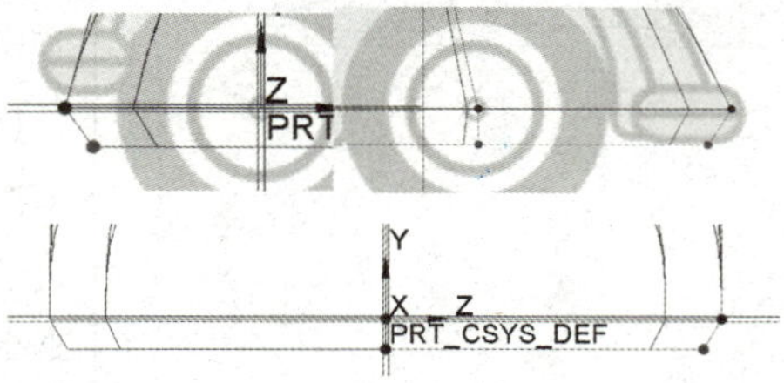	（1）分别框选左下角和右下角的顶点，将其向内调整； （2）调整视图方向为LEFT方向； （3）框选右下角的顶点，将其向内调整
	调整皱褶	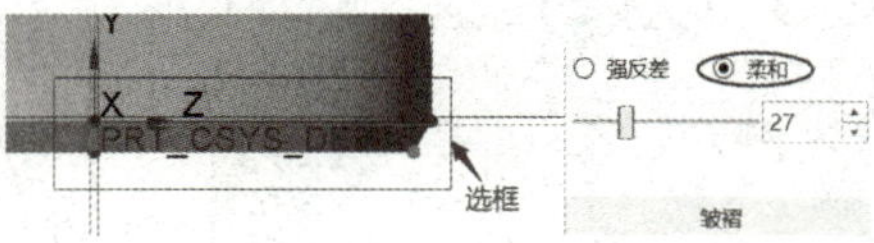	框选下面两层所有的顶点和边，选择"皱褶"命令群里的"柔和"单选按钮
	完成自由式曲面造型	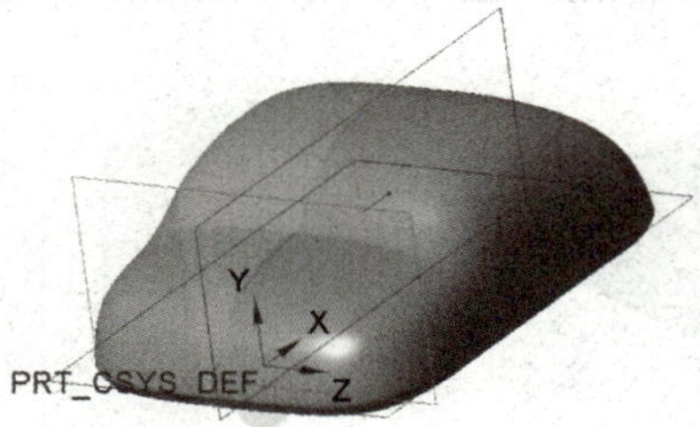	单击 ✔ 按钮完成并退出草绘界面。也可以根据自己喜好，继续通过"添加边""切割边""添加面"等方式调整其他顶点或边

续表

任务	步骤	操作结果	操作说明
4 切除轮胎部分曲面	创建基准面	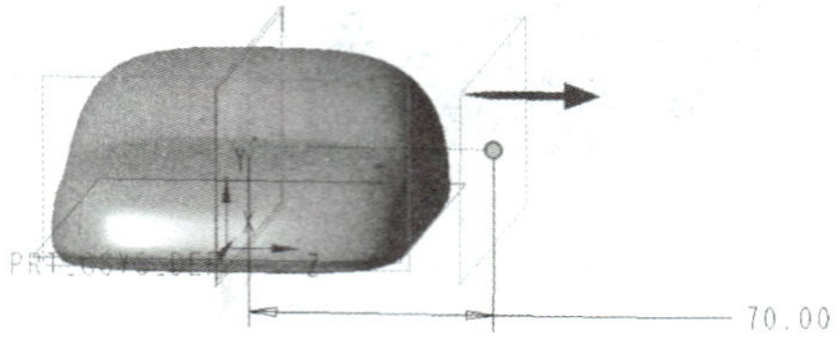	(1)单击 按钮； (2)在绘图区选择 FRONT 面为参照； (3)平移距离根据自己绘制的车宽进行调整，调整至曲面之外； (4)单击"确定"完成基准面 1 的创建
	草绘图形	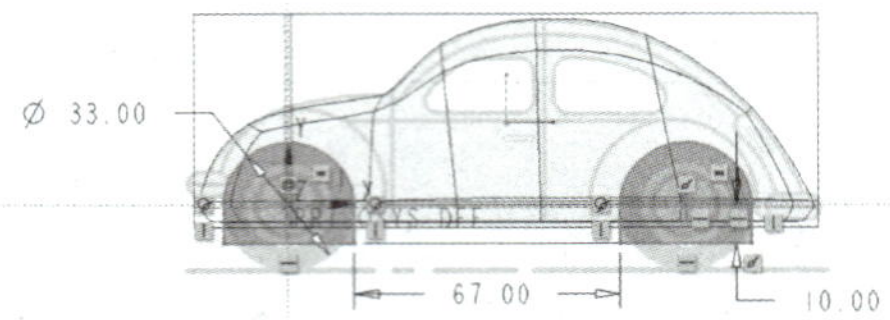	(1)单击 草绘 按钮，点选刚创建的 DTM1 基准面； (2)草绘方向参考 RIGHT 面方向为"右"，单击 草绘 按钮进入草绘界面； (3)单击 按钮调整草绘视图； (4)绘制图形，尺寸约束如图； (5)单击 ✓ 按钮完成并退出草绘界面
	切除曲面	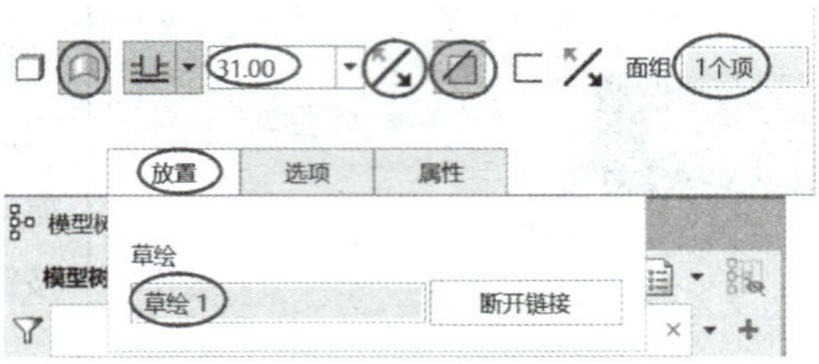	单击 按钮选择刚绘制的草绘，切换成拉伸曲面，拉伸切除，选择汽车上曲面，切换拉伸方向，拖动拉伸长度至合适为止
	确认	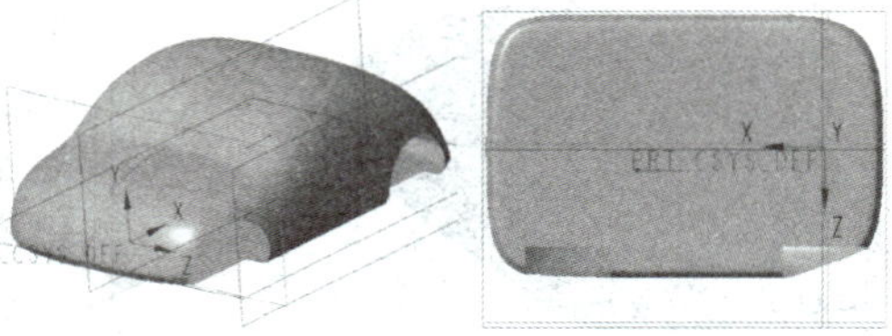	单击 ✓ 按钮完成拉伸切除命令

续表

任务	步骤	操作结果	操作说明
4 切除轮胎部分曲面	镜像完成另一半的切除		(1)选择刚创建的拉伸1特征； (2)单击 镜像 按钮； (3)点选 FRONT 面作为镜像的平面； (4)在操控板上单击 ✔ 按钮完成曲面镜像的创建
5 隐藏参考图片	隐藏图片		(1)单击"视图"选项卡的 图像 按钮； (2)单击"隐藏"按钮(如果有多个视角图片,点击图像进行切换)； (3)单击 ✔ 按钮完成图片隐藏
6 文件存盘	保存设计文件	单击"保存"按钮 完成存盘	如果要改变目录存盘或名称,可执行"文件"→"另存为"命令,保存模型的副本
7 新建文件	新建"零件"文件	新建文件名：SL8－4－top.prt	新建操作同前例
8 导入继承文件	文件继承		(1)执行"分析""获取数据"→"合并/继承"命令,单击 按钮,选择刚保存的 SL8－4.prt 文件； (2)在弹出的元件放置菜单中将约束类型设置为"默认",单击 ✔ 按钮完成元件放置； (3)单击 ✔ 按钮完成文件继承

续表

任务	步骤	操作结果	操作说明
9 分割曲面特征	修剪曲面	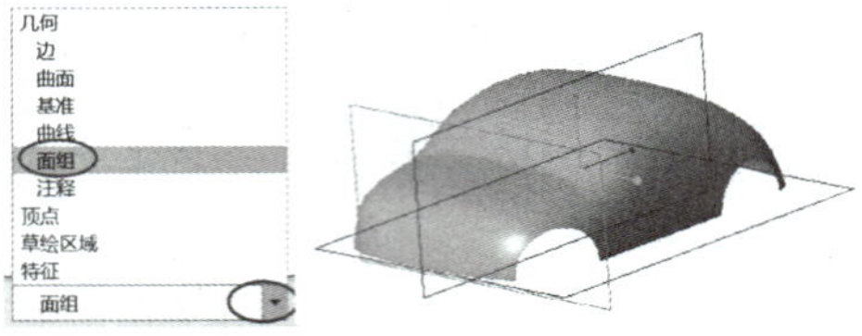	(1)在右下角将选择过滤器设置为"面组"; (2)点选汽车曲面,单击 修剪 按钮,选择 TOP 基准面,单击 % 按钮,切换保留上部分曲面; (3)单击 ✓ 按钮完成修剪命令
10 加厚曲面	调用加厚命令	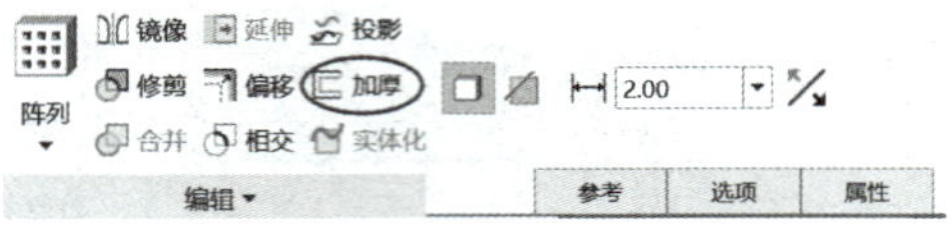	(1)选择汽车上盖曲面; (2)单击"加厚"按钮; (3)设置加厚厚度值为2; (4)通过 % 方向按钮,确定需要加厚的方向,这里设置为向外侧加厚
	完成曲面加厚	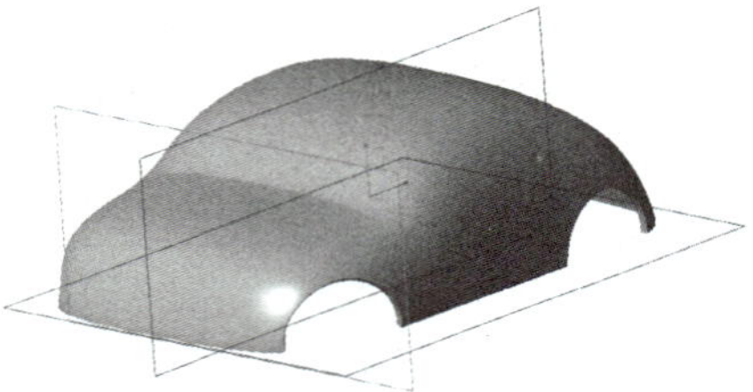	在操控板上单击 ✓ 按钮完成加厚曲面
11 拉伸螺钉孔位	草绘图形	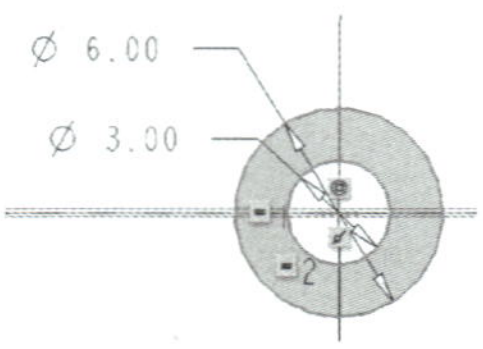 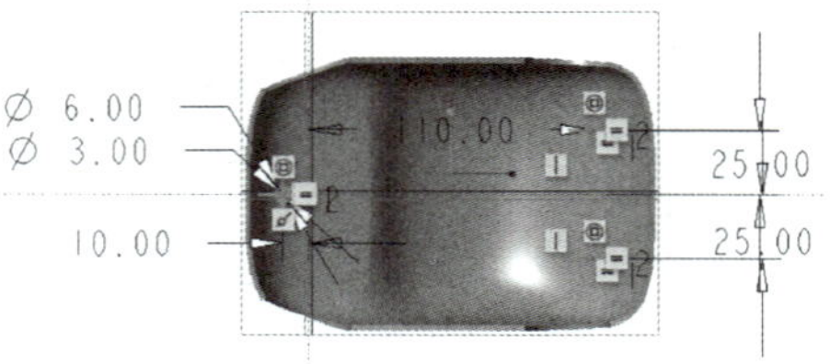	(1)单击"模型"选项卡的"拉伸"按钮; (2)点选 TOP 基准面作为草绘平面; (3)单击 按钮调整草绘视图; (4)用"圆形"绘图工具绘制3对同心圆; (5)约束尺寸如图所示; (6)单击 ✓ 按钮完成并退出草绘界面

续表

任务	步骤	操作结果	操作说明
12 拉伸螺钉孔位	设置拉伸属性		(1)单击"拉伸深度"下拉按钮选择"到下一个曲面"; (2)通过切换拉伸方向,生成拉伸特征
	确认		在操控板上单击 ✓ 按钮完成拉伸1的创建
13 倒圆角	倒角	尖角2 mm 边缘0.5 mm	单击"倒角"按钮对所有细节处进行倒角
14 文件存盘	保存设计文件	单击 🖫 按钮完成存盘	如果要改变目录存盘或名称,可执行"文件"→"另存为"命令,保存模型的副本
15 新建文件		新建文件名:SL8-4-down.prt	参考本例任务7~11,创建并完成汽车底盘的绘制

续表

任务	步骤	操作结果	操作说明
16 绘制螺钉孔位	草绘图形	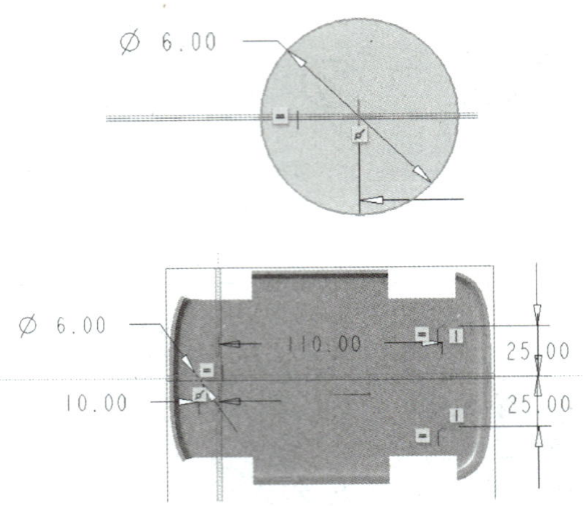	(1)单击"模型"选项卡的"拉伸"按钮； (2)点选 TOP 基准面作为草绘平面； (3)单击 按钮调整草绘视图； (4)用"圆形"绘图按钮绘制 3 个圆； (5)约束尺寸如图所示； (6)单击 ✔ 按钮完成并退出草绘界面
	设置拉伸属性	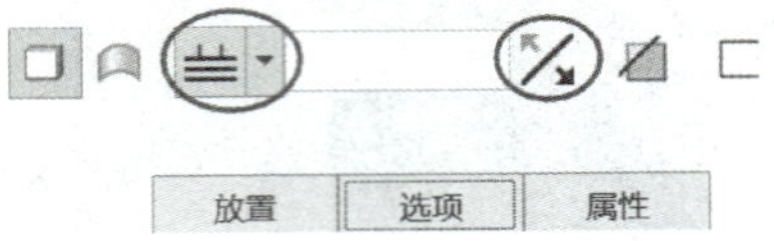	(1)单击"拉伸深度"下拉按钮选择"到下一个曲面"； (2)通过切换拉伸方向，生成拉伸特征
	确认	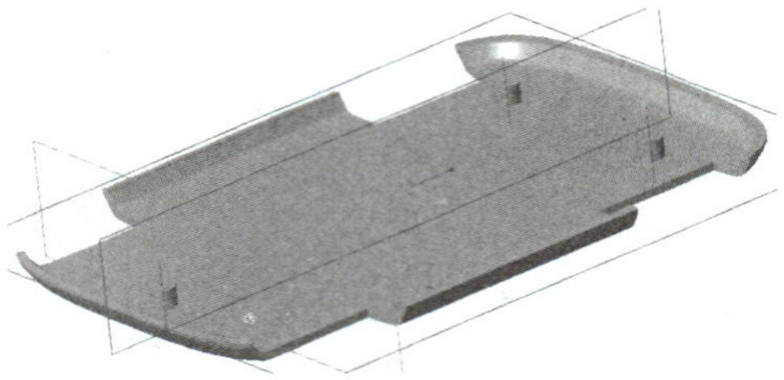	在操控板上单击 ✔ 按钮完成拉伸 1 的创建
	调用孔命令	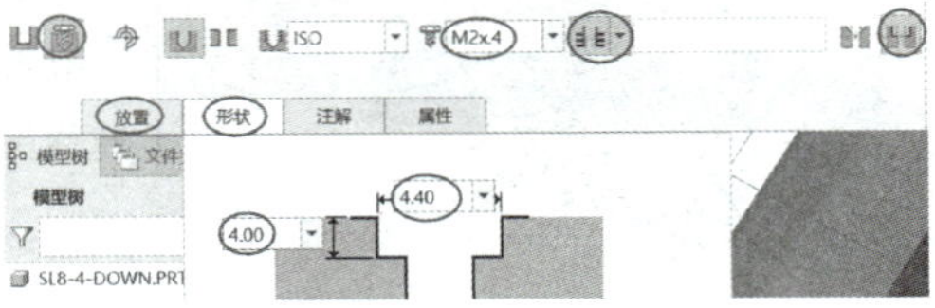	用孔命令，在汽车底盘底面沿着刚创建的拉伸凸台绘制 3 个沉头孔

138

续表

任务	步骤	操作结果	操作说明
16 绘制螺钉孔位	确认	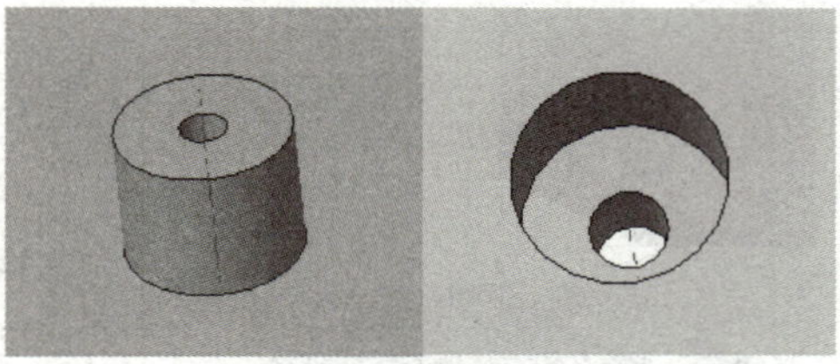 	绘制的沉头孔正面与反面如图所示
17 绘制轮胎轴孔位	草绘图形	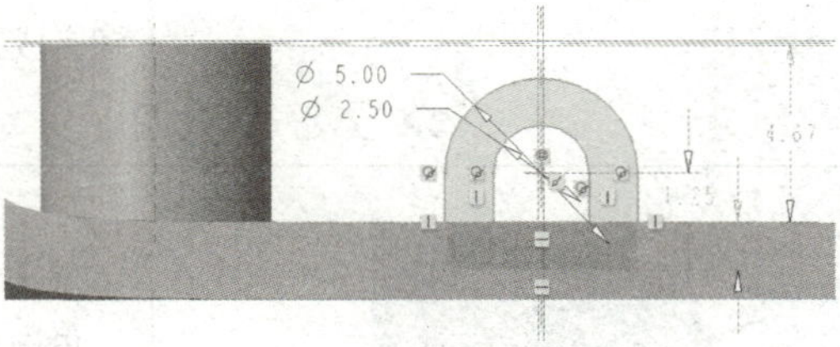 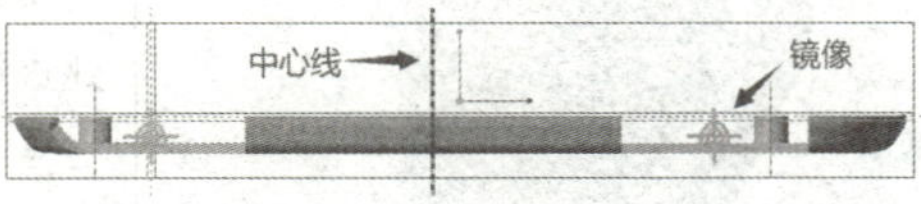	(1)单击"模型"选项卡的"拉伸"按钮； (2)点选 TOP 基准面作为草绘平面； (3)单击 按钮调整草绘视图； (4)用绘图工具绘制图形与中心线，中心线距离原点 50 mm； (5)约束尺寸如图所示； (6)单击 ✔ 按钮完成并退出草绘界面
	设置拉伸属性	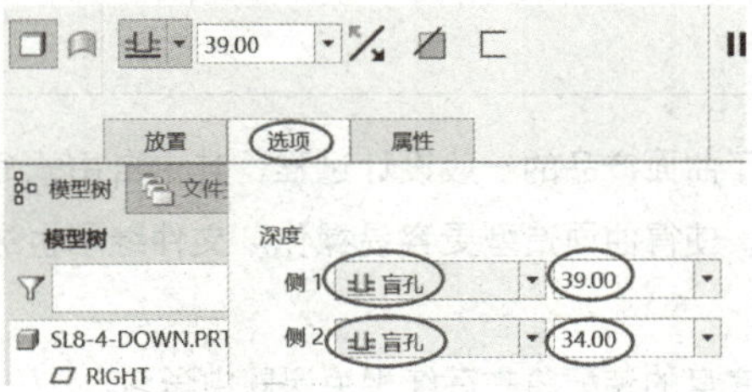	(1)单击"选项"选项卡展开菜单； (2)设置侧1、侧2的拉伸深度如图所示

续表

任务	步骤	操作结果	操作说明
17 绘制轮胎轴孔位	确认		在操控板上单击 ✓ 按钮完成拉伸2的创建
	镜像完成另一半的特征		(1)选择刚创建的拉伸1特征； (2)单击 镜像 按钮； (3)点选 FRONT 面作为镜像的平面； (4)在操控板上单击 ✓ 按钮完成镜像的创建
18 倒圆角	倒角	尖角2 mm 边缘0.5 mm	用倒角工具对所有细节处进行倒角
19 存盘	保存设计文件	单击 🖫 按钮完成存盘	如果要改变目录存盘或名称，可执行"文件"→"另存为"命令，保存模型的副本
小结		本实例演示了曲面产品的一般设计过程，其中自由式命令更是丰富了曲面造型的可操作性，使得曲面造型更容易操作。文件继承也进一步体现软件参数化设计的意义。 汽车上盖和底盘的装配将在后续相关课题中学习	

五、强化训练

LX8-1 心形曲面 练习要点：边界混合曲面、曲面镜像、曲面合并	提示
	(1) 分别创建心形曲面的两条曲线； (2) 用边界混合命令创建四分之一曲面，注意在操控板设置约束状态为"垂直"； (3) 用"曲面镜像"命令镜像曲面。 注意：心形曲线的端点要用相切命令与构建短线约束，否则镜像后曲面不够光滑（参考例 8-1 任务 4）
LX8-2 花洒 练习要点：边界混合、实体化曲面	提示
	(1) 绘制花洒的轮廓曲线； (2) 用边界混合命令创建曲面； (3) 封闭曲面并实体化； (4) 旋转生成花洒面盖； (5) 修饰细节； (6) 抽壳并阵列小孔

续表

	提示
LX8－3 吹风机模型 练习要点：边界混合、曲面的合并、曲面的偏移	(1)先用草绘绘制吹风机的轮廓曲线； (2)用边界混合命令创建各个曲面； (3)用偏移曲面命令创建散热孔； (4)将所有曲面合并起来形成一个完成的吹风机曲面； (5)用加厚命令，将曲面变成实体模型。 注意：使用边界混合命令时，同一方向的曲线不能同时存在既有没有相交又有相交的多条曲线，因此，吹风机的尾部曲面必须分开创建
LX8－4 轮毂 练习要点：旋转曲面、边界混合、曲面合并、曲面阵列	提示
	(1)用旋转曲面命令创建轮毂回转曲面部分； (2)绘制两个封闭的圆环，投影到不同曲面上，再用边界混合命令绘制两个圆环之间的曲面，进一步修剪轮毂面，形成轮毂镂空的部分； (3)阵列轮毂镂空处，通过不断地合并曲面，完成所有曲面的合并，加厚曲面； (4)阵列叶片并将所有曲面进行合并。 注意：用环形封闭曲线进行边界混合时，曲线的点对点容易杂乱无章，因此必须绘制另一个方向的连接线对点进行控制

课题 9 参数化设计

课题 9 数字资源

一、教学知识点

(1)参数的含义及其设置；
(2)关系的概念与关系式；
(3)关系的添加；
(4)典型零件的参数化设计与变更操作。

二、教学目的

通过本课题的教学，理解参数化设计的设计理念，熟悉典型零件的参数要素，能与关系配合建立参数化模型，以达到通过变更参数的数值来变更模型的形状和大小的目的，从而方便修改设计意图。

三、教学内容

1. 基本操作步骤

(1)参数设置：单击"工具"选项卡的"参数"按钮，设置参数。
(2)添加关系：单击"工具"选项卡的"d＝关系"按钮，建立关系式。

2. 操作要领与技巧

(1)用于关系的参数必须以字母开头，不区分大小写，参数名不能包含如!、"、@和♯等非法字符；
(2)系统会给每个尺寸数值创建一个独立的尺寸编号，不同模式下被给定的编号也不同；
(3)关系是尺寸符号和参数之间的等式。

四、教学实例

【例 9-1】 果盘设计

果盘设计图形如图 9-1 所示。

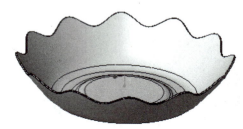

图 9-1 果盘设计图形

教学任务：

完成果盘口部波浪造型的设计，掌握基于关系式的参数化设计基本思路及操作。

操作分析：

果盘波浪造型符合正弦或余弦函数关系，可以通过建立关系式来定义正弦或余弦周期及振幅，该实例为 12 个周期，运用可变截面扫描命令来建立对应的关系尺寸，其变量参数是 trajpar(范围在 0～1)。

操作过程：

果盘建模过程见表 9-1。

表 9-1 果盘建模过程

任务	步骤	操作结果	操作说明
1 新建文件	新建"零件"文件	新建文件名：SL9－1.prt	执行"新建"→"零件"命令，输入文件名称，取消"使用默认模板"的勾选，取消"mmns_part_solid"，取消"确定"按钮
2 创建旋转盘体	草绘旋转截面		单击 按钮，选择草绘基准平面，绘制截面及旋转中心线，确定

续表

任务	步骤	操作结果	操作说明
2 创建旋转盘体	创建旋转特征	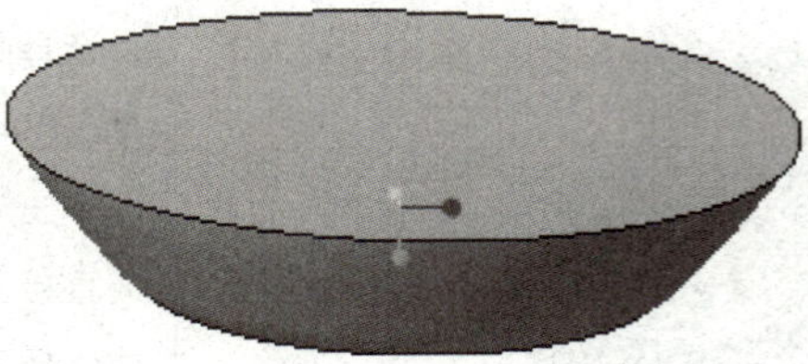	在操控板上单击 ✓ 按钮或直接单击鼠标中键完成旋转实体的创建
3 抽壳	创建抽壳特征	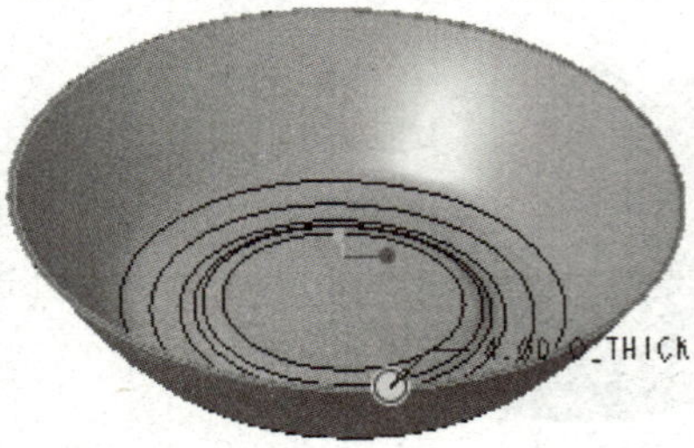	单击 壳 按钮，选择端面为去除面，输入厚度值，在操控板上单击 ✓ 按钮或直接单击鼠标中键完成旋转实体的创建
4 创建切割曲面	调用可变截面扫描		单击 扫描 按钮，在操控面板单击 和 按钮，选择模型口部边缘为扫描轨迹，单击 按钮创建扫描截面
	草绘扫描截面	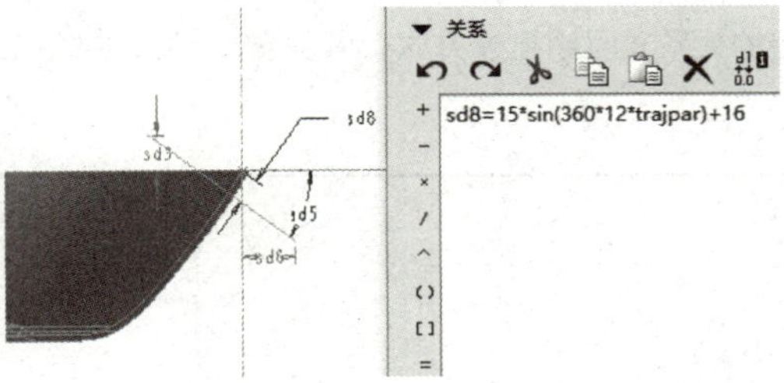	绘制如图直线为扫描截面，添加驱动尺寸如 sd8 标注，单击"工具"选项卡 d= 关系 按钮，弹出"关系"对话框，单击尺寸 sd8 建立如图关系式 [sd8＝15＊sin(360＊12＊trajpar)＋16] 并确定
	创建可变截面扫描曲面	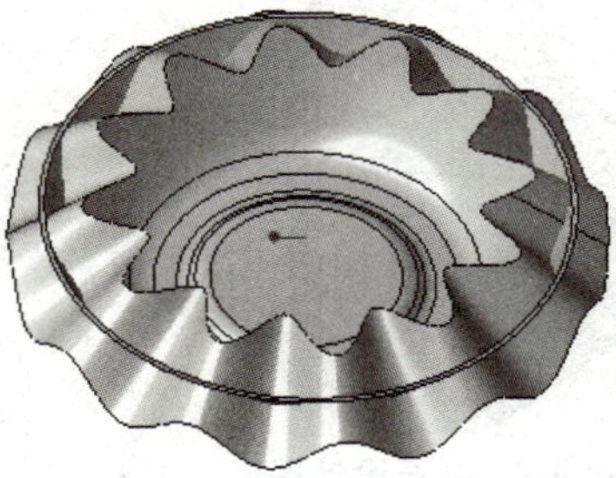	在操控板上单击 ✓ 按钮或直接单击鼠标中键完成扫描曲面的创建

续表

任务	步骤	操作结果	操作说明
5 切割盘口	调用实体化切割		选择刚创建好的扫描曲面，单击 实体化 按钮，在操控面板上单击 按钮，单击 按钮或直接单击鼠标中键完成实体化切割
6 切口倒圆角	倒圆角		单击 按钮，选择切口内外边缘进行倒圆角
7 存盘	保存设计文件	单击 按钮完成存盘	如果要改变目录存盘或名称，可执行"文件"→"另存为"命令，保存模型的副本
小结		通过本实例的教学，对于有规律可循的造型往往需要关系式来创建，可变截面扫描是常用的关系式驱动建模方法，其关键驱动尺寸的标注及函数表达尤为重要	

【例 9-2】 钻石设计

钻石设计图形如图 9-2 所示。

图 9-2 钻石设计图形

教学任务：

完成钻石模型的参数化设计，掌握基于 Creo 5.0 的参数设置与关系式驱动建模方法。

操作分析：

本例钻石模型分上、中、下三个特征分别建模，其中棱锥部分可用混合特征建模，中间部分用拉伸特征建模，下部复杂特征用可变截面扫描建模，关键在于根据特征规律创建驱动关系式。考虑到中间正八边形用于多个特征的建模，故先创建为外部草绘。

操作过程：

钻石建模过程见表 9-2。

表 9-2　钻石建模过程

任务	步骤	操作结果	操作说明
1 新建文件	新建"零件"文件	新建文件名：SL9-2.prt	新建操作参见前例
2 绘制正八边形截面	草绘截面	71.00	单击 按钮，选择草绘基准面，草绘正八边形，单击 ✔ 按钮完成草图
3 创建棱锥体	创建混合截面		(1) 单击 ⬚ 混合 按钮进入混合特征选项，单击"截面"选项卡选择"草绘截面"单选按钮，单击"定义"按钮选择草绘平面进入草绘界面。单击 按钮调整视图，单击 ⬚ 投影 按钮创建截面 1 单击 ✔ 按钮； (2) 创建混合截面 2，单击 × 点 按钮在中心创建点，单击 ✔ 按钮
	创建混合特征		输入截面 1 的距离 120，在操控板上单击 按钮或直接按鼠标中键完成混合特征的创建

续表

任务	步骤	操作结果	操作说明
4 创建棱柱体	创建拉伸特征	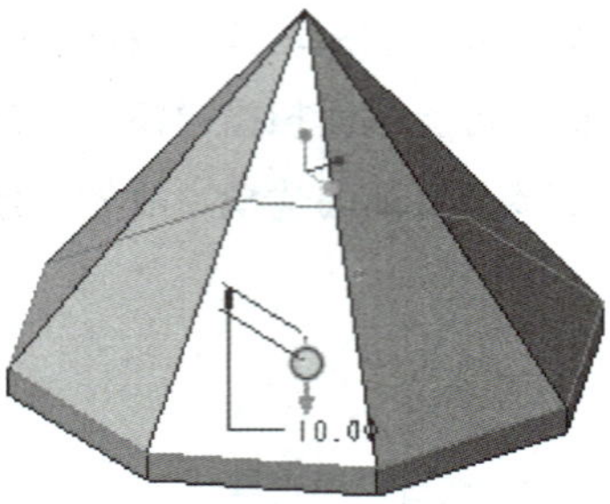	选择正八边形草绘截面，单击 按钮输入深度，并调整方向朝下，在操控板上单击 按钮或直接单击鼠标中键完成拉伸特征的创建
5 绘制扫描轨迹线	草绘线段	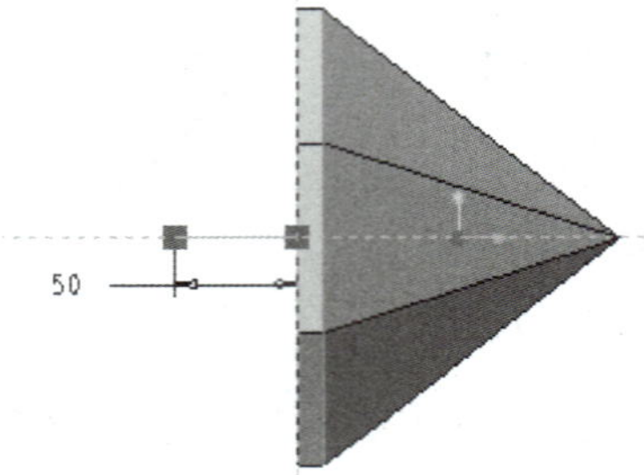	单击 按钮，选择草绘基准面，草绘线段长度为50，用来定义扫描的方向及距离，单击 按钮完成草图
6 创建基点	调用基准点命令	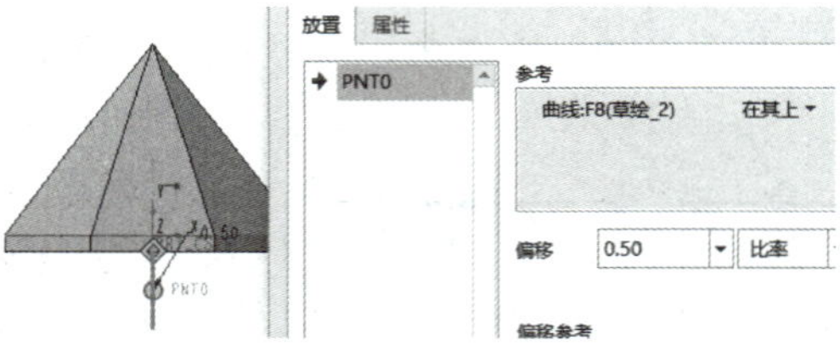	单击 按钮，选择刚创建的线段为参考，按比例输入0.5并确定，在中点创建基准点PNT0
7 创建棱台体	调用扫描命令	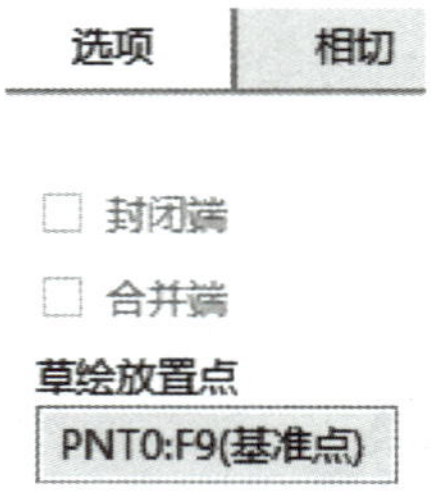	单击 扫描 按钮，在操控面板单击 按钮，选直线段为参考扫描轨迹线，在选项中单击草绘放置点，选择基准点PNT0

· 148 ·

续表

任务	步骤	操作结果	操作说明
7 创建棱台体	绘制十六边形扫描截面	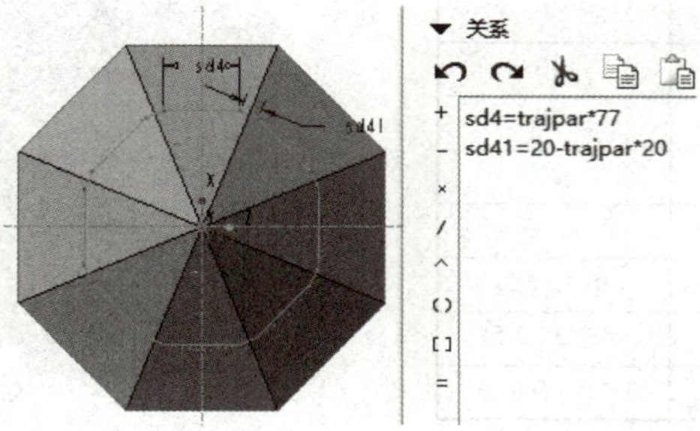 sd4=trajpar*77 sd41=20-trajpar*20	(1)单击 按钮创建扫描截面，在轨迹线中点创建十六边形截面，约束并标注相邻两边的长度尺寸为驱动尺寸，如图标注； (2)单击"工具"选项卡的 d=关系 按钮，弹出"关系"对话框，单击尺寸建立如图关系式，确定
	创建可变截面扫描特征	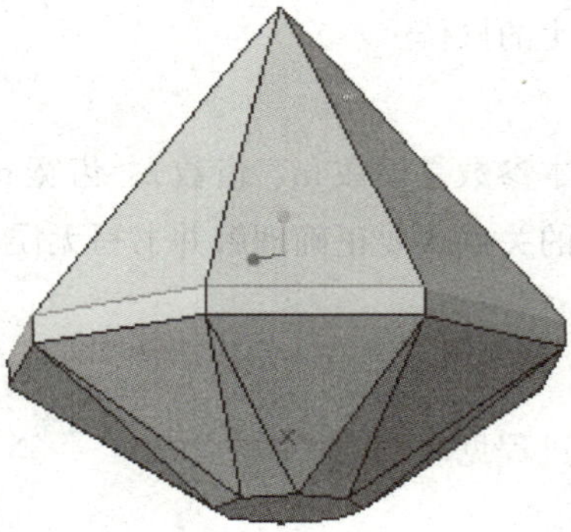	在操控板上单击 按钮或直接单击鼠标中键完成可变截面扫描特征的创建
8 存盘	保存设计文件	单击 按钮完成存盘	如果要改变目录存盘或名称，可执行"文件"→"另存为"命令，保存模型的副本
	小结	本实例的重点是下部棱台可变截面扫描特征的创建，因其两端均为正八边形，而中间任意截面为十六边形，如果在两端绘制八边形的截面，则无法生成中间的十六边形截面，这是为什么要在中点位置绘制截面的原因。通过建立关系式驱动，可以使截面边在沿轨迹线扫描过程中发生变化	

【例 9-3】 渐开线标准直齿圆柱齿轮设计

齿轮参数和模型图如图 9-3 所示。

渐开线标准直齿圆柱齿轮主要参数		
名称	代号	值
模数	m	4
齿数	z	20
齿宽	B	20
压力角	alpha	20
分度圆直径	D	m*z
齿顶圆直径	Da	m*(z+2)
齿根圆直径	Df	m*(z-2.5)
基圆直径	Db	D*cos (alpha)

图 9-3 渐开线标准直齿圆柱齿轮

教学任务：

完成渐开线标准直齿圆柱齿轮的参数化设计，掌握基于 Creo 5.0 的齿轮的参数设置和关系式的建立及参数修改与模型重生的操作。

操作分析：

渐开线标准直齿圆柱齿轮的基本参数是模数 m、齿数 z、齿宽 b 和压力角 α。控制齿轮大小与齿廓形状的尺寸和变量之间的关系式要正确理解并书写无误，才能完成该齿轮的参数化建模。

操作过程：

渐开线标准直齿圆柱齿轮建模过程见表 9-3。

表 9-3 渐开线标准直齿圆柱齿轮建模过程

任务	步骤	操作结果	操作说明
1 新建文件	新建"零件"文件	新建文件名：SL9-3.prt	新建操作参见前例
2 设置参数	添加齿轮基本参数		在"工具"选项卡中单击 参数 按钮，弹出"参数"对话框，单击 + 添加齿轮模数 m、齿数 z、压力角 alpha、齿宽 b 等参数，如图，单击"确定"按钮

续表

任务	步骤	操作结果	操作说明
3 绘制齿轮圆	草绘 4 个圆并建立尺寸关系	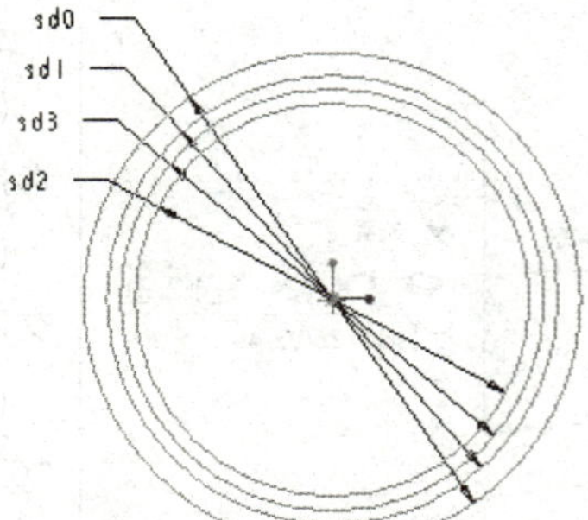 sd0 sd1 sd3 sd2 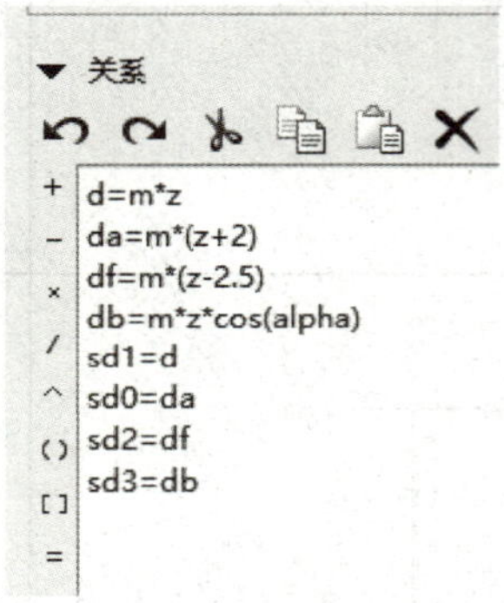 关系 d=m*z da=m*(z+2) df=m*(z-2.5) db=m*z*cos(alpha) sd1=d sd0=da sd2=df sd3=db	(1)模型状态下单击按钮，选择草绘基准面，草绘 4 个同心圆； (2)单击“工具”选项卡的 d= 关系按钮，弹出“关系”对话框，单击尺寸建立如图关系式，确定。单击✔按钮完成草图
4 创建齿轮渐开线	建立渐开线方程	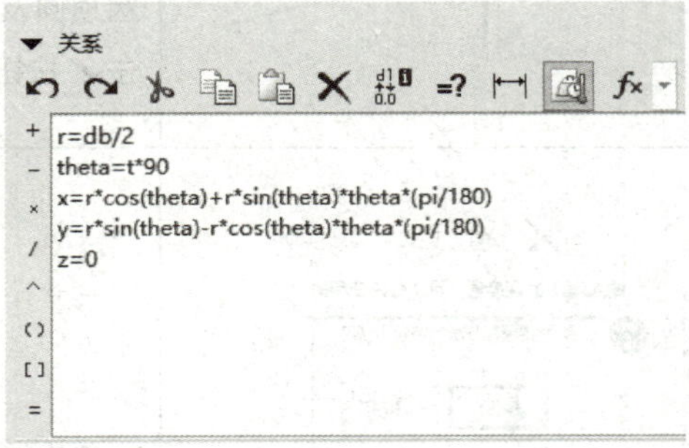 关系 r=db/2 theta=t*90 x=r*cos(theta)+r*sin(theta)*theta*(pi/180) y=r*sin(theta)-r*cos(theta)*theta*(pi/180) z=0	(1)执行“模型”→“基准”→“曲线”→“来自方程的曲线”命令，进入曲线绘制窗口； (2)在绘图区单击 PRT—CSYS—DEF 坐标系为参照，单击“方程”按钮，弹出方程对话框，输入渐开线方程，并确定
	创建齿轮渐开线轮廓	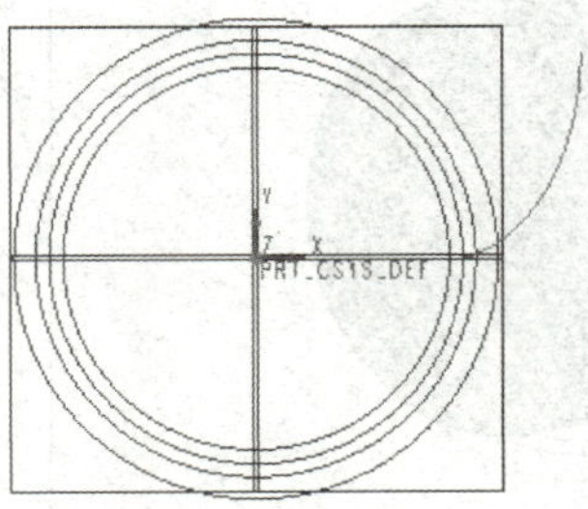 PRT_CSYS_DEF	绘制渐开线

续表

任务	步骤	操作结果	操作说明
5 创建轮齿轮廓	创建轮齿中心线	（图示：中心线1、中心线2、sd4，关系对话框 sd4=360/z/4）	（1）模型状态下单击按钮，选择草绘基准面进入草绘； （2）通过渐开线与分度圆的交点连接圆心绘制中心线1； （3）草绘中心线2，单击"工具"选项卡的 d= 关系 按钮，弹出"关系"对话框，单击尺寸建立两中心线的夹角关系式(360/4z)并确定
	根据渐开线绘制轮齿轮廓	（图示：4.50，轮齿轮廓草图）	（1）单击 □投影 按钮，投影渐开线轮廓，并通过起点作切线与齿根圆相交； （2）以中心线2为参考镜像草绘； （3）单击 □投影 按钮，投影齿顶圆及齿根圆→修剪→单击 ✓ 按钮完成草图
6 创建齿根圆柱体	创建拉伸	（图示：拉伸对话框，是否要添加b作为特征关系？是(Y) 否(N)，齿根圆柱体模型）	单击按钮进入草绘，单击 删除段 按钮作齿根圆投影并确定，输入拉伸深度值为B，添加B为特征关系，单击 ✓ 按钮

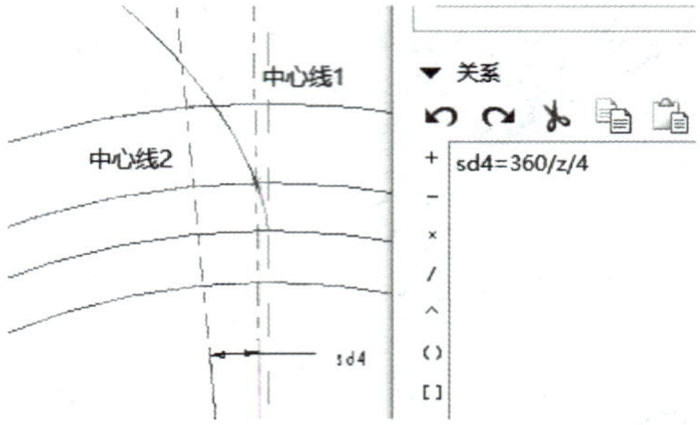

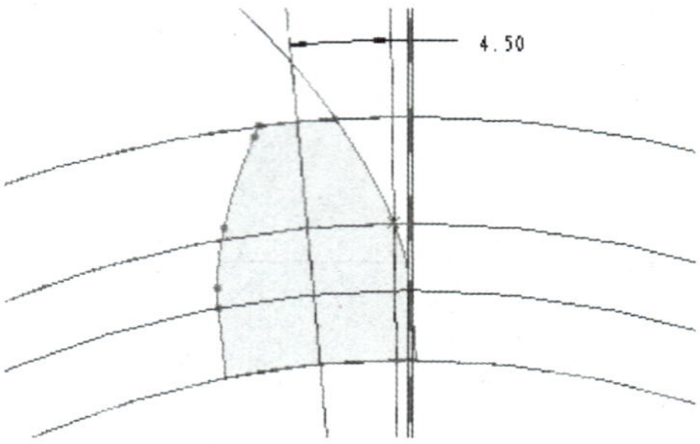

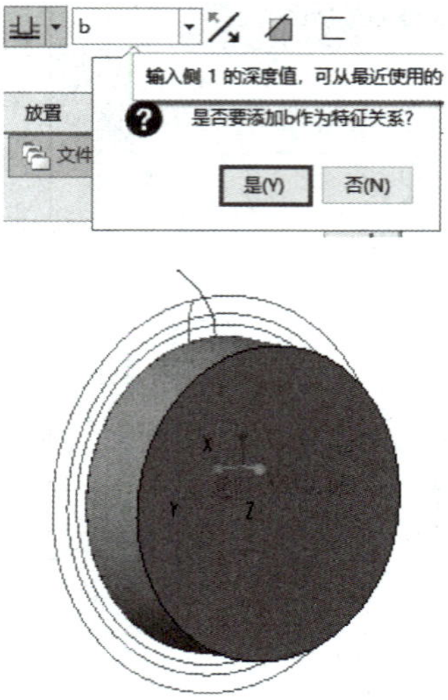

152

续表

任务	步骤	操作结果	操作说明
7 创建轮齿	创建轮齿拉伸		单击 按钮，选择轮齿草绘并确定，输入拉伸深度值为 B，添加 B 为特征关系，单击 按钮
	阵列轮齿		选择刚创建好的轮齿拉伸，执行"阵列"→"轴阵列"命令，选择坐标系 z 轴，输入阵列参数：数量 20，齿间角度 360/z，添加 360/z 为特征关系，单击 按钮
8 存盘	保存设计文件	单击 按钮完成存盘	如果要改变目录存盘或名称，可执行"文件"→"另存为"命令，保存模型的副本
	小结	渐开线标准直齿圆柱齿轮需要通过各参数间的几何关系来创建，这需要用到参数化设计，设置参数并建立关系，如创建模数或齿数不同的标准齿轮，只需修改参数表中的值后重新生成模型即可	

五、强化训练

LX9－1 参数化曲线 练习要点：基于 Creo 5.0 的规律曲线参数与方程式的建立	提示
LX9-1-1　　LX9-1-2 LX9-1-3　　LX9-1-4	LX9－1－1——圆柱坐标 r＝t＊(10＊180)＋1 theta＝10＋t＊(20＊180) z＝t LX9－1－2——圆柱坐标 r＝10＊t theta＝t＊360＊5 z＝30＊t＊t LX9－1－3——圆柱坐标 theta＝t＊360 r＝10＋(3＊sin(theta＊2.5))^2 LX9－1－4——球坐标 rho＝4 theta＝t＊180 phi＝t＊360＊20
LX9－2 饮料瓶 练习要点：以关系式驱动来创建瓶底造型	提示
	(1) 瓶身通过旋转特征创建； (2) 瓶底的造型用可变截面扫描命令创建，在草绘扫描截面时对有关尺寸建立关系式来驱动

LX9－3 圆柱直齿轮 练习要点：带孔齿轮的参数设置与关系式的建立	提示
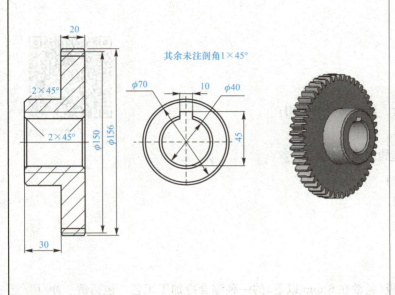	压力角 alpha＝20°，模数 m＝3，齿数 z＝50，齿顶高系数 ha＝1，顶隙系数 c＝0.25，请使用参数、关系及方程建立齿轮各基准曲线；各尺寸与参数间的关系请查阅有关机械零件设计手册。 参数化齿轮的创建可参考本课题实例，但需要注意的是，齿边有倒角，应通过切除材料的方式来创建轮齿
LX9－4 圆柱斜齿轮 练习要点：齿轮参数化设计，螺旋角关系与斜齿创建	提示
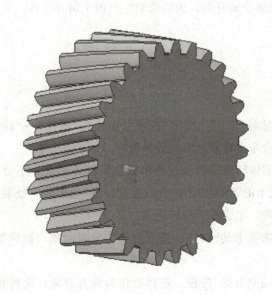	渐开线标准斜齿轮参数：压力角 α＝20°，模数 m＝2.5，齿数 z＝28，齿厚 B＝30，螺旋角度 β＝16° 参数化圆柱斜齿轮的创建可参考本课题实例，通过扫描混合切除材料的方法得到轮齿，根据几何关系，旋转复制扫描截面时的角度为：2＊asin(B＊tan(beta)/da)

课题 10　钣金设计

一、教学知识点

(1)实体转换成钣金、转换命令的使用；
(2)第一壁的创建；
(3)平整壁、法兰壁的创建；
(4)展平、折弯钣金；
(5)成型特征的创建。

课题 10　数字资源

二、教学目的

钣金是针对金属薄板(通常在 6 mm 以下)的一种综合冷加工工艺，包括剪、冲/切/复合、折、铆接、拼接、成型(如汽车车身)等。

通过本课题了解钣金特征的创建和编辑方法，一般常用的有实体转换成钣金、平面壁、拉伸壁、平整壁、法兰壁等创建方法，以及扯裂、展平、折弯、成型、转换等编辑方法，最终通过平整形态命令，得到钣金展开图，为后续的生产加工做好准备。

三、教学内容

1. 基本操作步骤

(1)实体转换成钣金。创建实体特征，在"模型"选项卡中执行"操作"→"转换为钣金件"命令，通过"驱动曲面"或"壳"命令设置钣金第一壁并确定。

(2)转换命令。转换命令针对实体转换成钣金过程中钣金特征不明显、不合理的情况进行进一步修改，单击"模型"选项卡的 按钮，分别通过设置"边扯裂""扯裂连接""边折弯""拐角止裂槽"对钣金进行编辑，完成钣金的转化。

(3)平整壁特征。单击"模型"选项卡的 按钮，选择边作为放置对象，设置相关属性，单击 按钮完成平整命令。

(4)法兰壁特征。单击"模型"选项卡的 按钮，选择边作为放置对象，设置相关属性，单击 按钮完成平整命令。

（5）展平命令。单击"模型"选项卡的▨按钮，选择需要固定的边，单击▨按钮完成展平命令。

（6）折弯命令。单击"模型"选项卡的▨按钮，选择平面作为放置对象，在"折弯线"选项卡中单击"草绘"按钮，绘制一条折弯线，单击✔按钮完成草绘。在"过渡"选项卡（非必须）中单击"草绘"按钮，绘制两条线形成过渡区，单击✔按钮完成草绘。设置其他属性，单击▨按钮完成折弯命令。

（7）成型特征。单击"模型"选项卡的▨按钮，单击▨按钮，选择需要成型形状的实体模型（需提前创建），通过装配的方式约束到合适的位置，设置相关属性，单击▨按钮完成成型命令。

2. 操作要领与技巧

（1）在使用"转换"命令时，先将模型拐角部分存在尖角、锐角的用"边折弯"进行编辑，形成符合钣金特征的圆弧拐角，再使用"边扯裂"分离模型，否则容易转换失败。

（2）"展平"和"平整形态"命令的区别："展平"命令常与"折弯"配合使用，是临时对钣金进行展开，经过修改后，再"折弯"；而"平整形态"是钣金设计结束后得到最终展开图，是钣金设计的最后一步。

（3）"折弯"命令中"折弯线"必须要完全穿过模型，否则软件无法识别折弯的区域；同理"过渡"区也必须绘制两条闯过模型的线，否则软件无法识别出过渡区域。

四、教学实例

【例 10-1】 三角铁盒设计

三角铁盒设计图形如图 10-1 所示。

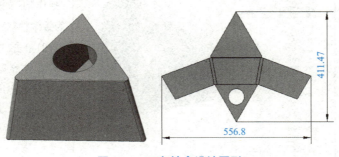

图 10-1 三角铁盒设计图形

教学任务：

完成三角铁盒实体模型转换成钣金模型的基本方法，掌握转换命令的使用。本实例已提前创建好实体。

操作分析：

该零件形状规则，先用实体建模方式，创建三角实体模型，然后通过转换成钣金的方式进入钣金创建界面，使用"转换"命令做进一步修改，完成三角铁盒钣金的创建。

操作过程：

三角铁盒建模过程见表10-1。

表10-1 三角铁盒建模过程

任务	步骤	操作结果	操作说明
1 设置工作目录	设置新建文件的保存路径	新建文件夹"SL10"适用于保存设计文件，设置工作目录后，所有的设计文件将保存于此文件夹中	在主界面上的"主页"单击"选择工作目录"按钮，将路径指向新建的文件夹
2 打开文件	新建"零件"文件	打开已有文件：SL10－1.prt	(1)复制光盘 SL10－1.prt 源文件到工作目录；(2)打开该文件
3 实体转换钣金	转换为钣金件		(1)单击"模型"选项卡的"操作"下拉按钮，选择"转换为钣金件"命令；(2)单击按钮；(3)排除圆柱面与圆柱底面，设置壳厚度为0.5；(4)单击 ✔ 按钮完成第一壁设置
	进入转换设置		单击"模型"选项卡的 转换 按钮

158

课题 10　钣金设计

续表

任务	步骤	操作结果	操作说明
3 实体转换钣金	边转换	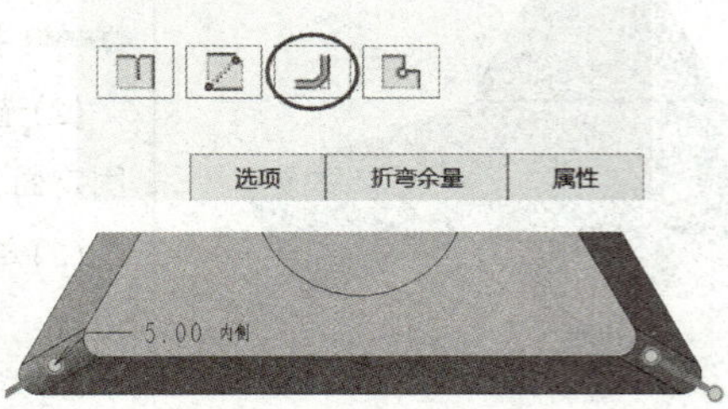	(1)单击操控板的"边转换"按钮； (2)选择三角铁盒的2条侧边进行转换，折弯半径设置为5； (3)单击✓按钮完成边转换
	边扯裂	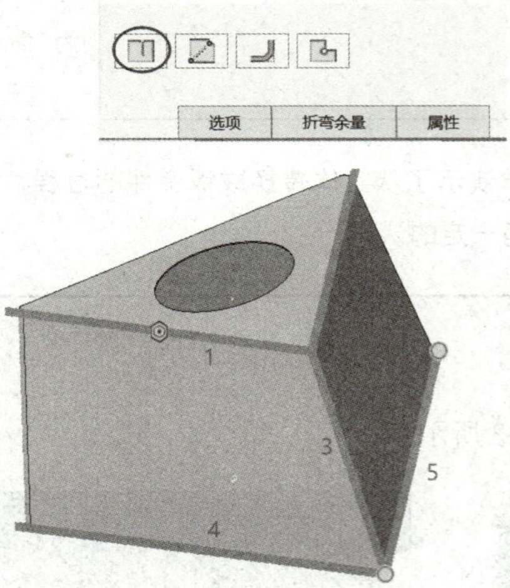	(1)单击操控板的"边扯裂"按钮； (2)选择三角铁盒尖角及相邻的5条边进行转换； (3)单击✓按钮完成边扯裂
	完成转换	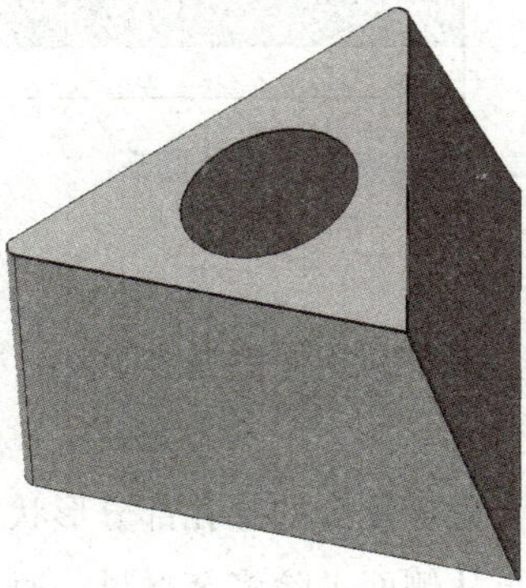	单击✓按钮完成转换命令

续表

任务	步骤	操作结果	操作说明
4 平整形态	平整形态		(1)单击"模型"选项卡的 平整形态 按钮; (2)选择三角铁盒底面作为固定面; (3)单击 ✓ 按钮完成零件设计
5 存盘	保存设计文件	单击 🖫 按钮完成存盘	如果要改变目录存盘或名称,可执行"文件"→"另存为"命令,保存模型的副本
	小结	本实例主要简单演示了从实体转换成钣金件的过程,初步了解钣金的特点,对钣金的边、角有一定的认识	

【例 10-2】 燕尾夹夹体设计

燕尾夹夹体设计图形如图 10-2 所示。

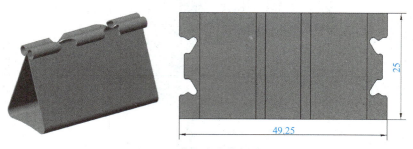

图 10-2 燕尾夹夹体设计图形

教学任务:

完成燕尾夹模型的设计,掌握钣金展平与折回的基本方法。

操作分析:

该零件的截面比较简单,而夹体与尾柄配合的穿孔部分形状复杂,难以估算其展开形状,因此,先用拉伸命令绘制截面,再从侧面去除多余材料,通过展平命令展平钣金,修饰完成后折回,即可完成设计。

操作过程：

燕尾夹夹体建模过程见表 10-2。

表 10-2 燕尾夹夹体建模过程

任务	步骤	操作结果	操作说明
1 设置工作目录	设置新建文件的保存路径	新建文件夹"SL10"用于保存设计文件，设置工作目录后，所有的设计文件将保存于此文件夹中。	在主界面上的"主页"单击 按钮，将路径指向新建的文件夹
2 新建文件	新建"零件"文件	新建文件名：SL10－2.prt 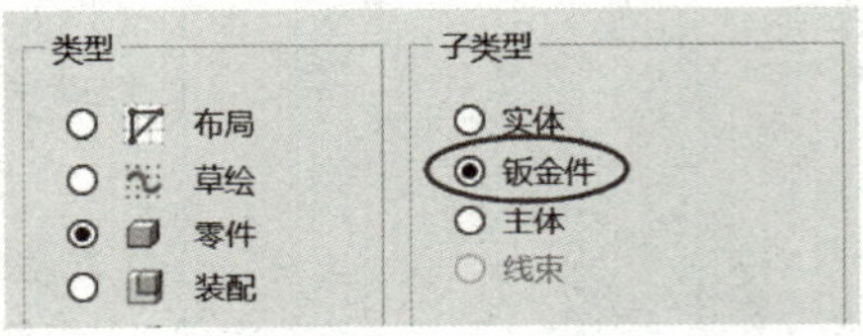 类型：○布局 ○草绘 ●零件 ○装配 子类型：○实体 ●钣金件 ○主体 ○线束	(1)单击"新建"按钮，选择"零件"单选按钮，在子类型选择"钣金件"，输入名称"SL10－2"； (2)取消"使用缺省模板"的勾选，确定，选择"mmns_part_sheetmetal"，确定
3 创建第一壁	绘制草图	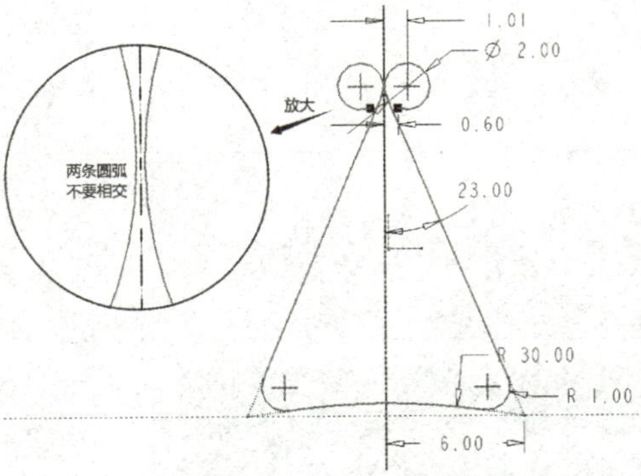 两条圆弧不要相交　放大　1.01　Ø 2.00　0.60　23.00　R 30.00　R 1.00　6.00	(1)单击"模型"选项卡的 拉伸 按钮； (2)点选 FRONT 面作为草绘平面； (3)单击 按钮调整草绘视图； (4)绘制如图所示开放草图，注意两个圆弧不要相交，否则形成封闭区域； (5)单击✓按钮完成并退出草绘界面
	设置拉伸属性	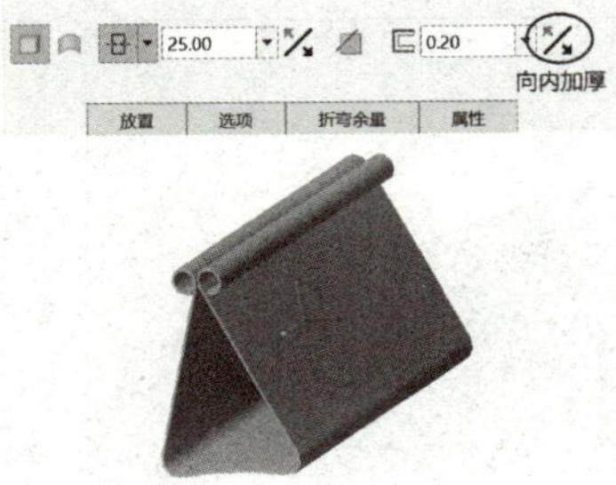 25.00　0.20　向内加厚　放置 选项 折弯余量 属性	(1)在操控板上设置对称拉伸，长度为25，向内侧加厚0.2； (2)单击 按钮完成拉伸特征

续表

任务	步骤	操作结果	操作说明
4 去除多余材料	创建基准面1	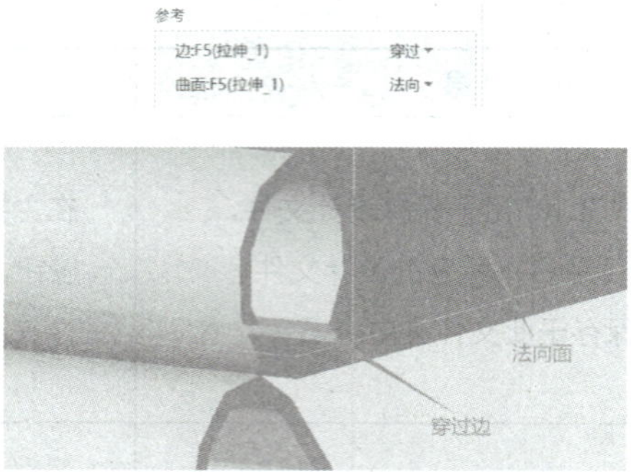	(1)单击按钮； (2)在绘图区选择卷边边线和夹子侧面为参照； (3)单击"确定"按钮完成基准面1的创建
	绘制草图	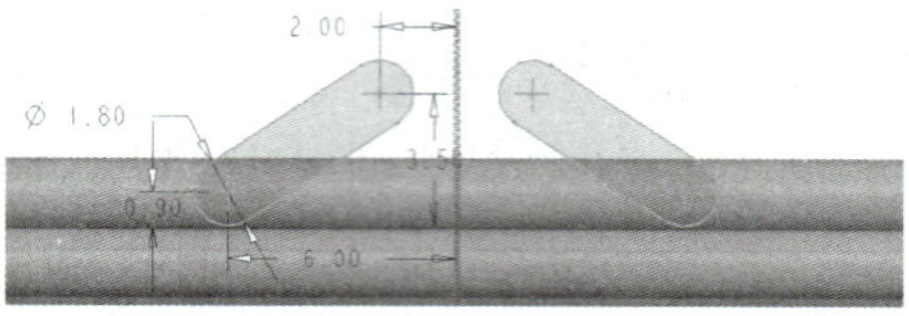	(1)单击"模型"选项卡的 拉伸 按钮； (2)点选刚创建的 DTM1 作为草绘平面； (3)增加 FRONT 面作为参考面； (4)绘制如图所示的对称图形； (5)单击 ✔ 按钮完成并退出草绘界面
	设置拉伸属性	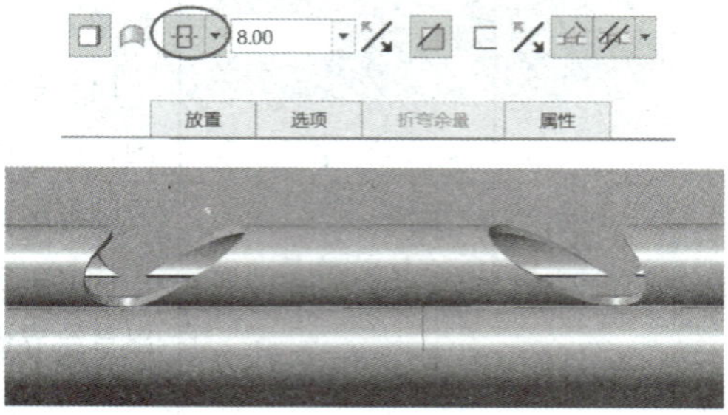	(1)在操控板上设置为切除材料，对称拉伸，长度以完全切除材料为宜； (2)单击 ✔ 按钮完成拉伸切除特征
	另一半的切除	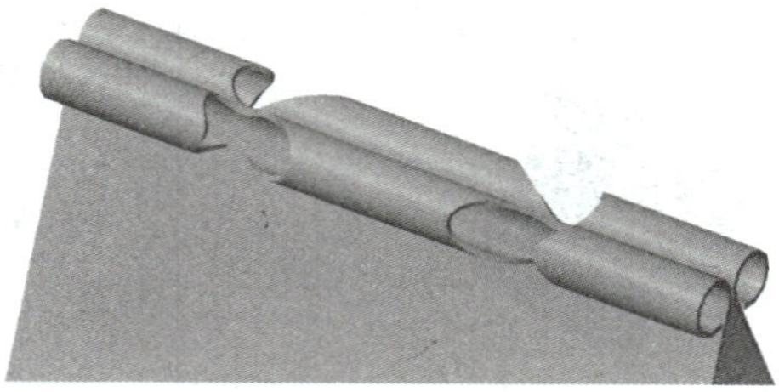	用同样的方式或"镜像"命令完成另一半的切除

续表

任务	步骤	操作结果	操作说明
5 修饰细节	展平钣金		(1)单击"模型"选项卡的 按钮； (2)单击 ✓ 按钮完成展平命令
	绘制草图	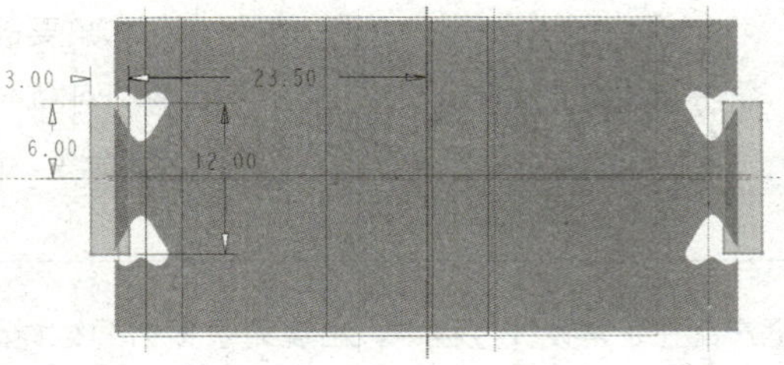	(1)单击"模型"选项卡的 拉伸 按钮； (2)点选任意一个大面作为草绘平面； (3)单击 按钮调整草绘视图； (4)设置 FRONT 面和中心线作为参考，绘制如图所示草图； (5)单击 ✓ 按钮完成并退出草绘界面
	设置拉伸属性	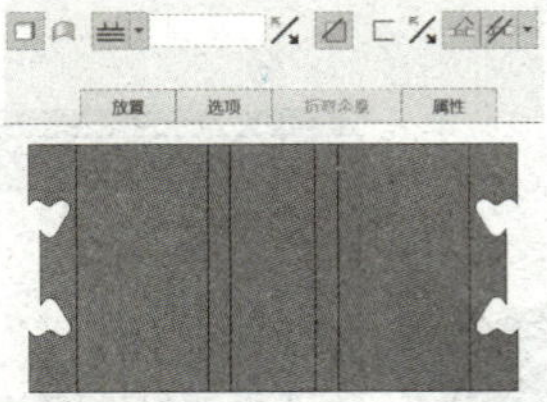	(1)在操控板上设置为切除材料，切除深度以完全切除材料为宜； (2)单击 ✓ 按钮完成拉伸切除特征
	调用合并曲面命令		(1)单击"倒圆角"按钮对尖角进行倒圆角，圆角半径值为 0.5； (2)在操控板上单击 ✓ 按钮完成倒圆角
	折回钣金		(1)单击"模型"选项卡的 折回 按钮； (2)单击 ✓ 按钮完成折回命令

续表

任务	步骤	操作结果	操作说明
6 平整形态	平整形态		(1)单击"模型"选项卡的 平整形态 按钮; (2)单击 ✓ 按钮完成零件设计
7 存盘	保存设计文件	单击 🖫 按钮完成存盘	如果要改变目录存盘或名称,可执行"文件"→"另存为"命令,保存模型的副本
	小结	本案例根据产品在正常设计过程中,出现无法预估的结构而导致设计停滞的问题,提出了通过绘制结果,然后展平再修饰,最后折回的设计方式	

【例 10-3】 散热盒底壳设计

散热盒底壳设计图形如图 10-3 所示。

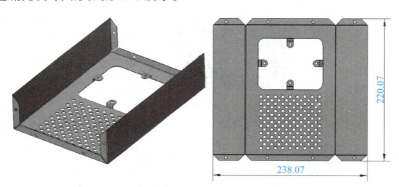

图 10-3 散热盒底壳设计图形

教学任务:

完成散热盒底壳的设计,掌握第一壁、平整壁、法兰壁创建的基本方法,了解简单钣金零件的设计过程。

操作分析:

该零件左右对称,考虑底面作为第一壁,再通过平整壁、法兰壁创建其他面,使用拉伸切除的方式绘制螺钉孔,阵列方式绘制底面散热孔,即可完成。

操作过程：

散热盒底壳建模过程见表10-4。

表10-4 散热盒底壳建模过程

任务	步骤	操作结果	操作说明
1 设置工作目录	设置新建文件的保存路径	新建文件夹"SL10"用于保存设计文件，设置工作目录后，所有的设计文件将保存于此文件夹中	在主界面上的"主页"单击按钮，将路径指向新建的文件夹
2 新建文件	新建"零件"文件	新建文件名：SL10－3.prt 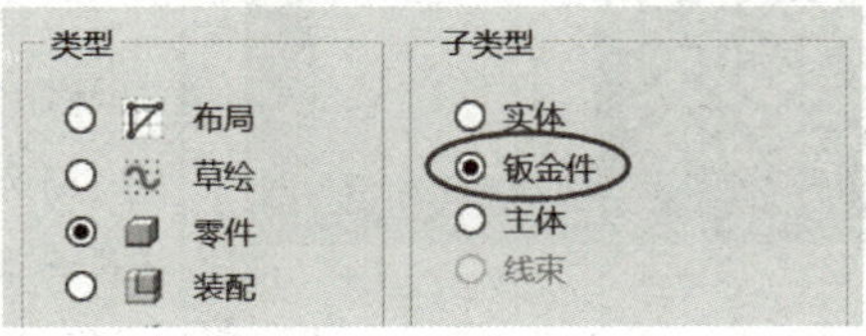 类型：○布局 ○草绘 ●零件 ○装配 子类型：○实体 ●钣金件 ○主体 ○线束	(1)单击"新建"按钮选择"零件"单选按钮，在子类型选择"钣金件"，输入名称"SL10－3"； (2)取消"使用缺省模板"的勾选，确定，选择"mmns_part_sheetmetal"，确定
3 创建第一壁	调用平面命令	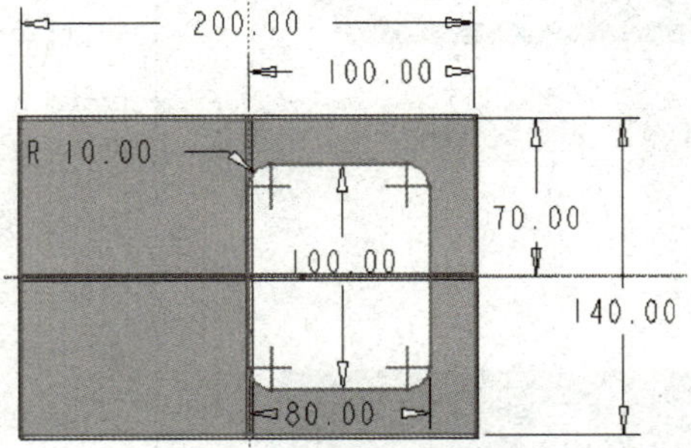 200.00 / 100.00 / R 10.00 / 70.00 / 100.00 / 140.00 / 80.00 / 0.50	(1)单击"模型"选项卡的 平面 按钮； (2)点选TOP面作为草绘平面； (3)单击 按钮，调整草绘视图； (4)绘制如图所示草图； (5)单击 ✔ 按钮完成并退出草绘界面； (6)在操控板上设置向上加厚0.5； (7)单击 按钮完成第一壁的创建

续表

任务	步骤	操作结果	操作说明
3 创建第一壁	绘制散热孔	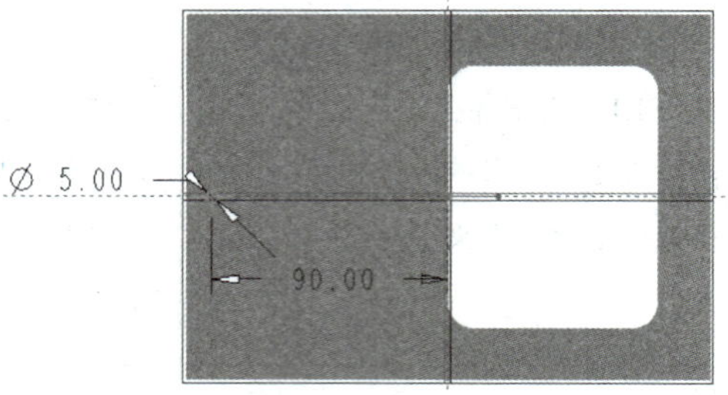 	（1）单击"模型"选项卡的 拉伸 按钮； （2）点选 TOP 面作为草绘平面； （3）单击 按钮，调整草绘视图； （4）绘制如图所示圆孔； （5）单击 ✔ 按钮，完成并退出草绘界面； （6）在操控板上设置完全切除； （7）单击 按钮，完成拉伸切除命令； （8）选中该孔特征，执行"编辑"→"阵列"命令，以填充方式阵列(或自行设计)
4 创建平整特征	创建侧挡板	  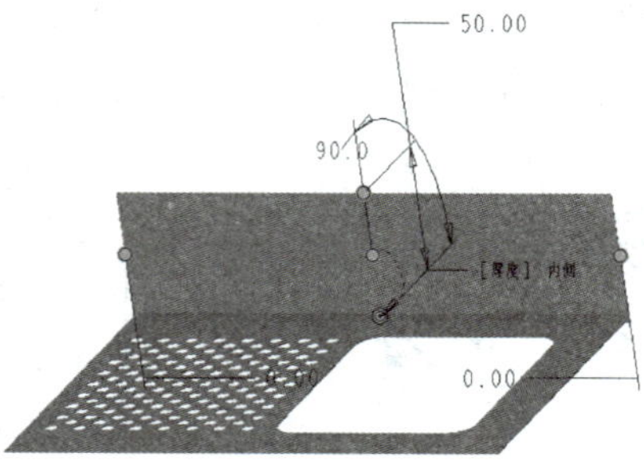	（1）单击"模型"选项卡的 按钮； （2）点选第一壁上面的长下边作为放置对象； （3）在操控板设置属性，并在"形状"栏将高度改为 50； （4）单击 按钮完成平整命令

续表

任务	步骤	操作结果	操作说明
4 创建平整特征	创建固定连接面	梯形 90.0 厚度 45.00　　45.00 10.00 ☑ 相对连接边偏移壁 类型 添加到零件边	(1)单击"模型"选项卡的按钮; (2)点选刚创建的侧挡板的右远边作为放置对象; (3)在操控板设置属性,并在"形状"栏修改尺寸; (4)单击"偏移"栏,勾选"相对连接边偏移壁",类型选择"添加到零件边"
	确认		单击✓按钮完成平整命令
	创建剩余的平整特征		用同样的方式或镜像命令,完成其余的平整特征
	创建螺钉孔		用拉伸切除的方式绘制固定螺钉孔,孔径自行设计

续表

任务	步骤	操作结果	操作说明
5 创建法兰壁	创建小凸台		(1) 单击"模型"选项卡的 按钮； (2) 点选小长方形上面的短下边作为放置对象； (3) 在操控板设置属性，并在"形状"栏单击"草绘"按钮，绘制折线； (4) 单击"长度"栏，设置两侧向内缩 25； (5) 单击"偏移"栏，勾选"相对连接边偏移壁"，类型选择"添加到零件边"
	确认		单击 按钮完成法兰命令
	完成所有小凸台		用同样的方式或镜像命令，完成其余 3 个法兰特征
	创建螺钉孔与倒角		用拉伸切除和倒圆角命令完善凸台细节

续表

任务	步骤	操作结果	操作说明
6 平整形态	平整形态		(1) 单击"模型"选项卡的 平整形态 按钮； (2) 单击 ✓ 按钮完成零件设计
7 存盘	保存设计文件	单击 🖫 按钮完成存盘	如果要改变目录存盘或名称，可执行"文件"→"另存为"命令，保存模型的副本
小结		本实例使用了钣金里最常用的平整壁与法兰壁命令，初学者容易混淆这两个命令，平整壁绘制的是壁的正面形状，法兰壁绘制的是壁的侧面形状。	

【例 10-4】 笔夹设计

笔夹设计图形如图 10-4 所示。

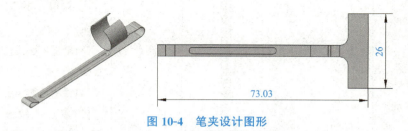

图 10-4 笔夹设计图形

教学任务：

完成笔夹的设计，掌握折弯和成型特征的创建方法，了解一般钣金零件的设计过程。

操作分析：

该零件因头部有反向折弯形状，因此，套筒部分在使用折弯命令时需要设置过渡区，然后使用成型命令模拟冲压成型过程绘制出凹状长条即可完成笔夹钣金的设计。

操作过程：

笔夹建模过程见表 10-5。

表 10-5　笔夹建模过程

任务	步骤	操作结果	操作说明
1 设置工作目录	设置新建文件的保存路径	新建文件夹"SL10"用于保存设计文件，设置工作目录后，所有的设计文件将保存于此文件夹中	在主界面上的"主页"单击 按钮，将路径指向新建的文件夹
2 新建文件	新建"零件"文件	新建文件名：SL10－4.prt 类型：○布局 ○草绘 ●零件 ○装配 子类型：○实体 ●钣金件 ○主体 ○线束	（1）单击"新建"按钮，选择"零件"单选按钮，在子类型选择"钣金件"，输入名称"SL10－4"； （2）去掉"使用缺省模板"的勾选，确定，选择"mmns_part_sheetmetal"，确定
3 创建第一壁	调用平面命令	4.00　60.00　R 3.00　7.00　26.00　0.20	（1）单击"模型"选项卡的 平面 按钮； （2）点选 TOP 面作为草绘平面； （3）单击 按钮，调整草绘视图； （4）绘制草图； （5）单击 ✔ 按钮完成并退出草绘界面； （6）在操控板上设置向上加厚0.2； （7）单击 ✔ 按钮完成第一壁的创建

· 170 ·

续表

任务	步骤	操作结果	操作说明
4 创建折弯特征	折弯套筒部分		(1)单击"模型"选项卡的 折弯 按钮； (2)点选刚创建的平面反面作为放置对象； (3)单击操控板的"折弯两侧"和"折弯至曲面端部"，将厚度设置为5； (4)单击操控板"折弯线"选项卡的"草绘"按钮，绘制一条贯穿中心的长线，单击 ✓ 按钮完成并退出草绘界面； (5)单击操控板"过渡"选项卡的"草绘"按钮，绘制两条短线，单击 ✓ 按钮完成并退出草绘界面，如有必要单击 反向 按钮更改折弯侧
	确认		单击 ✓ 按钮完成折弯命令
	折弯笔夹部分		(1)单击"模型"选项卡的 折弯 按钮； (2)点选刚创建的折弯反面作为放置对象； (3)在操控板设置折弯角度184，厚度为2； (4)单击操控板的"折弯线"选项卡的"草绘"按钮，绘制一条短线，单击 ✓ 按钮完成并退出草绘界面； (5)单击 ✓ 按钮完成折弯命令

续表

任务	步骤	操作结果	操作说明
5 文件存盘	保存设计文件	单击 按钮完成存盘	如果要改变目录存盘或名称，可执行"文件"→"另存为"命令，保存模型的副本
6 新建文件	新建"零件"文件	新建实体零件，文件名：SL10－4－die.prt	(1)单击"新建"按钮，单击"零件"单选按钮，输入名称"SL10－4－die"； (2)去掉"使用默认模板"的勾选，确定，选"mmns_part_solid"，确定
7 创建成型模具	拉伸实体		使用拉伸命令创建实体，长40 mm，宽4 mm，高1 mm
	旋转实体		使用旋转命令创建实体，设置尺寸约束
	倒角		倒角0.5 mm
	保存设计文件	单击 按钮完成存盘	如果要改变目录存盘或名称，可执行"文件"→"另存为"命令，保存模型的副本

续表

任务	步骤	操作结果	操作说明
8 创建成型特征	约束装配		(1)切换回 SL10－4 笔夹钣金模型，单击"模型"选项卡的 按钮； (2)单击操控板的 按钮，选择刚创建的 SL10－4－die.prt 模型； (3)打开操控板的"放置"选项卡，分别通过新建 3 个重合约束，将模具与钣金贴紧，具体参考后面步骤"重合1""重合2"及"重合3"
	重合1		重合1：钣金端面和模具端面
	重合2		重合2：钣金内侧面和模具有旋转突出的平面
	重合3		重合3：钣金中心基准面和模具中心基准面
	确认		单击 按钮完成成型命令

续表

任务	步骤	操作结果	操作说明
9 创建法兰特征	创建小凸台	选择下面的边 R 1.00 4.00 0.10	(1) 单击"模型"选项卡的 按钮； (2) 点选端面的边作为放置对象； (3) 在操控板设置"C"型形状，打开"形状"栏修改草绘尺寸
	确认		单击 按钮完成法兰命令
10 平整形态	平整形态		(1) 单击"模型"选项卡的 平整形态 按钮； (2) 单击 按钮完成零件设计
11 存盘	保存设计文件	单击 按钮完成存盘	如果要改变目录存盘或名称，可执行"文件"→"另存为"命令，保存模型的副本
	小结	该实例在使用折弯命令时，相关折弯线、过渡线的草绘必须要贯穿模型，否则容易创建失败。在模具成型特征的使用中，有更多约束装配的技巧将在后面的课题中学习	

五、强化训练

	提示
LX10-1 五角星铁盒	(1)绘制五角星实体特征； (2)转换为钣金，抽壳； (3)"转换"命令设置尖角"边折弯"，设置底边"边扯裂"
LX10-2 不锈钢文件夹	提示
	(1)用"平面"命令绘制文件夹的形状； (2)用"成型"命令冲压出原型凹槽形状； (3)用"平整壁"命令创建左右耳朵； (4)用"折弯"命令编辑夹子头部，形成弧面

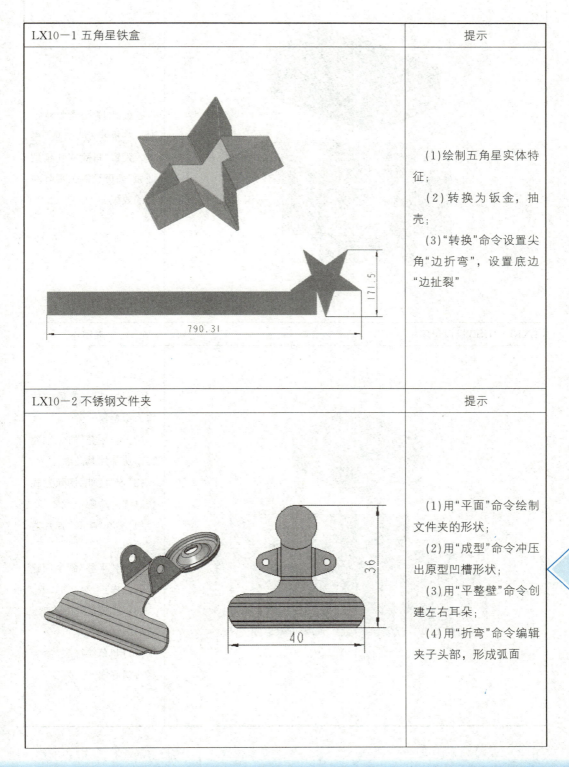

续表

LX10－3 散热座	提示
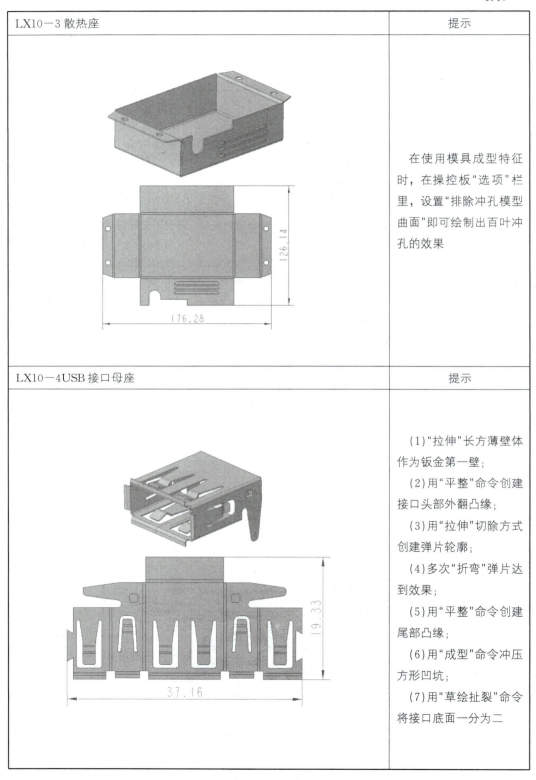	在使用模具成型特征时，在操控板"选项"栏里，设置"排除冲孔模型曲面"即可绘制出百叶冲孔的效果
LX10－4USB 接口母座	提示
	(1)"拉伸"长方薄壁体作为钣金第一壁； (2)用"平整"命令创建接口头部外翻凸缘； (3)用"拉伸"切除方式创建弹片轮廓； (4)多次"折弯"弹片达到效果； (5)用"平整"命令创建尾部凸缘； (6)用"成型"命令冲压方形凹坑； (7)用"草绘扯裂"命令将接口底面一分为二

课题 11　常用装配与机构运动仿真

一、教学知识点

(1)新建装配任务；
(2)添加零件部件并按照实际要求合理约束放置零部件；
(3)开启机构仿真界面；
(4)机构仿真常用连接；
(5)创建机构常用指令；
(6)机构添加伺服电机；
(7)机构运动回放。

课题 11　数字资源

二、教学目的

通过本课题，学习"装配"模块和"机构"仿真基本操作，学习建模后零部件的装配及常用机构仿真模型的创建，实现机构的运动仿真。

三、教学内容

1. 装配

(1)基本操作步骤。

1)进入零部件界面。进入组件界面：单击 按钮，弹出"新建"对话框，选择"装配"单选按钮(接受子类型：设计)，在"文件名"栏命名(可接受默认名)，取消"使用默认模板"的勾选，单击"确定"按钮，弹出"新文件选项"对话框，选择"mmns_asm_design"，单击"确定"按钮。

2)单击 按钮，选取相应零件，进入组装界面使用到的连接操作如图 11-1 所示。

3)"放置"选项卡操作如图 11-2 所示。

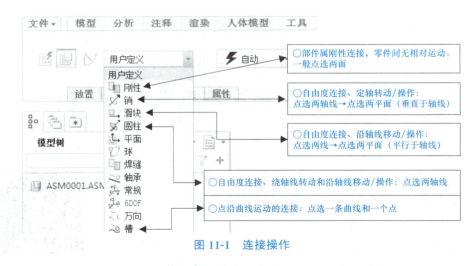

图 11-1 连接操作

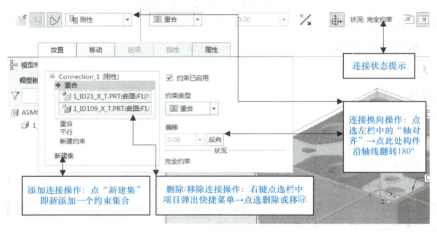

图 11-2 "放置"选项卡操作

（2）操作要领与技巧。

1）在组件界面进行"连接"装配（注：连接装配有运动自由度，约束装配无运动自由度）。

①装配机架操作：使用"缺省"约束（与约束装配首件操作完全相同）；

②连接活动构件操作：在操控板选定连接类型，点选指定的点、线、面几何对象（连接操作与约束装配操作方法相同）。

2）由于组件与装配零件相关联，组件文件必须与装配零件的模型文件保存在同一目录下，否则无法打开组件文件。

2. 机构运动仿真

（1）基本操作步骤。

1）进入机构仿真界面。

①进入组件界面：单击 按钮，弹出"新建"对话框，选择"装配"单选按钮（接受子类

型：设计），在"文件名"栏命名（可接受默认名），取消"使用默认模板"的勾选，单击"确定"按钮，弹出"新文件选项"对话框，选择"mmns_asm_design"，单击"确定"按钮。

②进入机构界面：在"应用程序"选项卡中单击"机构"按钮进入机构仿真界面。

2）单击 按钮，选取相应零件，进入组装界面使用到的连接操作如图11-3所示。

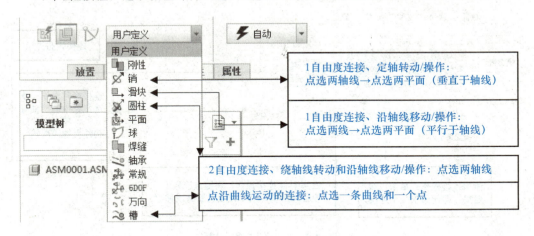

图11-3 组装连接操作

3）机构界面使用到的工具操作（注：伺服电动机定义、分析定义、回放动画操作是固定不变的操作）如图11-4所示。

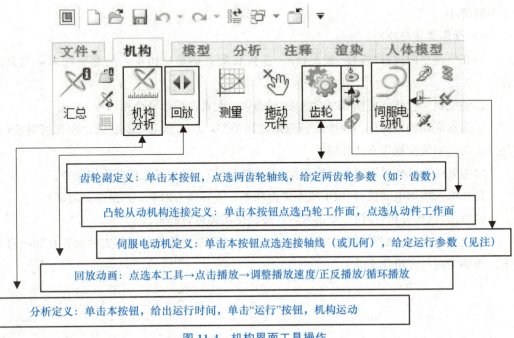

图11-4 机构界面工具操作

注：定义伺服电动机即给机构模型加上一个电动机，让机构运行起来，其运行参数主

· 179 ·

要是模的类型，通常选择"常数"；转数由 A 值确定，本课题取 50～200。

4)"放置"选项卡操作如图 11-5 所示。

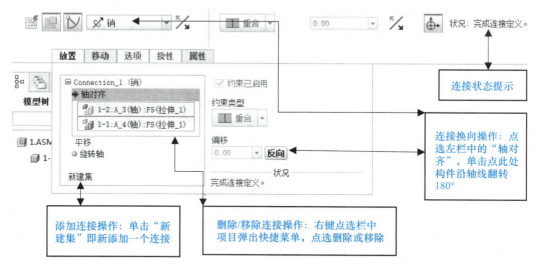

图 11-5　"放置"选项卡操作

5)拖动检查连接操作。在工具栏单击手形工具，点选连接元件出现黑点并弹出"拖动"对话框，移动鼠标连接元件跟随运动，再次单击鼠标右键完成移动，单击"关闭"按钮关闭弹出对话框。每连接一个构件，都应进行一次连接情况检查，当出现不按预期运动时要及时修正。

(2)操作要领与技巧。

1)在组件界面进行"连接"装配(注：连接装配有运动自由度，约束装配无运动自由度)。

①装配机架操作：使用"缺省"约束(与约束装配首件操作完全相同)；

②连接活动构件操作：在操控板选定连接类型，点选指定的点、线、面几何对象(连接操作与约束装配操作方法相同)。

2)需要时在机构界面进行再次连接(齿轮或凸轮)，增加其他相关工作条件。

3)为机构增加电动机(伺服电机不考虑功率、力等负荷因素，只是添加运动)。

4)单击"机构分析"按钮，单击"运行"按钮使机构运转起来。

5)由于组件与装配零件相关联，组件文件必须与装配零件的模型文件保存在同一目录下，否则无法打开组件文件。

四、教学实例

【例 11-1】 电极夹头组件装配设计

电极夹头设计图形如图 11-6 所示。

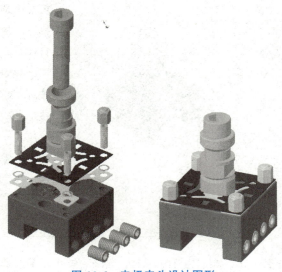

图 11-6 电极夹头设计图形

教学任务：

完成电极夹头组件的装配设计，掌握零件间装配放置约束的设置，并熟悉部件、组件装配建立的过程。

操作分析：

本组件主要是圆柱、刚性连接，在装配界面中本组件主要是由"重合""平行"等约束类型进行装配的。

操作过程：

电极夹头装配过程见表 11-1。

表 11-1 电极夹头装配过程

任务	步骤	操作结果	操作说明
1 操作准备	复制文件	设置工作目录，将电极夹头组件复制到工作目录下	默认工作目录是"我的文档"，一般情况下先设置指定的文件夹为工作目录
2 新建文件	新建零件文件	新建文件名：SL11－1.asm	新建文件操作参见基本操作步骤：进入零部件装配界面

续表

任务	步骤	操作结果	操作说明
3 添加原件	调用指令 缺省约束		单击"模型"选项卡的按钮，弹出"打开"对话框，选择工作目录中的"夹头.prt"，预览，打开，在绘图区调入机架(杆1)模型。 单击操控板中的 自动 下拉按钮，展开约束列表，单击 固定 按钮，单击 按钮完成装配。 注：一般装配前确定部件的主体，装配首先添加主体零部件，然后将主体零部件作固定约束
4 大螺柱零件装配	调用指令	单击按钮，弹出"打开"对话框，选择工作目录中的"大螺柱.prt"，预览，打开，将大螺柱调入绘图区中	单击按钮打开基准线显示，关闭其他基准显示，以使画面清晰
	圆柱特征同心重合	分别点选螺柱外表面和螺孔外表面	单击操控板中的 用户定义 下拉按钮，展开连接列表，单击 圆柱 连接。 选择"放置"选项卡，"轴对齐"方式为点选螺柱外表面和螺孔外表面，完成同心对齐约束放置

课题 11　常用装配与机构运动仿真

续表

任务	步骤	操作结果	操作说明
4 大螺柱零件装配	平面特征重合对齐	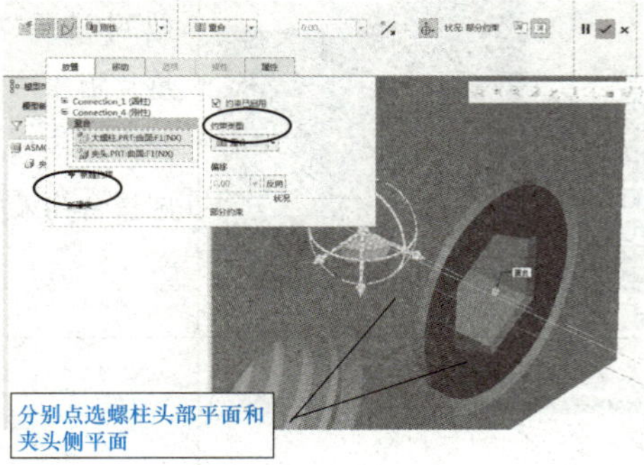 分别点选螺柱头部平面和夹头侧平面	在"放置"选项卡中单击"新建集"，单击 用户定义 下拉按钮，展开连接下拉列表，选择 刚性 连接。在"放置"选项卡"约束类型"中选择"重合"，先点选螺柱头部平面，再选夹头侧平面，完成重合约束放置。 最终单击 ✔ 按钮完成大螺柱装配配合
	装配另外三颗大螺柱	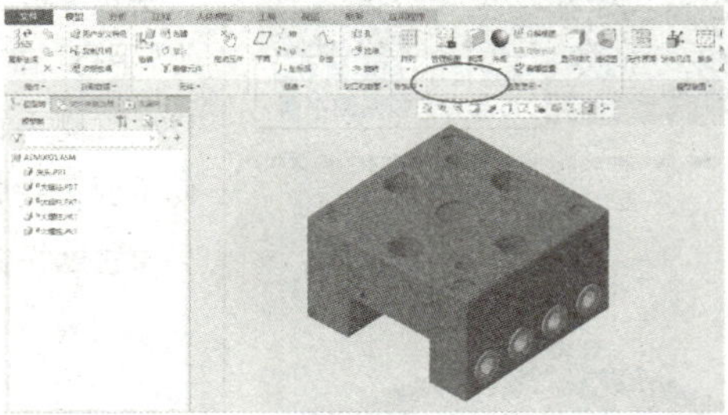	重复以上操作完成另外三颗大螺柱的装配如图所示。 单击 按钮打开基准线显示，关闭其他基准显示，以使画面清晰
5 垫片板1装配	调用指令	单击 按钮，弹出"打开"窗口，选择工作目录中的垫片板1.prt，预览，打开，将零件调入绘图区中	单击 按钮，打开基准线显示，关闭其他基准显示，以使画面清晰
	平面特征重合对齐	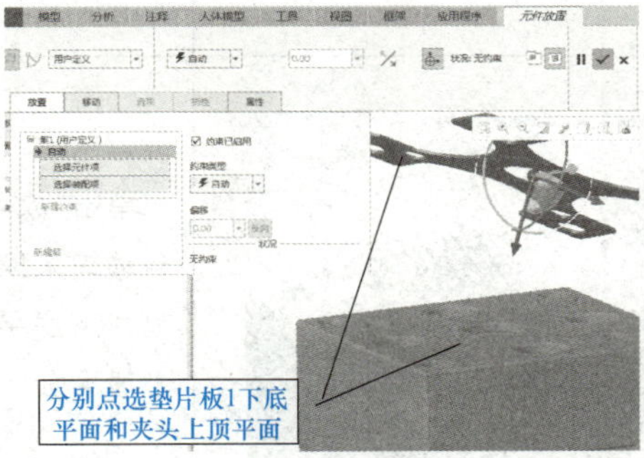 分别点选垫片板1下底平面和夹头上顶平面	在"放置"选项卡"元件项"中选择"点重合约束类型"为 ，点选垫片板1下底平面，再选夹头上顶平面，完成重合约束放置

· 183 ·

续表

任务	步骤	操作结果	操作说明
5 垫片板1装配	圆柱特征同心重合	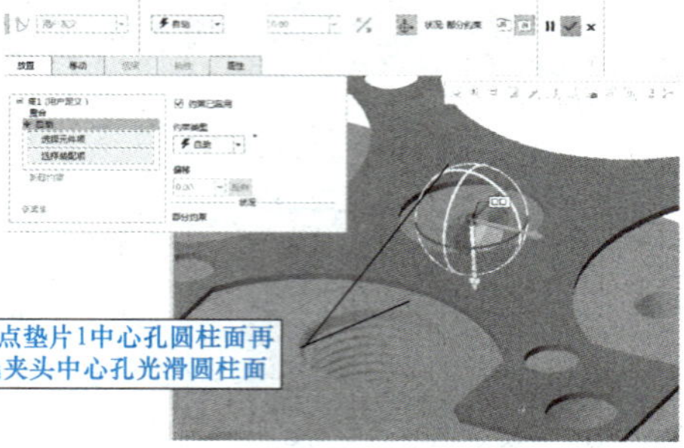 先点垫片1中心孔圆柱面再选夹头中心孔光滑圆柱面	单击 按钮，在"约束类型"中选择"重合"选项，先点适垫片板1中心孔圆柱面，再选择夹头中心孔光滑圆柱面，完成重合约束放置
	平行类型约束	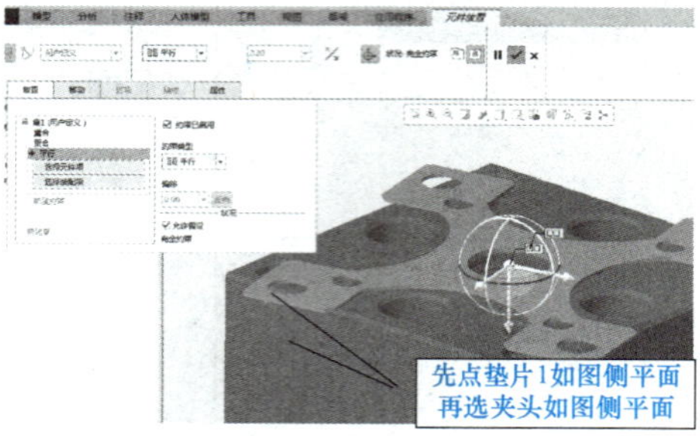 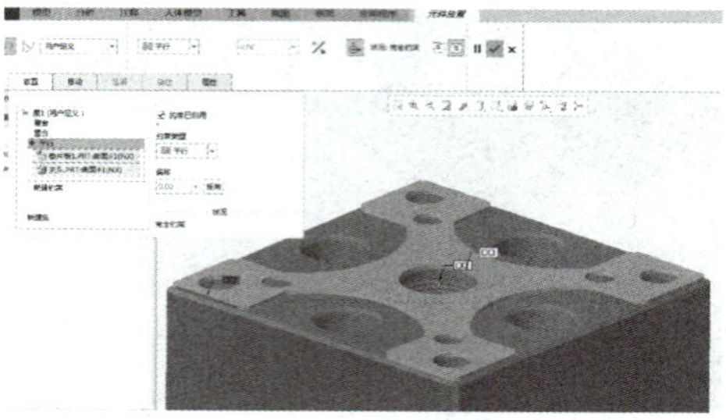 先点垫片1如图侧平面再选夹头如图侧平面	单击 按钮，约束类型选为"平行"，先点选垫片板1如图侧平面，再选夹头如图侧平面，完成平行约束放置。单击 按钮完成连接
6 圆垫片装配	调用指令	单击 按钮，弹出"打开"对话框，选择工作目录中的"垫片.prt"，预览，打开，将垫片调入绘图区中	
	平面特征重合对齐	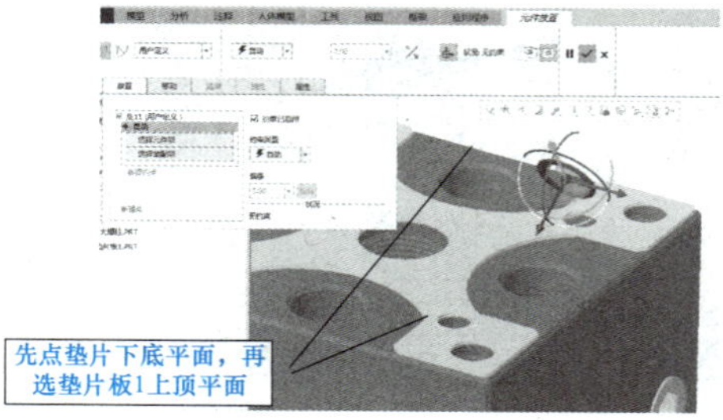 先点垫片下底平面，再选垫片板1上顶平面	单击"放置"选项，均可默认自动约束集和约束类型，点选垫片下底平面，再选垫片板1上顶平面，完成重合约束放置

· 184 ·

续表

任务	步骤	操作结果	操作说明
6 圆垫片装配	圆柱特征同心重合	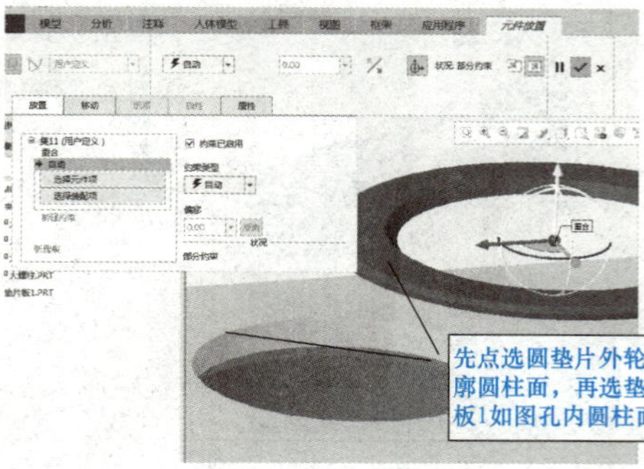 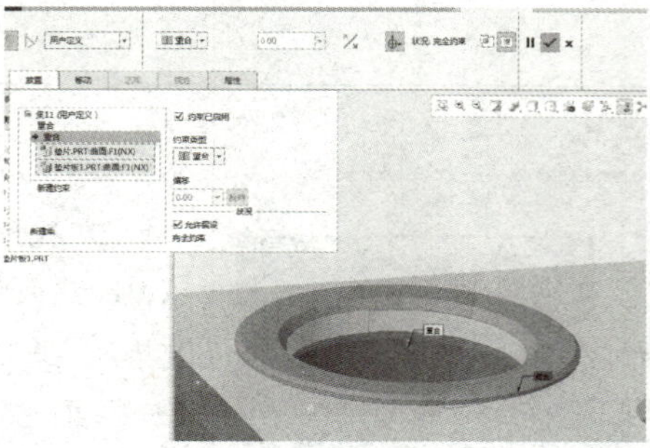 先点选圆垫片外轮廓圆柱面,再选垫片板1如图孔内圆柱面	单击 按钮,选择约束集和约束类型为自动先点圆垫片外轮廓圆柱面,再选垫片板1如图孔内圆柱面,完成重合约束放置。 单击 按钮完成圆垫片装配
	完成其余三个圆垫片的装配	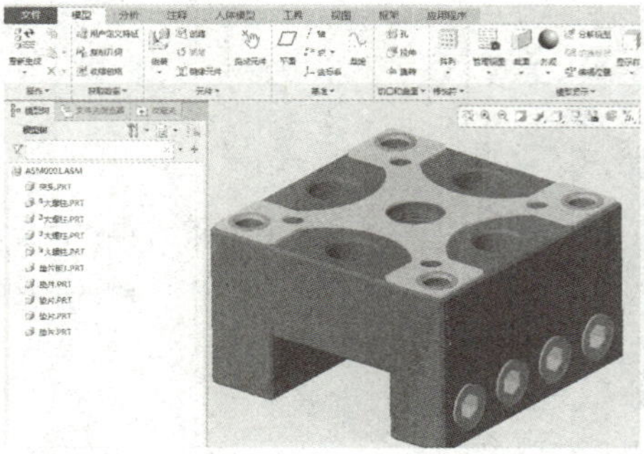	重复以上操作完成另外三个圆垫片的装配。 单击 按钮打开基准线显示,关闭其他基准显示,以使画面清晰
7 垫片板2的装配	调用指令	单击 按钮,弹出"打开"对话框,选择工作目录中的"垫片板2.prt",预览,打开,将垫片板2调入绘图区中	

续表

任务	步骤	操作结果	操作说明
7 垫片板2的装配	平面特征重合对齐	点垫片板2下底平面再选垫片上顶平面	单击"放置"选项卡,均可默认自动约束集和约束类型,点选片板2下底平面,再选垫片上顶平面,完成重合约束放置
	平面特征重合对齐	点垫片板2侧平面再选垫片板1侧平面	单击"放置"选项卡,均可默认自动约束集和约束类型,点选垫片板2侧平面,再选垫片板1侧平面,完成重合约束放置
	平面特征重合对齐		操作同上。单击✓按钮完成圆垫片装配
8 小螺柱装配	调用指令	单击 按钮,弹出"打开"对话框,选择工作目录中的"小螺柱.prt",预览,打开,将零件调入绘图区中	

续表

任务	步骤	操作结果	操作说明
8 小螺柱装配	圆柱特征同心重合	点选螺柱外表面，再选螺孔外表面	单击操控板中的"用户定义"下拉按钮，展开连接列表，选择"圆柱"连接。 单击"放置"选项卡，"轴对齐方式"为点选螺柱外表面，再选择螺孔外表面，完成同心对齐约束放置
	平面约束距离对齐	点选小螺柱上顶面，再选垫片板2上平面	新建"刚性"约束集，"约束类型"选择为"距离"，点选小螺柱上顶面，再选垫片板2上平面，偏移值输入9。 单击 ✓ 按钮完成小螺柱装配
	完成剩余三颗小螺柱装配		重复以上操作完成剩余小螺柱装配。 注：装配过程也可以采用系统默认约束集和约束类型，直接点取相关面和修改约束类型即可

续表

任务	步骤	操作结果	操作说明
9 螺母装配	调用指令	单击 按钮弹出"打开"对话框，选择工作目录中的"螺母.prt"，预览，打开，将螺母调入绘图区中	
	圆柱同心操作	点选螺母螺孔内表面，再选小螺柱外表面	选择"放置"选项卡，"轴对齐方式"为点选螺母螺孔内表面，再选小螺柱外表面，完成同心对齐约束放置
	平面重合操作		点选螺母下底面，点选垫片板2上平面，完成螺母装配
	完成剩余三颗螺母装配		重复以上操作完成剩余螺母装配

续表

任务	步骤	操作结果	操作说明
10 螺母盖装配	调用指令	点选右工具栏工具→弹出"打开"对话框→点选工作目录中的螺母盖.prt→预览→打开→将螺母盖调入绘图区中	
	回转同心与平面重合操作	2.点选螺母盖下底面,再选螺母顶面 1.点选螺母盖斜面,再选螺母斜面	参照重复上步螺母装配任务过程即可完成螺母盖,进行装配
11 轴的装配	调用指令	单击 按钮,弹出"打开"窗口,选择工作目录中的"轴.prt",预览,打开,将轴调入绘图区中	
	回转同心与平面重合、平面平行操作		单击"放置"按钮点选轴任意圆柱面,点选垫片板1中心孔圆柱侧面,完成同心约束。 点选轴底面,点选垫片板1顶平面,完成平面重合约束。 点选轴一侧平面,点选对应夹头侧平面,选择约束类型"平行",完成平面平行约束。 单击 按钮完成轴装配

续表

任务	步骤	操作结果	操作说明
12 轴套的装配	调用指令	单击按钮,弹出"打开"对话框,选择工作目录中的"轴套.prt",预览,打开,将轴套调入绘图区中	
	回转同心与平面重合操作		单击"放置"选项卡,点选轴套任意圆柱面,点选轴任意圆柱面,完成同心约束。 点选轴套底面,点选对应轴上台阶平面,完成平面重合约束。 单击按钮完成轴套装配
13 螺钉的装配	调用指令	单击按钮,弹出"打开"对话框,选择工作目录中的"螺钉.prt",预览,打开,将螺钉调入绘图区中	
	回转同心与平面重合操作		单击"放置"对话框,点选螺钉任意圆柱面,点选轴套圆柱面,完成同心约束。 点选螺钉头底面,点选对应轴套上顶平面,完成平面重合约束。 单击按钮完成螺钉装配
	最终装配展示		模型树零部件名称前面显示小方框表示未完全约束,如本案例大螺柱安装到位后是可以转动的,但不影响实际的装配结果和应用。因此,本案例不一定完全约束固定所有零部件

续表

任务	步骤	操作结果	操作说明
14 存盘	保存设计文件	单击 按钮完成存盘	如果要改变目录存盘或名称，可执行"文件"→"另存为"命令，保存模型的副本
	小结	基础装配是将创建好的各个零件按一定的位置关系（通过约束）组装在一起的操作，保存的装配文件与零件相关联，必须与零件保存在同文件夹中，且零件不能缺失	

【例 11-2】 四连杆机构运动仿真

四连杆机构设计图形如图 11-7 所示。

图 11-7　四连杆机构设计图形

教学任务：

完成四连杆机构的仿真设计，掌握销钉连接和圆柱连接的应用，并熟悉运动仿真模型建立的过程。

操作分析：

在装配界面进行连接。本四杆机构共有 4 个铰链，其中 3 个使用"销钉"连接，最后一个需在"放置"选项卡中单击"新设置"添加一个"圆柱"连接。

在机构界面为机构添加一个伺服电机，选杆 2 为原动件，点选杆 1 与杆 2 连接轴为电机驱轴，再单击"机构分析"按钮，在弹出的对话框中单击"运行"按钮即可进行演示。

需要时可单击"运动回放"按钮进行动作回放，在其中可调整运动的快慢、正反播放、行循环播放。

(1)"销钉"连接操作方法：在操控板单击 用户定义 下拉按钮展开连接下拉列表，选择"销钉"，在绘图点选两轴线，点选两连接平面，操控板上状态提示"完全连接定义"，单击按钮完成连接。

（2）"圆柱"连接操作方法与以上操作过程相同，圆柱操作只需选取一对轴线即可。

注意：杆件连接请按图11-7序号顺序，有字标识在同一方向，装配过程用"连接检查操作"验证连接正确，杆与杆之间不要出现相互干涉。

操作过程：

四连杆机构运动仿真操作过程见表11-2。

表11-2　四连杆机构运动仿真操作过程

任务	步骤	操作结果	操作说明
1 操作准备	复制文件	设置工作目录，将连杆组件复制到工作目录下	如果"我的文档"不是默认工作目录，则设置复制文件夹为工作目录
2 新建文件	新建零件文件	新建文件名：SL11－2.asm	新建文件操作参见基本操作步骤
3 装配机架	调用指令 缺省约束		单击按钮，弹出"打开"对话框，选择工作目录中的SL11－2－1.prt，预览，打开，在绘图区调入机架(杆1)模型。单击操控板中的下拉按钮，展开约束下拉列表选择默认，单击按钮完成装配
4 连接杆2	调用指令	单击按钮，弹出"打开"对话框，选择工作目录中的"SL11－2－2.prt"，预览，打开，将杆2调入绘图区中	单击按钮打开基准线显示，关闭其他基准显示，以使画面清晰
	销钉连接 点选两线		单击操控板中的下拉按钮展开连接下拉列表，选择销连接。点选杆2上的轴线A_3，点选杆1上的轴线A_4

续表

任务	步骤	操作结果	操作说明
4 连接杆 2	销钉连接 点选两面		单击鼠标右键，在弹出的快捷中选择"移动元件"，将杆2拖移至杆1的上方，单击鼠标右键，在弹出的快捷菜单中选择"两个收集器"。点选杆2底平面1(此面被遮挡，需快速单击鼠标右键预选它，再单击鼠标左键即可选中此面)，点选杆1上平面2，操控板上状态提示"完全连接定义"
	操作结果		单击 ✓ 按钮完成连接，单击 按钮关闭基准线显示。单击 按钮拖动检查连接是否正确，杆2能绕销轴转动
5 连接杆 4	调用指令	单击 按钮，弹出"打开"对话框，选择工作目录中的"SL11-2-4.prt"，预览，打开，将杆4调入绘图区中	单击 按钮打开基准线显示，关闭其他基准显示，以使画面清晰
	销钉连接 点选两线		单击操控板中"用户定义"下拉按钮展开连接下拉列表，选择 销连接。使用"移动(平移)"操作将杆4销柱端拖移至杆1销孔端附近，旋转图形方位。点选杆4轴线 A_3，点选杆1轴线 A_3

193

续表

任务	步骤	操作结果	操作说明
5 连接杆 4	销钉连接 点选两面		点选杆 4 上平面 2，点选杆 1 下平面 1(此面被遮挡，需快速单击鼠标右键预选它，再单击鼠标左键即可选中此面)，操控板上状态提示"完全连接定义"(需翻转装配位置)，单击操控板中的"放置"选项卡，单击滑板中的"轴对齐"和"反向"，将杆 4 改变装配方向，单击"放置"选项卡，关闭滑板
	操作结果		单击 ✓ 按钮完成连接，单击 按钮关闭基准线显示。单击 按钮拖动检查连接是否正确，杆 4 能绕销轴转动
6 连接杆 3	调用指令	单击 按钮，弹出"打开"对话框，选择工作目录中的"SL11－2－3.prt"，预览，打开，将杆 3 调入绘图区中	单击 按钮打开基准线显示，关闭其他基准显示，以使画面清晰
	销钉连接 点选两线		单击操控板中"用户定义"下拉按钮展开连接下拉列表，选择 销连接。使用"移动(平移)"操作将杆 3 销柱端拖移至杆 4 销孔端附近，旋转图形方位。点选杆 3 轴线 A_3，点选杆 4 轴线 A_4

· 194 ·

课题 11　常用装配与机构运动仿真

续表

任务	步骤	操作结果	操作说明
6 连接杆 3	销钉连接点选两面		点选杆 3 上平面 1，点选杆 4 上平面 2，操控板上状态提示"完全连接定义"
	添加圆柱连接		虽已完全连接定义，但杆 2 和杆 3 还未连接，需添加一个"圆柱"连接。 单击操控板中的"放置"选项卡，单击"新建集"，再单击"放置"选项卡关闭滑板，单击操控板中的"用户定义"下拉按钮展开连接下拉列表，选择圆柱连接，点选杆 3 轴线，点选杆 2 轴线，完成杆 3 所有连接
	操作结果		单击 ✓ 按钮完成连接，单击按钮关闭基准线显示。 单击按钮拖动检查连接是否正确，杆 2、杆 3、杆 4 都能同步运动
7 进入机构界面	调用指令		单击主菜单栏"应用程序"选项卡，单击"机构"按钮，打开机构操作界面，可观察到连接轴显示的箭头

· 195 ·

続表

任务	步骤	操作结果	操作说明
8 定义伺服电机	调用指令		单击 按钮，弹出"伺服电动机定义"对话框
	点选驱动轴	点选轴线	在弹出对话框中单击 按钮，在绘图区点选杆2与杆1的连接轴，出现箭头表示电动机定义成功，在"伺服电动机定义"对话框中的收集器出现如下信息： Connection_1.axis_1
	设置电机参数		在"伺服电动机定义"对话框中单击"轮廓"标签，在"规范"选项组选择"速度"，在"模"选项组选用"常数"，设置"A"为100，单击"确定"按钮完成电机定义。 注：窗口中的A为"模"值，改变它可改变电机的转速
9 运行机构	调用指令		单击 按钮，弹出"分析定义"对话框，接受所有默认选项，单击"运行"按钮机构即开始运动。 注：改变"End Time"栏的数值可设置运行的时间。本例可将原默认值10改为30。 单击 确定 按钮保存连接文件

续表

任务	步骤	操作结果	操作说明
10 仿真重放	调用指令＋重放操作	（回放对话框与动画对话框界面）	单击 ◀▶ 按钮，弹出"回放"对话框，单击对话框的 ◀▶ 按钮，弹出"动画"对话框，单击 ▶ 按钮开始播放。对话框中的各按钮功能与一般录像播放设备相同，请读者在实际操作中了解其功能。单击 按钮可将运动保存为一个独立文件，当单击 按钮时可将保存的运动加回到机构中
11 存盘	保存设计文件	单击 按钮完成存盘	如果要改变目录存盘或名称，可执行"文件"→"另存为"命令，保存模型的副本
	小结	机构运动仿真是具有自由度连接的零件装配，"销钉"连接是创建关于轴的旋转运动副	

【例 11-3】 凸轮机构仿真

凸轮机构设计图形如图 11-8 所示。

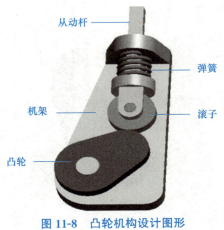

图 11-8 凸轮机构设计图形

教学任务：

完成凸轮机构运动仿真设计，学习应用"滑动杆"连接装配元件，学习定义弹簧操作和应用凸轮定义工具连接凸轮机构，创建凸轮机构仿真模型，复习销钉连接和运动仿真操作。

操作分析：

凸轮机构中的连接确定如下：

(1) 凸轮的运动是旋转，它与机架用"销钉"连接。

(2) 从动杆的运动是上下直线运动，它与机架用"滑动杆"连接。

(3) 滚子与凸轮的轮廓线线接触，既与从动杆一起上下直线运动，同时又转动，它与从动杆用"销钉"连接，与凸轮用"凸轮"连接。

(4) 弹簧用于生成保持从动杆上的滚子与凸轮接触的锁合力，通过两点来确定其位置。

操作过程：

凸轮机构仿真操作过程见表11-3。

表11-3 凸轮机构仿真操作过程

任务	步骤	操作结果	操作说明
1 操作准备	复制文件	设置工作目录，将凸轮机构零件复制到工作目录下	如果"我的文档"不是默认工作目录，请设置复制文件夹为工作目录
2 新建文件	新建零件文件	新建文件名：SL11－3.asm	新建文件操作参见基本操作步骤
3 装配机架	调用指令 缺省约束		单击 按钮，弹出"打开"对话框，选择工作目录中的"SL11－3－1.prt"，预览，打开，在绘图区调入机架模型。单击操控板中的 下拉按钮，展开约束下拉列表，选择 默认 选项，操控板上状态显示"完全约束"，单击 按钮完成装配

续表

任务	步骤	操作结果	操作说明
4 凸轮连接	调用指令	单击 按钮，弹出"打开"对话框，选择工作目录中的"SL11-3-2.prt"，预览，打开，将凸轮调入绘图区中	单击 按钮打开基准轴显示，关闭其他基准显示，以使画面清晰
	销钉连接 点选两线	点选两线	单击操控板中的 用户定义 下拉按钮展开连接下拉列表，选择 销连接。点选凸轮孔轴线 A_2，点选机架安装轴的轴线 A_8
	销钉连接 点选两面	1 2	使用"移动(平移)"操作将凸轮拖移至机架的上方。点选凸轮下平面1(此面被遮挡，需先单击鼠标右键预选它，再单击鼠标左键即可选中此面)，点选机架上环形平面2，操控板上状态提示"完全连接定义"
	操作结果		单击 按钮完成连接，单击 按钮关闭基准线显示。单击 按钮，拖动检查凸轮连接是否正确，凸轮能转动
5 从动杆连接	调用指令	单击 按钮，弹出"打开"对话框，选择工作目录中的"SL11-3-3.prt"，预览，打开，从动杆调入绘图区中	单击 按钮打开基准轴显示，关闭其他基准显示，以使画面清晰

续表

任务	步骤	操作结果	操作说明
5 从动杆连接	滑动杆连接点选两线	点选两线	单击操控板上的 用户定义 下拉按钮，展开连接下拉列表，选择 滑块 连接。 点选从动杆轴线 A_6，点选机架安装孔轴线 A_11
	滑动杆连接点选两面	1 2	点选从动杆的上平面1，点选机架方孔内的侧平面2，操控板上状态提示"完全连接定义"
	操作结果		单击 ✓ 按钮完成连接，单击 按钮关闭基准线显示。 单击 按钮工具拖动检查连接是否正确，从动杆能往复直线运动，将从动杆拖移离开凸轮
6 滚子连接	调用指令	单击 按钮，弹出"打开"对话框，选择工作目录中的"SL11-3-4.prt"，预览，打开，将滚子调入绘图区中	单击 按钮打开基准轴显示，关闭其他基准显示，以使画面清晰

课题 11　常用装配与机构运动仿真

续表

任务	步骤	操作结果	操作说明
6 滚子连接	销钉连接 点选两线		使用"移动（平移）"操作将滚子拖移至从动杆安装孔附近。 单击操控板中的 用户定义 下拉按钮，展开连接下拉列表，选择 销连接。 点选滚子轴线，点选从动杆安装孔轴线
	销钉连接 点选两面		使用"移动（平移）"操作将滚子拖移至从动杆上方，单击 按钮关闭基准线显示。 点选滚子上平面 1，点选从动杆平面 2（此面被遮挡，需快速单击鼠标右键预选它，再单击鼠标左键即可选中此面），操控板上状态提示"完全连接定义"
	操作结果		单击 按钮完成连接，单击 按钮关闭基准线显示。 单选 按钮拖动检查连接是否正确，滚子能转动
7 进入机构界面	调用指令		单击"应用程序"选项卡，单击"机构"按钮，打开机构操作界面，此时可以观察到连接轴显示的箭头

续表

任务	步骤	操作结果	操作说明
8 凸轮定义	调用指令		单击"凸轮"按钮，弹出"凸轮从动机构连接定义"对话框，单击按钮，弹出"选择"对话框，提示到绘图区取选凸轮的工作表面(整个侧面)
	点选凸轮工作表面		按住 Ctrl 键，点选凸轮的工作表面，单击"选择"对话框的"确定"按钮，凸轮1收集器中出现
	调用指令		在"凸轮从动机构连接定义"对话框单击"凸轮2"选项卡，单击按钮，弹出"选择"对话框，提示操作到绘图区去点选滚子的工作表面
	点选凸轮工作表面		按住 Ctrl 键，点选小滚子的工作表面，单击"选择"框的"确定"按钮，凸轮2收集器出现
	操作结果		此时在绘图区凸轮与滚子之间出现定义标识。 在"凸轮从动机构连接定义"对话框单击"确定"按钮，完成凸轮连接

续表

任务	步骤	操作结果	操作说明
9 弹簧定义	调用指令	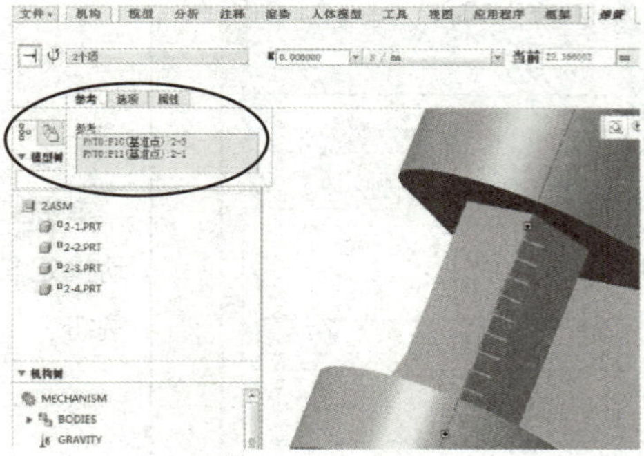	单击 点显示 按钮打开基准点显示。 单击 按钮，弹出“定义弹簧”对话框，单击“参考”选项卡，在绘图区点选 PNT0，按住 Ctrl 键，在绘图区点选另一 PNT0
	给定弹簧直径	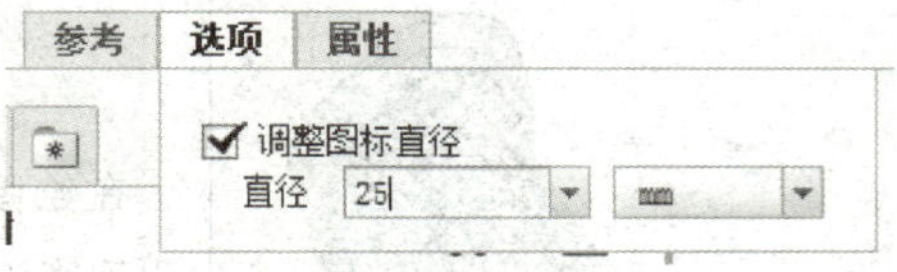参考 选项 属性 调整图标直径 直径 25	单击“定义弹簧”对话框中的“选项”选项卡，勾选“调整图标直径”复选框，在“直径”栏中输入 25，再单击“选项”选项卡关闭选项窗口
	给定弹簧参数	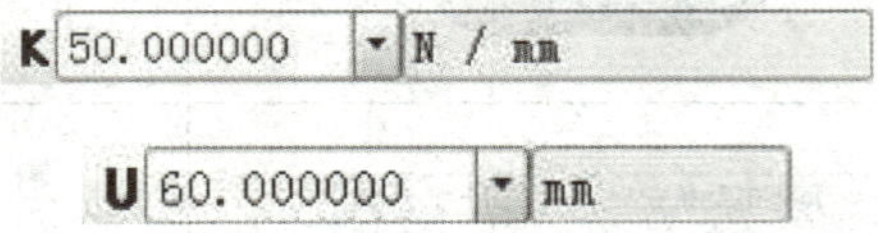K 50.000000 N / mm U 60.000000 mm	在“定义弹簧”对话框各栏中输入参数，单击 按钮完成弹簧定义。 注：可尝试改变参数值，单击“应用”按钮后观察弹簧的变化情况
	操作结果	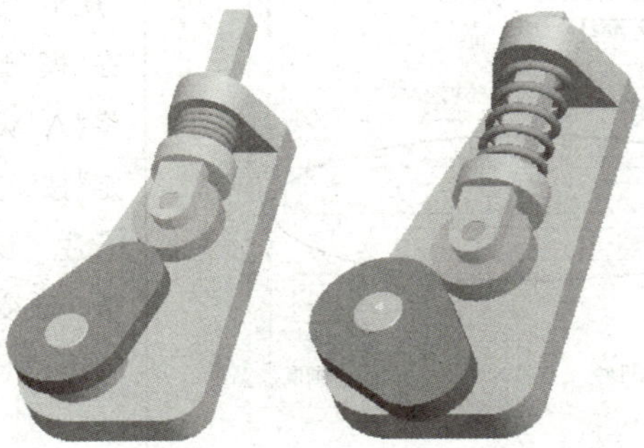 弹簧压缩　　弹簧复位	单击 按钮工具拖动检查连接是否正确，弹簧在压缩和复位时的位置如图所示

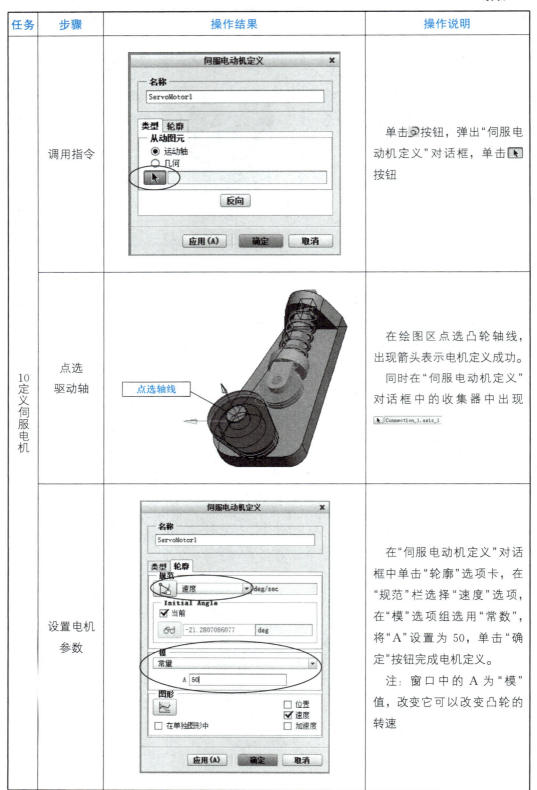

续表

任务	步骤	操作结果	操作说明
11 运行机构	调用指令	（"分析定义"对话框，End Time 为 10）	单击■按钮，弹出"分析定义"对话框，接受所有默认选项，单击"运行"按钮机构即开始运行。 注：改变"End Time"栏的数值可设置运行的时间。本例可将原默认值 10 改为 40。 单击 确定 按钮保存连接文件
12 仿真重放	调用指令＋重放操作	（"回放"对话框与"动画"播放控制面板）	单击◀▶按钮，弹出"回放"对话框，单击对话框的◀▶按钮，弹出"动画"对话框，单击"动画"的 ▶ 按钮开始播放，单击不同的按钮可进行播放控制。 单击"捕获"按钮可播放录像，录像格式为 MPEG
13 存盘	保存设计文件	单击■按钮完成存盘	如果要改变目录存盘或名称，可执行"文件"→"另存为"命令，保存模型的副本
小结		本例用"销钉"连接定义凸轮、滚子的旋转运动副，"凸轮"连接定义凸轮间的轮廓线接触，"滑动杆"连接定义滑块的直线运动副，复位弹簧需定义弹性系数及自然长度等参数	

【例 11-4】 齿轮传动仿真

齿轮传动设计图形如图 11-9 所示。

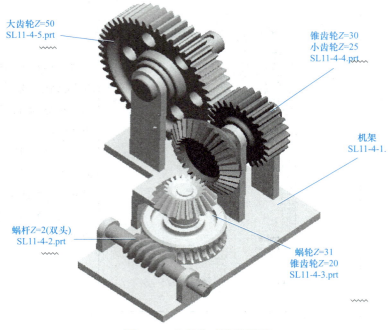

图 11-9 齿轮传动设计图形

教学任务：

完成齿轮机构运动仿真设计，学习应用齿轮副定义工具连接齿轮，创建齿轮传动仿真模型，复习销钉连接和运动仿真操作。

操作分析：

本实训包括蜗杆/蜗轮传动、锥齿轮传动、直齿圆柱齿轮传动的连接定义。

(1)在组件界面，将各齿轮轴以"销钉"进行连接。

(2)在机构界面，针对每对齿轮进行"齿轮"连接。

说明：齿轮连接并非靠齿廓间的接触传递运动，而是根据每个齿轮的传动比来确定传动关系，仿真运动要求给出齿轮的转数关系(节圆或齿数)，同时注意调整齿轮的转向。

操作过程：

齿轮传动仿真操作过程见表 11-4。

表 11-4 齿轮传动仿真操作过程

任务	步骤	操作结果	操作说明
1 操作准备	复制文件	设置工作目录，将齿轮传动机构零件复制到工作目录下	如果"我的文档"不是默认工作目录，则设置复制文件夹为工作目录

续表

任务	步骤	操作结果	操作说明
2 新建文件	新建零件文件	新建文件名：SL11－4.asm	新建文件操作参见基本操作步骤
3 装配机架	调用指令 默认约束		单击 按钮，弹出"打开"对话框，选择工作目录中的"SL11－4－1.prt"，预览，打开，在绘图区调入机架模型。 单击操控板中的 下拉按钮，展开约束下拉列表，选择 默认，单击 按钮完成装配
4 蜗杆连接	调用指令	单击 按钮，弹出"打开"对话框，选择工作目录中的"SL11－4－2.prt"，预览，打开，将蜗杆调入绘图区中	单击 按钮打开基准轴显示，关闭其他基准显示，以使画面清晰
	销钉连接 点选两线	点选两轴线	使用"移动（平移）"操作将蜗杆拖移至机架安装孔附近。 单击操控板中的 用户定义 下拉按钮，展开连接定义下拉列表，选择 销 连接。 点选蜗杆轴线，点选机架安装孔轴线

续表

任务	步骤	操作结果	操作说明
4 蜗杆连接	销钉连接点选两面		使用"移动(平移)"操作将蜗杆拖移至机架安装孔附近。 点选蜗杆端面1,点选机架平面2(需翻转装配位置),单击操控板中的"放置"选项卡,单击"轴对齐"和"反向",将蜗杆改变装配方向,单击"放置"选项卡关闭滑板
	操作结果		操控板上状态提示"完全连接定义",单击 ✓ 按钮完成连接,单击 按钮关闭基准轴显示。 单击 按钮拖动检查连接是否正确,蜗杆能绕其轴转动
5 蜗轮与锥齿轮轴的连接	调用指令	单击 按钮,弹出"打开"对话框,选择工作目录中的"SL11—4—3.prt",预览,打开,将蜗轮/锥齿轮轴调入绘图区中	单击 按钮打开基准轴显示,关闭其他基准显示,以使画面清晰
	销钉连接点选两线		使用"移动(平移)"操作将调入构件拖移至机架安装孔附近。 单击操控板中的 用户定义 下拉按钮,展开连接定义下拉列表,选择 销 连接。 点选调入构件轴线,点选机架安装孔轴线

续表

任务	步骤	操作结果	操作说明
5 蜗轮与锥齿轮轴的连接	销钉连接 点选两面		点选调入构件环形平面1，点选机架环形平面2(需翻转装配位置)，单击操控板中的"放置"选项卡，单击"轴对齐"和"反向"，调入构件改变装配方向，单击"放置"选项卡关闭滑板
	操作结果		操控板上状态提示"完全连接定义"，单击 ☑ 按钮完成连接，单击 ☒ 按钮关闭基准轴显示。 单击 ✋ 按钮拖动检查连接是否正确，蜗轮/锥齿轮轴能绕其轴转动
	啮合对齐		翻转图形到利于观察轮齿啮合情况位置，单击 ✋ 按钮旋动蜗轮，使轮齿处于正常啮合位置。 说明：当用仿真检查齿轮干涉情况时需做严格啮合对齐。本例只是做仿真运动，对齐只需简单操作即可

续表

任务	步骤	操作结果	操作说明
6 锥齿轮与小齿轮轴的连接	调用指令	单击 按钮，弹出"打开"对话框，选择工作目录中的"SL11－4－4.prt"，预览，打开，将锥齿轮/小齿轮轴调入绘图区中	单击 按钮，打开基准轴显示，关闭其他基准显示，以使画面清晰
	销钉连接 点选两线	点选两轴线	使用"移动(平移)"操作将调入构件拖移至机架安装孔附近。单击操控板中的"用户定义"下拉按钮，展开连接下拉列表，选择 销连接。点选调入构件轴线，点选机架安装孔轴线
	销钉连接 点选两面		使用"移动(平移)"操作将锥齿轮/小齿轮轴拖移至机架上方。点选锥齿轮/小齿轮轴环形平面1，点选机架平面2(此面被遮挡，需快速单击鼠标右键预选它，再单击鼠标左键即可选中此面)
	操作结果		操控板上状态提示"完全连接定义"，单击 按钮完成连接，单击 按钮关闭基准轴显示。单击 按钮拖动检查连接正确，锥齿轮/小齿轮轴能绕其轴转动
	啮合对齐		翻转图形到利于观察轮齿啮合情况位置，单击 按钮旋动大锥齿轮，使轮齿处于正常啮合位置

续表

任务	步骤	操作结果	操作说明
7 大齿轮连接	调用指令	单击按钮，弹出"打开"对话框，选择工作目录中的"SL11－4－5.prt"，预览，打开，将齿轮轴调入绘图区中	单击按钮，打开基准轴显示，关闭其他基准显示，以使画面清晰
	销钉连接 点选两线	点选两轴线	使用"移动(平移)"操作将调入构件拖移至机架安装孔附近。单击操控板中的"用户定义"下拉按钮，展开连接列表，选择销连接。点选齿轮轴的轴线，点选机架安装孔轴线
	销钉连接 点选两面	1　2	点选齿轮轴环形平面1，点选机架平面2(装配位置需翻转)，单击操控板中的"放置"选项卡，单击"轴对齐"和"反向"将齿轮轴改变装配方向，单击"放置"选项卡关闭滑板，操控板上状态提示"完全连接定义"
	操作结果		单击按钮完成连接，单击按钮关闭基准轴显示。单击按钮拖动检查连接是否正确，齿轮轴能绕其轴转动
	啮合对齐		翻转放大图形到利于观察轮齿啮合情况位置，单击按钮旋动大齿轮，使轮齿处于正常啮合位置

续表

任务	步骤	操作结果	操作说明
8 进入机构界面	调用指令		单击主菜单的"应用程序"选项卡，单击"机构"按钮，打开机构操作界面，此时可观察到连接轴显示的箭头
9 蜗杆蜗轮副定义	调用指令		单击 按钮，弹出"齿轮副定义"对话框，单击"齿轮1"选项卡，单击 按钮弹出"选择"对话框，提示到绘图区选取齿轮1的连接轴，在绘图区点选蜗杆连接轴
	点选连接轴线		单击"齿轮2"选项卡，单击 按钮，弹出"选择"对话框，提示到绘图区选取齿轮2的连接轴，在绘图区点选蜗轮的连接轴
	给定齿数		单击"属性"选项卡，单击"齿轮比"的下拉按钮，展开下拉列表，选择"用户定义"，在 D1 输入框输入蜗杆齿数(头数)2，在 D2 输入框输入蜗轮齿数 31，单击"确定"按钮完成齿数定义。图形中出现齿轮图案和箭头(表示轴的转动方向)

· 212 ·

续表

任务	步骤	操作结果	操作说明
10 锥齿轮副定义	调用指令＋点选连接轴线＋给定齿数	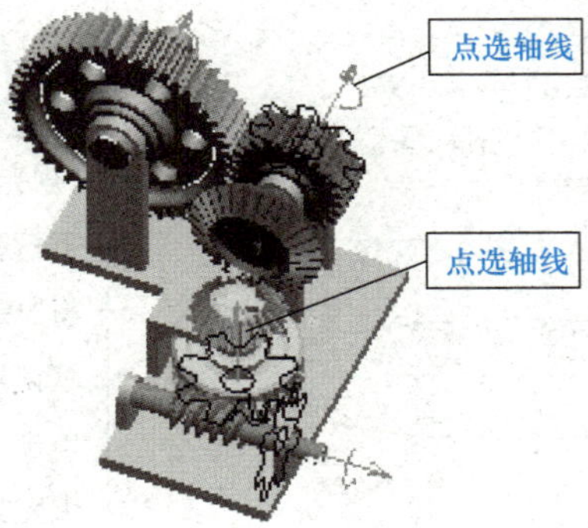	锥齿轮副定义与蜗轮蜗杆副定义步骤相同，具体操作请参照前面步骤，定义"齿轮1"和"齿轮2"的操作顺序是：先点选小锥齿轮轴的连接轴线，再点选大锥齿轮轴的连接轴线，在 D1、D2 输入框中输入 20、30，单击"确定"按钮。操作完成后显示如图所示
11 直齿圆柱齿轮副定义	调用指令＋点选连接轴线＋给定齿数		直齿圆柱齿轮副的定义与蜗轮蜗杆副的定义步骤相同，具体操作请参照前面步骤，定义"齿轮1"和"齿轮2"的顺序是：先点选小齿轮轴的连接轴线，再点选大齿轮的连接轴线，在 D1、D2 输入框中输入 25、50，单击"确定"按钮。操作完成后显示如图所示
12 定义伺服电机	调用指令＋点选连接轴线	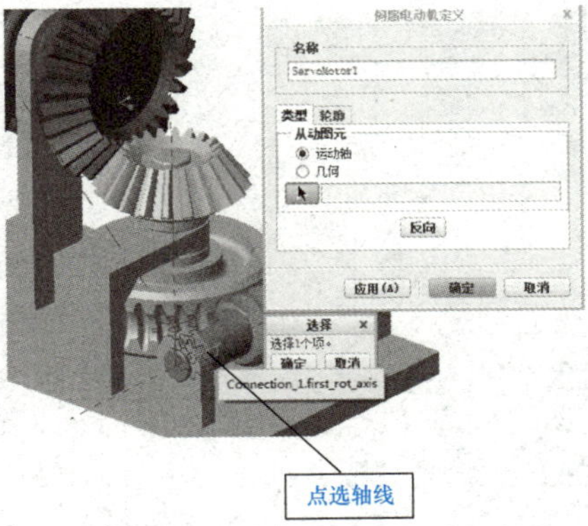	单击按钮，弹出"伺服电动机定义"对话框，单击按钮，在绘图区点选蜗杆的连接轴，出现箭头表示电机定义成功

续表

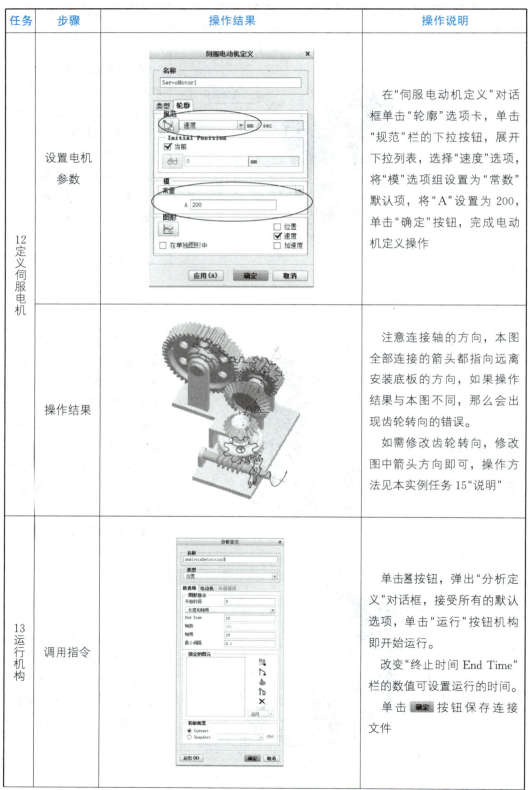

任务	步骤	操作结果	操作说明
12 定义伺服电机	设置电机参数		在"伺服电动机定义"对话框单击"轮廓"选项卡,单击"规范"栏的下拉按钮,展开下拉列表,选择"速度"选项,将"模"选项组设置为"常数"默认项,将"A"设置为200,单击"确定"按钮,完成电动机定义操作
	操作结果		注意连接轴的方向,本图全部连接的箭头都指向远离安装底板的方向,如果操作结果与本图不同,那么会出现齿轮转向的错误。如需修改齿轮转向,修改图中箭头方向即可,操作方法见本实例任务15"说明"
13 运行机构	调用指令		单击 按钮,弹出"分析定义"对话框,接受所有的默认选项,单击"运行"按钮机构即开始运行。改变"终止时间 End Time"栏的数值可设置运行的时间。单击 确定 按钮保存连接文件

· 214 ·

续表

任务	步骤	操作结果	操作说明
14 仿真重放	调用指令＋重放操作		单击◀▶按钮,弹出"回放"对话框,单击窗口的◀▶按钮,弹出"动画"对话框,单击"动画"对话框,按钮▶开始播放,单击其他按钮可得到多种播放效果(读者自己进行尝试)
15 说明	修改齿轮转向操作		在绘图区点选齿形图案(显绿线),单击鼠标右键弹出快捷菜单,选择"编辑此图元",返回"齿轮副定义"对话框,点选"齿轮1"或"齿轮2",单击☒按钮,即可完成齿轮轴转向的修改
16 存盘	保存设计文件	单击🖫按钮完成存盘	如果要改变目录存盘或名称,可执行"文件"→"另存为"命令,保存模型的副本
	小结	齿轮属于旋转运动用"销"连接,并通过齿轮传动比定义齿轮副的运动关系,齿处啮合只能靠手动调整	

五、强化训练

LX11－1　万向联轴器运动仿真 练习要点：销钉连接	提　示
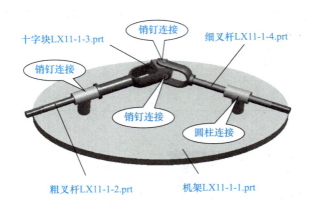	（1）连接顺序：机架→粗叉杆→十字块→细叉杆，前三个构件都使用销钉连接，最后的细叉杆连接是关键，先将细叉杆用销钉连接到十字块上，然后单击操控板上的"放置"选项卡，单击"新建集""圆柱"，再将它与机架连接； （2）伺服电机加在粗叉杆的连接轴上，模取常数，A 取 100
LX11－2　曲柄滑块机构运动仿真 练习要点：滑动杆连接	提　示
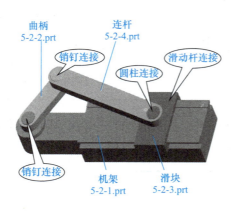	（1）连接顺序：机架→曲柄→滑块→连杆，曲柄装到机架上用销钉连接，滑块装到机架上用滑动杆连接，最后的连杆连接是关键，先将连杆用销钉连接到机架上，然后单击操控板上的"放置"选项卡，单击"新建集""圆柱"，再将它与滑块连接； （2）伺服电机加在曲柄连接轴上，模取常数，A 取 100 左右

续表

	提 示
LX11－3　螺旋机构运动仿真 练习要点：槽连接 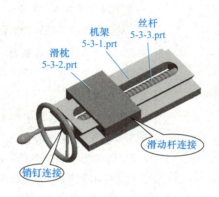 "槽"连接说明： 　　螺旋传动仿真用到"槽"连接：⚬槽，该连接实际上是一个点将被约束在线上，当点选了"槽"连接后，再打开"放置"选项卡可见到"直线上的点"字样。该连接操作：先点选曲线，再点选点即可完成。 　　本例"槽"连接操作如下图示(底视图)：单击操控板的"用户定义"下拉按钮展开连接下拉列表，选择⚬槽，点选丝杆上的螺旋曲线，点选滑枕螺母上的点 PNT0 即可完成，连接成功时将显示一个半圆形的槽形图标。 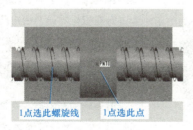	(1)连接顺序：机架→滑枕→丝杆，滑枕装到机架上用"滑动杆"连接，丝杆装到机架上用"销钉"连接，连接丝杆与滑枕，单击操控板上的"放置"选项卡，单击"新建集""槽"，点选丝杆上的螺旋曲线，点选滑枕螺母上的点 PNT0； (2)伺服电机加在丝杆连接轴上，为使螺母移动到头时减速并反方向移动，模选"余弦"，A 取 200，B 和 C 取 0，T 取 150，将终止时间设为 60，即可看到滑枕反方向移动。 　　本例参考答案中使用了"快照"，即将滑枕在开始运行的位置拍照，在"分析定义"对话框单击"快照"按钮，再点选在同一行的眼镜图标，滑枕即回到开始运行的位置

续表

	提　示
LX11－4　行星轮系运动仿真 练习要点：齿轮连接 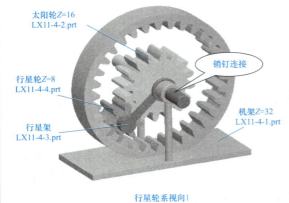 行星轮系视向1  行星轮系视向2	(1)连接顺序：机架→太阳轮→行星架→行星轮，全部构件的连接都选用销钉。 (2)啮合对齐操作：完成全部构件的连接后，轮齿并未处于正确的啮合位置，严格对齐时要使用到创建齿廓的对照基准面进行对齐，本例只要求用"拖移"按钮将轮齿拖移至啮合位置即可。 (3)伺服电机加在太阳轮连接轴上。模取常数，A取100左右。 (4)仿真成败关键是齿轮定义操作，操作方法与前述的定轴轮系定义相同，可参考齿轮传动实训题的操作说明。 (5)齿轮定义操作： 1)太阳轮与行星轮的啮合，齿轮1是太阳轮，输入齿数16；齿轮2是行星轮，输入齿数8。 2)行星轮与机架固定轮的啮合，齿轮1是行星轮，输入齿数8；齿轮2是固定轮，输入齿数32
LX11－5　槽轮机构仿真 练习要点：凸轮连接 	提　示 (1)在组件界面下，采用"销钉"连接将槽轮装配到机架上，将拨轮装配到机架上。 (2)在机构界面，使用凸轮定义工具连接槽轮与拨轮，虽然两者并非连续接触，但连接操作与例11-3的凸轮定义操作基本相同。 (3)拨轮销在刚插入到槽轮槽时将发生碰撞，为了减少碰撞运动的影响，将碰撞设置为非完全碰撞，将恢复因子e设置在0.5左右

课题 12　工程图设计

一、教学知识点

(1)工程图的基本设置与修改；
(2)各种视图的生成与修改方法；
(3)标注与修改方法；
(4)视图的显示设置操作；
(5)工程图的保存操作；
(6)工程计算和文件转换。

课题 12　数字资源

二、教学目的

理解 Creo 5.0 二维工程图的意义，熟悉创建工程图的种类与方法，会对工程图的基本环境进行设置与修改，能将 Creo 5.0 三维零件模型和组件模型转换为二维工程图的各种视图，并对视图有关项目进行标注与修改。

三、教学内容

1. 基本操作步骤

(1)新建文件。执行"文件"→"新建"命令(或单击 按钮)，弹出"新建"对话框，选择"类型"下的"绘图"单选按钮，在"文件名"栏命名(可接受默认名)，取消"使用默认模板"的勾选，单击"确定"按钮，弹出"新建绘图"对话框(单击"默认模型"项的"浏览"按钮，选定一个三维模型，单击"打开"按钮)，在"指定模板"项选择 单选按钮，在"方向"项选择图纸放置方向("纵向""横向""可变")，在"大小"项选择图纸幅面(如 A3)，单击"确定"按钮。

(2)工程图的基本设置。软件对工程图几乎所有要素都进行了参数设置，使用时可以根据工作需要，调整参数，绘制出符合标准的工程图。初学者可以按下面的操作进行简单设置，等熟悉软件后可以再做进一步设置。

执行"文件"→"准备"→"绘图属性"命令，单击"详细信息选项"右侧的"更改"按钮，弹出"选项"对话框，单击 按钮(打开软件安装根目录下的设置文件 *：\ Program Files \ PTC \ Creo

5.0 \ Common Files \ text \ cns _ cn. dtl），根据表 12-1 进一步设置（可"按字母顺序"快速查找），单击按钮（保存至工作目录，文件名默认为"活动绘图"），单击"确定"按钮；如需重命名则执行"文件"→"重命名"命令，在新名称栏输入新文件名后单击"确定"按钮。

表 12-1 工程图的基本参数设置表

选项	设定参数	说明
arrow _ style	filled	设置尺寸箭头类型为实心箭头
axis _ interior _ clipping	no	设置轴线不从中间修剪
cutting _ line	std _ gb	设置剖切线的显示方式为国标（短粗实线）
drawing _ units	mm	设置工程图单位
half _ section _ line	centerline	设置半剖视图分割线为中心线
projection _ type	first _ angle	设置视图投影方法为第一角投影
show _ total _ unfold _ seam	no	设置全部展开剖视图的中间切缝不显示
tol _ display	yes	设置显示尺寸公差

（3）创建各种视图。

1）主视图：单击按钮，单击绘图区指定视图放置位置，视图方向指定几何参照（一般指定前、上参照），确定；

2）俯视图、左视图等其他视图：在有其他视图的情况下，单击投影视图按钮，选择投影俯视图（如果只有一个视图则会自动选取），指定俯视图、左视图等其他视图位置；

3）向视图：单击辅助视图按钮，在俯视图上指定前观察面，指定视图位置；

4）局部放大视图：工具→指定俯视图放大部位中心点→画封闭样条线→指定局部放大视图位置→修改放大比例→调整局部放大视图注释的位置；

5）全剖视图：选择视图→绘图视图对话框→创建 2D 截面→完全；

6）半剖视图：选择视图→绘图视图对话框→创建 2D 截面→一半→剖切侧；

7）局部剖视图：选择视图→绘图视图对话框→创建 2D 截面→局部→剖切中心点→样条线；

8）旋转剖：选择视图→绘图视图对话框→创建 2D 截面→全部对齐。

（4）显示视图中心线。在注释状态下单击"显示模型注释"按钮，弹出"显示模型注释"对话框，单击按钮，点选绘图区左侧绘图树中需显示中心线的视图（选多个视图时需按住 Ctrl 键），单击对话框下按钮，单击"确定"按钮，删除多余中心线，调整中心线长度。

（5）设置视图显示方式。在布局状态下选择视图，单击鼠标右键弹出快捷菜单，选择"属性"，设置视图显示方式为"隐藏线"和"无"。

（6）视图属性修改。选择一个视图，单击鼠标右键弹出快捷菜单，选择"属性"，进行属性修改。

（7）尺寸标注。单击按钮，"尺寸-新参照"→…

(8)尺寸修改。选择一个尺寸标注,单击鼠标右键弹出快捷菜单,选择"属性"选项,进行尺寸修改。

2. 操作要领与技巧

(1)向视图中有"局部"和"单个零件曲面"的选择,注意此时结果视图的区别。

(2)工程图与对应的三维模型相关联,修改三维模型中的任一尺寸,工程图中所有视图的相应尺寸也会随之更新;也可反向操作,修改工程图任一尺寸,三维模型也会随之更改;在设计过程中建议采用前一种修改方法。

(3)在工程图创建过程中,"布局"和"注释"两种状态需经常切换,视图和剖视图的创建和修改、移动必须在"布局"状态才能进行,创建和修改注释、尺寸、中心线等,则须在"注释"状态才能进行。

(4)在创建旋转剖的全剖视图时,将剖切平面所垂直的相应视图(显示剖切符号和箭头的视图)创建为普通视图,剖视图的视图创建为投影视图,否则在将该视图转换为剖视图时,绘图视图对话框中"剖切区域"的"全部(对齐)"选项不可用。

(5)由于工程图与对应的三维模型相关联,文件必须与对应的三维模型保存在同一目录下,否则无法打开工程图文件。

四、学习实例

【例 12-1】 格式/模板图的创建与导入

A4 格式文件/A4 模板文件如图 12-1 所示。

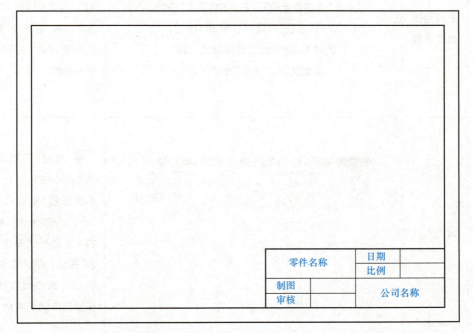

图 12-1 A4 格式文件(A4—GS.frm)/A4 模板文件(A4—MB.drw)

教学任务：

完成 A4－GS.frm 和 A4－MB.drw 文件的设计，掌握工程图的基本设置与修改。

操作分析：

(1) 格式文件与模板文件的文件扩展名不同，绘制图框的方法也不同，注意技巧。

(2) 标题栏是在"表"选项卡激活状态下操作，可单独保存为 *.tbl 文件。

操作过程：

(1) A4 格式文件（A4－GS.frm）的创建，见表 12-2。

表 12-2　A4 格式文件的创建过程

任务	步骤	操作结果	操作说明
1 新建文件	新建文件并修改相关参数	新建文件名：A4－GS.frm	执行"文件"→"新建"命令，选择"格式"单选按钮，输入名称"A4－GS"，单击"确定"按钮，选择"空""横向""A4"图幅，单击"确定"按钮
2 设置工程图基本参数	更改绘图属性参数	执行"文件"→"准备"→"绘图属性"命令，单击"详细信息选项"右侧的"更改"按钮，弹出"选项"对话框，单击 按钮，选择之前创建的"活动绘图.dtl"设置文件，单击"确定"按钮	如未创建"活动绘图.dtl"，设置文件参见"三、教学内容"中的"基本操作步骤"下的"工程图的基本设置"
3 绘制图纸边框	调用工具		在"草绘"选项卡中单击 边按钮，在"菜单管理器"中选择"链图元"，选择 A4 图纸的 4 条边界线单击"确定"按钮，输入向内偏移 10，单击 按钮→按鼠标中键结束命令

续表

任务	步骤	操作结果	操作说明
4 绘制标题栏	调用工具	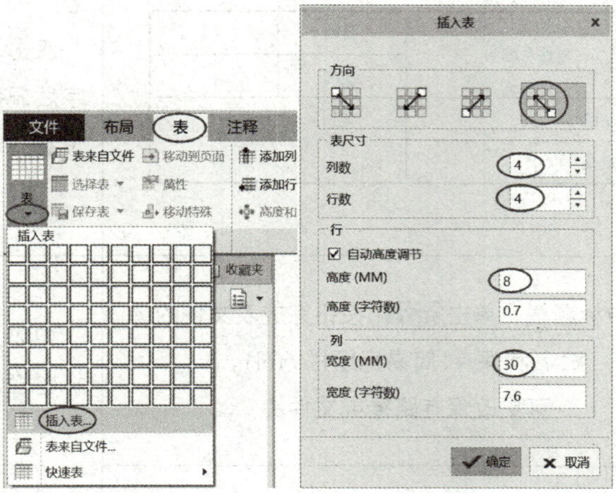	在"表"选项卡中单击"插入表"按钮,按图示进行设置,单击"确定"按钮
	放置表格	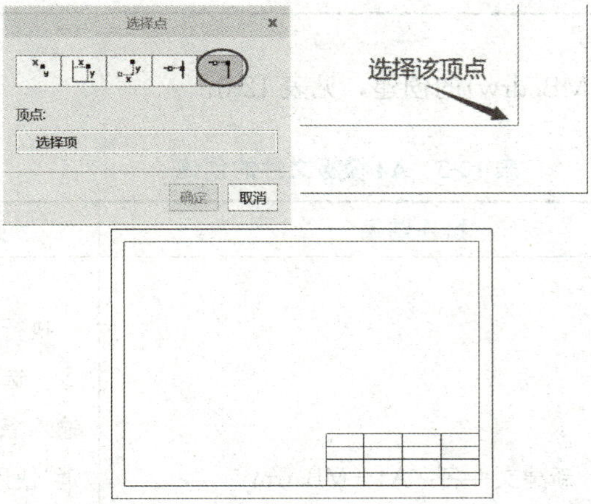	在"选择点"对话框中单击"选择顶点"按钮,选择右下角的绘制顶点,单击"确定"按钮
	合并单元格		在"表"选项卡中单击"合并单元格"按钮,选择要合并的单元格,按鼠标中键结束命令

续表

任务	步骤	操作结果	操作说明
4 绘制标题栏	填写文字	零件名称 / 日期 / 比例 / 制图 / 审核 / 公司名称	双击单元格填写相应文字后调整文字属性（大小、位置、间隔等）
5 存盘	保存表文件	选中标题栏，单击 保存表 按钮完成表文件的命名和保存（简易标题栏.tbl），可更改保存路径或文件夹	如以后用到可单独保存标题栏，以便调用
	保存格式文件	单击 按钮完成 A4－gs.frm 文件的存盘	如果要改变目录存盘或名称，可执行"文件"→"另存为"命令

（2）A4 模板文件（A4－MB.drw）的创建，见表 12-3。

表 12-3　A4 模板文件的创建

任务	步骤	操作结果	操作说明
1 新建文件	新建文件并修改相关参数	新建文件名：A4－MB.frm	执行"文件"→"新建"命令，选择"绘图"单选按钮，输入名称"A4－MB"→取消"使用默认模板"的勾选，单击"确定"按钮，选择"空""横向""A4"图幅，单击"确定"按钮
2 设置工程图基本参数	更改绘图属性参数	执行"文件"→"准备"→"绘图属性"命令，单击"详细信息选项"右侧的"更改"按钮，弹出"选项"对话框，单击 按钮，选择之前创建的"活动绘图.dtl"设置文件，单击"确定"按钮	如未创建"活动绘图.dtl"，设置文件参见"三、教学内容"中的"基本操作步骤"下的"工程图的基本设置"

续表

任务	步骤	操作结果	操作说明
3 绘制图纸边框	调用工具		在"草绘"选项卡中单击线按钮,在绘图区按住鼠标右键,选择"绝对坐标",依次输入(10,10)(287,10)(287,200)(10,200),完成第4条线的草绘,按鼠标中键结束命令
4 调用表文件	调用工具		在"表"选项卡中单击表来自文件按钮,选择之前保存的"简易标题栏.tbl"文件,选择顶点单击右下角点,确定。如未保存有表文件,参照"A4格式文件(A4-GS.frm)的创建"中的第4步进行创建
5 存盘	保存模板文件	单击■按钮完成 A4-MB.drw 文件的存盘	如果要改变目录存盘或名称,可执行"文件"→"另存为"命令

(3)格式/模板文件的导入,见表12-4。

表 12-4　格式/模板文件的导入过程

任务	步骤	操作结果	操作说明
新建文件	新建文件并修改相关参数		执行"文件"→"新建"命令,选择"绘图"单选按钮,取消"使用默认模板"的勾选单击"确定"按钮,根据需求指定模型与模板,单击"确定"按钮

225

续表

任务	步骤	操作结果	操作说明
	小结	三种指定模板的区别： 使用模板——必须指定模型文件，使用的模板文件可以不在同一工作目录下； 使用格式——可以不指定模型文件，使用的格式文件必须在同一工作目录下，否则容易出错； 空——可以不指定模型文件，需重新绘制图框与标题栏(标题栏可以导入)	

【例 12-2】 轴承座设计

轴承座视图如图 12-2 所示。

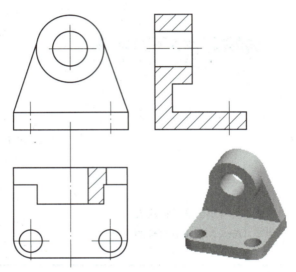

图 12-2 轴承座视图

教学任务：

完成轴承座模型的工程视图设计，掌握 Creo 5.0 工程图中基本视图(主视图、俯视图、左视图)和剖视图(全剖、半剖和局部剖)的创建方法，以及视图中心线显示和视图显示方式的设置方法。

操作分析：

该轴承座模型的工程图有主视图、俯视图、左视图三个视图。先创建主视图，然后再创建俯视图和左视图，在创建主视图时，参考 1 为支架体的前端面，参考 2 为带孔底板的上表面；最后将主视图改变为局部剖视图，左视图改变为全剖视图，俯视图改变为半剖视图。

操作过程：

轴承座视图创建过程见表 12-5。

表 12-5 轴承座视图创建过程

任务	步骤	操作结果	操作说明
1 新建文件	复制轴承座模型并新件	新建文件名：SL12-2.drw	将轴承座模型文件 SL12-2.prt 复制到工作目录，新建文件调用该模型和 A4-MB.drw 模板文件
2 设置工程图基本参数	更改绘图属性参数	执行"文件"→"准备"→"绘图属性"命令，单击"详细信息选项"右侧的"更改"按钮，弹出"选项"对话框，单击 📁 按钮，选择之前创建的"活动绘图.dtl"设置文件，单击"确定"按钮	如未创建"活动绘图.dtl"设置文件，参见"三、教学内容"中的"基本操作步骤"下的"工程图的基本设置"
3 创建主视图	调用工具	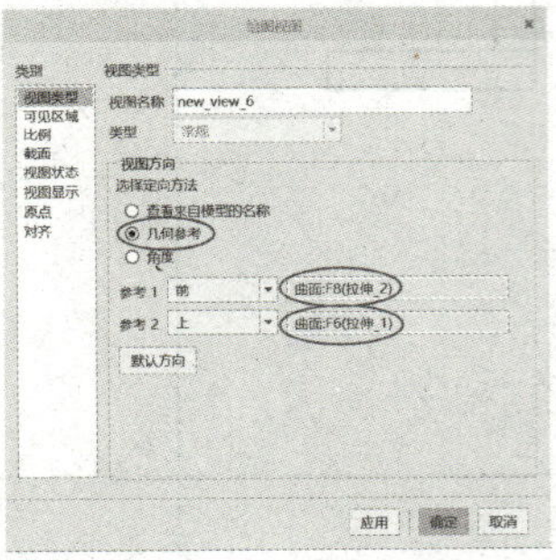 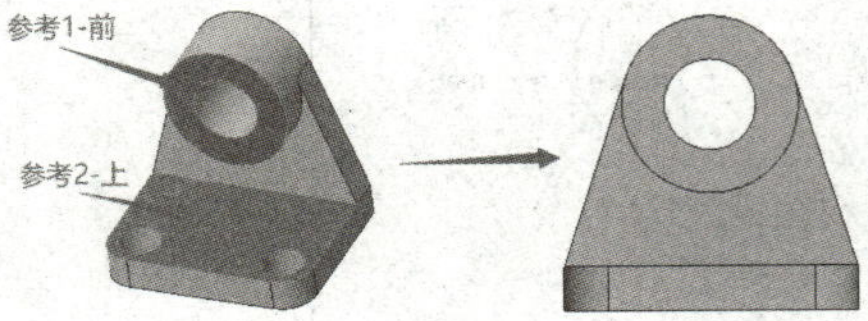 (对话框截图及模型示意图，参考1-前，参考2-上)	(1) 单击 按钮，单击绘图区指定视图放置位置；也可单击鼠标右键，在弹出的快捷菜单中选择"普通视图"。如弹出"选择组合状态"对话框可直接单击"确定"按钮。 (2) 选择"绘图视图"对话框中的"几何参考"单选按钮，在模型上先后点选如图中所示两个面（可以通过鼠标右键切换选择对象选看不到的面），单击"确定"按钮，完成主视图的操作
4 创建俯视图和左视图	调用工具	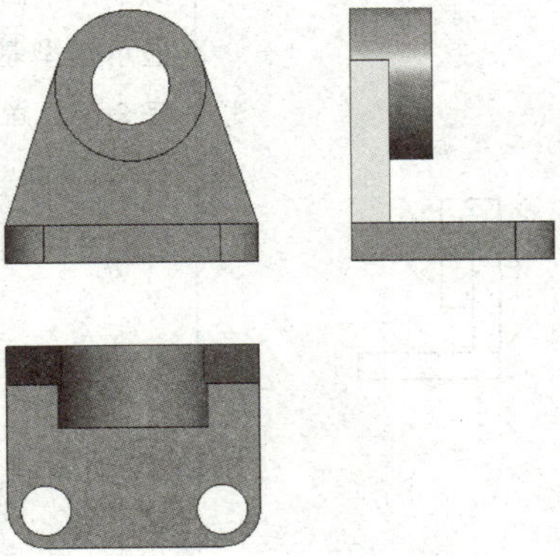 (三视图示意图)	选中主视图，单击 投影视图 按钮，在主视图下方适当位置单击指定俯视图放置位置，完成俯视图操作； 同理，在主视图右侧完成左视图操作。 对任意视图单击鼠标右键，单击 锁定视图移动 按钮即可切换视图是否可以移动。 双击绘图区左下角"比例"更改图纸比例至合适

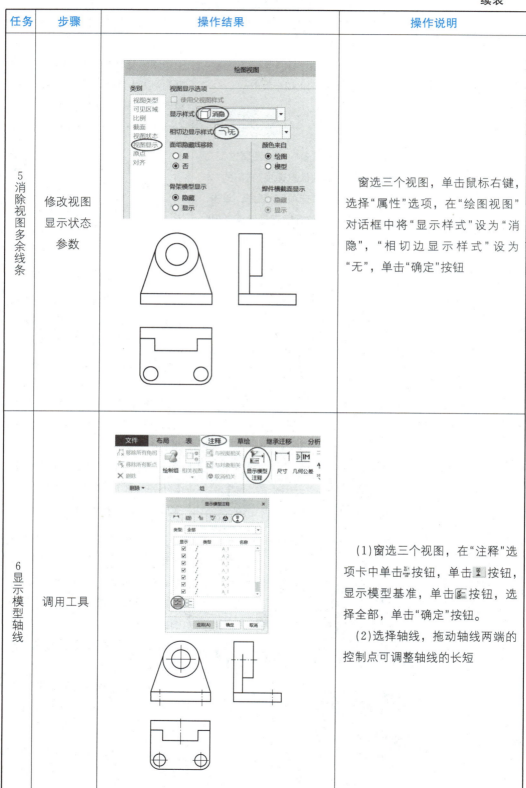

续表

任务	步骤	操作结果	操作说明
7 将左视图更改为全剖视图	全剖	截面 A—A	(1)双击左视图进入属性设置； (2)单击"截面"，选择"2D 横截面"单选按钮，单击 ✚ 按钮，默认"平面、单一"，单击"完成"按钮，输入截面名称(如 A)后按 Enter 键，在主视图上单击 RIGHT 基准平面，单击"确定"按钮
8 将俯视图更改为半剖视图	半剖	截面 A—A 截面 A—A	(1)双击俯视图进入属性设置； (2)单击"截面"，选择"2D 横截面"单选按钮，单击 ✚ 按钮，单击"新建"按钮默认"平面、单一"，单击"完成"按钮输入截面名称(如 B)后按 Enter 键，产生基准，创建一个"穿过"轴孔中心线同时"平行"于 FRONT 的基准面，单击"完成"按钮，剖切区域选择"半倍"，在主视图上单击 RIGHT 基准平面，确定保留截面的方向为右边，单击"确定"按钮

续表

任务	步骤	操作结果	操作说明
9 将主视图更改为局部剖视图	局部剖		同过程8的操作相似,区别如下: (1)剖切平面为"产生基准"(创建"穿过"两个螺栓孔中心线的基准面); (2)在"绘图视图"对话框的"剖切区域"项选择"局部",然后在要局部剖的孔附件元素上点选一个中心点,在点周围画出一个封闭的样条线,用鼠标中键结束绘制,单击"确定"按钮
10 设置剖面线属性	更改剖面线间距		选择剖面线,单击鼠标右键,选择"属性"(或直接双击剖面线)选择"间距""半倍"(单击一次半倍间距减小一半),单击"完成"按钮。 如要三个视图的剖面线统一间距,可以选择"值"
11 调整视图	调整细节		(1)根据需要移动或删除"截面X—X"字样; (2)修改标题栏。 注意:俯视图的长中心线可通过选中俯视图,编辑,转化为图元,即可调整,但是转化成图元后视图与模型不再有关联,且该操作不可逆,读者可根据实际进行操作

续表

任务	步骤	操作结果	操作说明
12 存盘	保存设计文件	单击 按钮完成存盘	如果要改变目录存盘或名称,可执行"文件"→"另存为"命令,保存模型的副本
小结		本实例的部分剖切面因模型文件没有相应基准,所以需要即时创建,也可以打开模型文件创建好相应的基准面后再返回工程图进行剖切。 模型文件与工程图文件必须要在同一目录下,工程图绘制完保存后,模型也会相应的产生对应基准面和截面视图,两者是相互关联影响的	

【例 12-3】 连杆设计

连杆视图如图 12-3 所示。

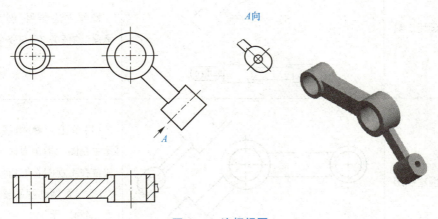

图 12-3 连杆视图

教学任务:

完成连杆模型的工程图设计,掌握正等轴测图、向视图、局部视图等的创建操作方法。

操作分析:

连杆零件有主视图、俯视图、向视图和正等轴测图四个视图。先创建主视图和俯视图,然后创建向视图,最后创建正等轴测图;在主视图上创建局部剖,将俯视图更改为局部视图后进行剖视,向视图也更改为局部视图。

操作过程:

连杆视图创建过程见表 12-6。

表 12-6 连杆视图创建过程

任务	步骤	操作结果	操作说明
1 新建文件	复制连杆模型文件并新建	新建文件名：SL12－3.drw	将连杆模型文件 SL12－3.prt 复制到工作目录，新建文件调用该模型和 A4－MB.drw 模板文件
2 设置工程图基本参数	更改绘图属性参数	执行"文件"→"准备"→"绘图属性"命令，单击"详细信息选项"右边的"更改"按钮，弹出"选项"对话框，单击 按钮，选择之前创建的"活动绘图.dtl"设置文件，单击"确定"按钮	如未创建"活动绘图.dtl"设置文件，参见"三、教学内容"中的"基本操作步骤"下的"工程图的基本设置"
3 创建主视图和俯视图	调用工具	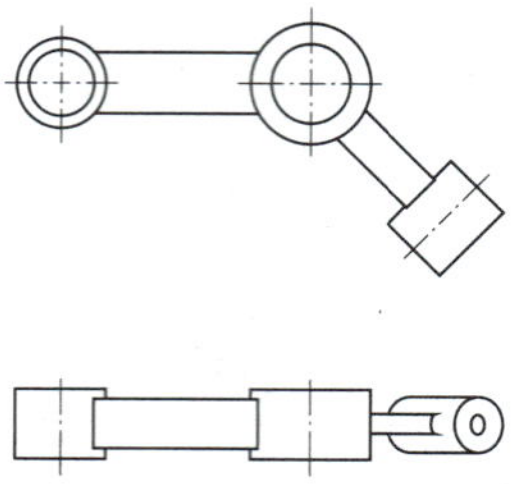	操作方法参照"例 12-2 轴承座"的任务 3～任务 6
4 创建向视图（局部视图）	创建视图	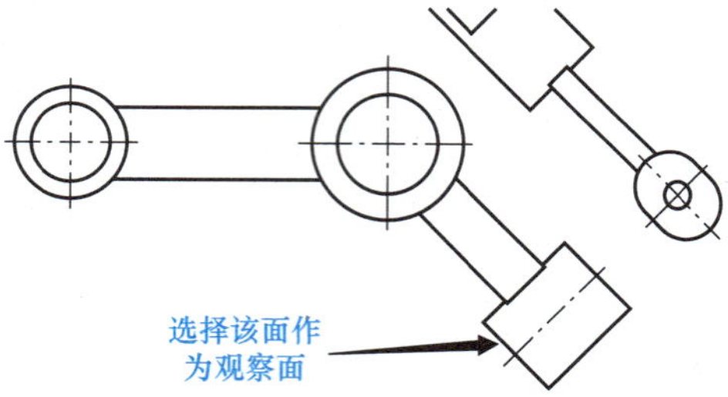 选择该面作为观察面	(1) 单击 辅助视图 按钮，选择主视图的指定面作为观察，放置在主视图右上角； (2) 设置辅助视图显示样式为"消隐""无"； (3) 设置显示中心线
	指定视图范围	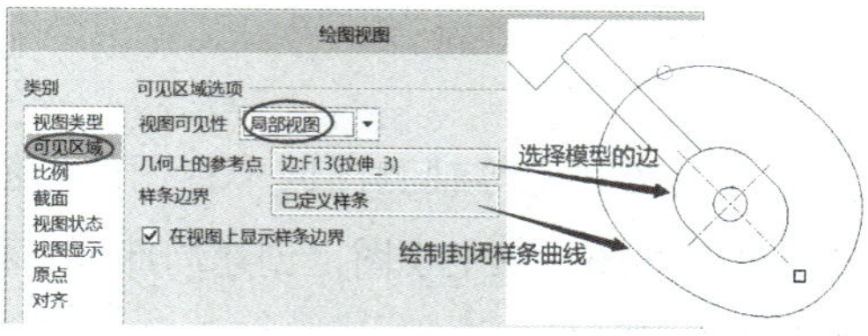	选择向视图，单击鼠标右键，选择"属性"选项，在"绘图视图对话框"选择"类别"为"可见区域"，"视图可见性"为"局部视图"，在向视图中点选一处作为中心点，草绘一封闭的样条线（如图），按鼠标中键结束，单击"确定"按钮

续表

任务	步骤	操作结果	操作说明
4 创建向视图（局部视图）	设置箭头		选择向视图，单击鼠标右键，选择"属性"选项，在"绘图视图"对话框选择"视图类型"，视图名称输入"A"，选择"单箭头"单选按钮，单击"确定"按钮，调整箭头位置与长度
	移动视图		(1)选择向视图，单击鼠标右键，选择"属性"，在"绘图视图"对话框中选择"对齐"，取消"视图对齐选项"的勾选，单击"确定"按钮调整视图位置； (2)激活"注释"选项卡，单击 注解 按钮，单击绘图区合适位置，输入"A 向"，调整位置
5 更改俯视图	改为局部视图并剖开		参照之前的操作，将俯视图改为局部视图，并全剖表达
6 创建正等轴测图	调用工具		(1)单击 按钮，单击绘图区合适位置放置视图； (2)选择"视图类型"，选择"查看来自模型的名称"单选按钮，"默认方向"选择"等轴测"； (3)选择"视图显示"，选择"显示样式"为"着色"

续表

任务	步骤	操作结果	操作说明
7 调整视图	调整细节		(1) 双击绘图区左下角"比例"更改图纸比例至合适； (2) 修改标题栏； (3) 对视图位置进行调整
8 存盘	保存设计文件	单击 按钮完成存盘	如果要改变目录存盘或名称，可执行"文件"→"另存为"命令，保存模型的副本
	小结	本实例主要是辅助视图的创建和对视图的进一步设置，其中创建辅助视图时放置在主视图左侧与右侧的效果会不同；等轴测视图有时会因为建模原因，展示的不是自己想要的角度，可以打开模型文件创建想要的视角，在工程图里选用。 本实例也可以通过旋转剖进行表达，操作方式将在后面学习	

【例 12-4】 钻套设计

钻套视图如图 12-4 所示。

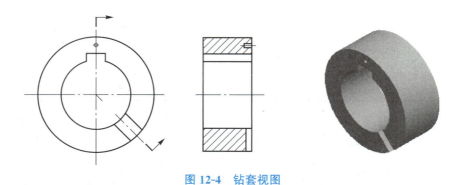

图 12-4 钻套视图

教学任务：

完成钻套的工程图设计，掌握旋转剖全剖视图创建的操作方法。

操作分析：

钻套为旋转体，采用旋转剖切的方法，能够在同一剖视图上完整地表达其内部结构；

旋转剖的剖视图需标注剖切符号和剖视图名称；首先创建主视图和左视图，然后再将左视图转换为旋转剖的全剖视图。

操作过程：

钻套视图创建过程见表12-7。

表 12-7 钻套视图创建过程

任务	步骤	操作结果	操作说明
1 新建文件	复制钻套模型文件并新建	新建文件名：SL12－4.drw	将钻套模型文件 SL12－4.prt 复制到工作目录，新建文件调用该模型和 A4－MB.drw 模板文件
2 设置工程图基本参数	更改绘图属性参数	执行"文件"→"准备"→"绘图属性"命令，单击"详细信息选项"右侧的"更改"按钮，弹出"选项"对话框，单击 按钮，选择之前创建的"活动绘图.dtl"设置文件，单击"确定"按钮	如未创建"活动绘图.dtl"设置文件，请参见"三、教学内容"中的基本操作步骤"下的"工程图的基本设置
3 创建三个视图	主视图、左视图和轴测图		(1)创建三个视图； (2)显示轴线； (3)主视图、左视图显示为"消隐"，等轴测设置为"着色"
4 更改左视图转为旋转剖视图	创建截面		(1)双击俯视图进入属性设置； (2)选择"截面"选项，单击"2D 横截面"单选按钮，单击 ➕ 按钮，单击"新建"按钮，默认"偏移"，单击"完成"按钮，输入截面名称(如 A)后按 Enter 键，在弹出的草绘截面选择模型正面，单击"确定"按钮，单击"默认"按钮

续表

任务	步骤	操作结果	操作说明
4 更改左视图转为旋转剖视图	绘制剖切平面	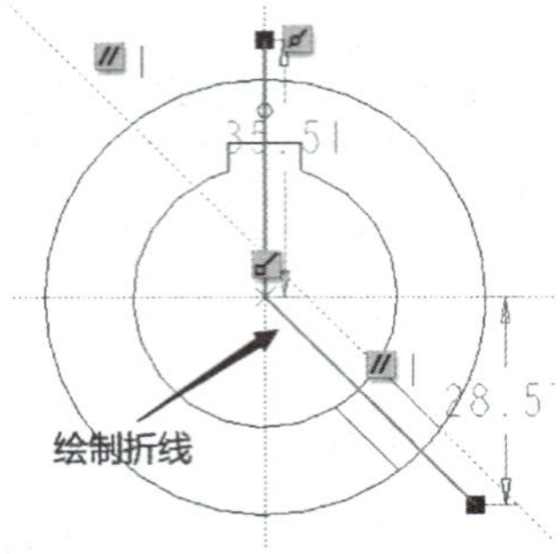 绘制折线	绘制一条折线（如图），单击"草绘"按钮，单击"完成"按钮。 注意：视图方向、显示设置、草绘特征、约束等命令都是在菜单栏中寻找
	设置剖切区域	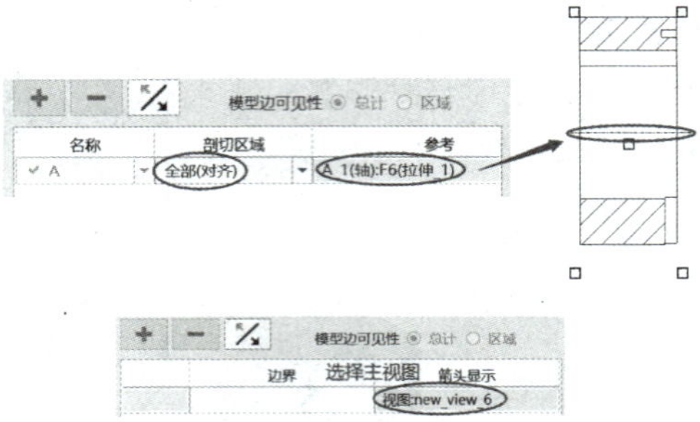	剖切区域选择"全部(对齐)"，参考轴选择中心轴线，向右拖动滚动条，箭头显示选择"主视图"，单击"确定"按钮
5 调整视图	调整细节	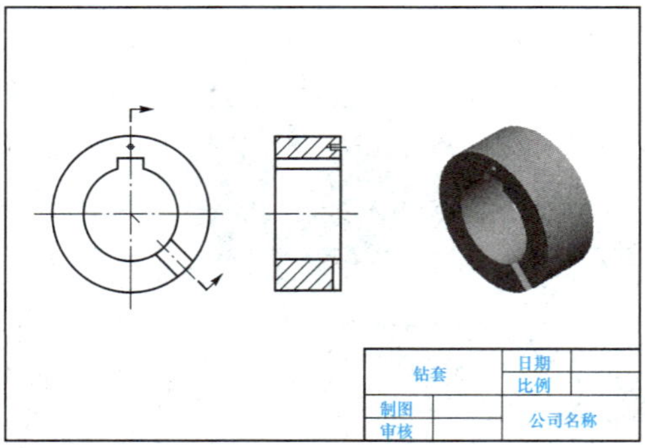	(1)双击绘图区左下角"比例"更改图纸比例至合适； (2)调整主视图上的剖切符号和箭头至合适位置，单击鼠标右键，隐藏箭头文本； (3)修改剖面线间距至合适； (4)修改标题栏

续表

任务	步骤	操作结果	操作说明
6 存盘	保存设计文件	单击 按钮完成存盘	如果要改变目录存盘或名称，可执行"文件"→"另存为"命令，保存模型的副本
小结		本实例中的剖切面不是一个平面，所以需要创建一个"偏移"的横截面，在草绘横截面过程中应当合理使用参照，以方便绘图。 阶梯剖与旋转剖类似，只需将横截面绘制成阶梯状线条即可，在下一实例中将会用到	

【例 12-5】 夹头主体设计

夹头主体视图如图 12-5 所示。

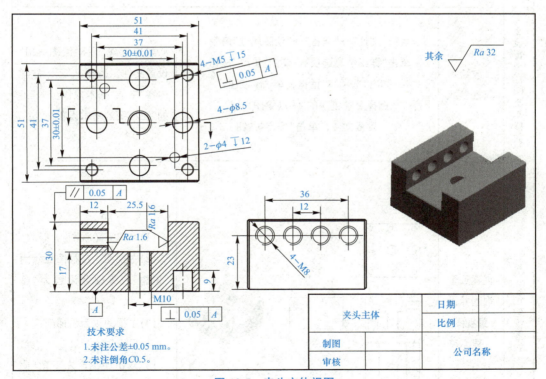

图 12-5 夹头主体视图

教学任务：

完成夹头主体工程图尺寸标注设计，掌握 Creo 5.0 工程图尺寸标注的方法。

操作分析：

夹头主体工程图共有主视图、左视图、仰视图、等轴测四个视图。其中，主视图为阶梯剖，操作方法参照上一个实例（旋转剖）。首先创建视图，在注释状态下设置显示全部尺寸，然后删除不符合工程图要求的尺寸，添加缺少的尺寸；然后进行基准、形位公差、表面粗糙度、文字等标注。

操作过程：

夹头主体视图创建过程见表12-8。

表12-8　夹头主体视图创建过程

任务	步骤	操作结果	操作说明
1 新建文件	复制夹头主体模型文件并新建	新建文件名：SL12－5.drw	将夹头主体模型文件 SL12－5.prt 复制到工作目录，新建文件调用该模型和 A4－MB.drw 模板文件
2 设置工程图基本参数	更改绘图属性参数	执行"文件"→"准备"→"绘图属性"命令，单击"详细信息选项"右侧的"更改"按钮，弹出"选项"对话框，单击 按钮，选择之前创建的"活动绘图.dtl"设置文件，单击"确定"按钮	如未创建"活动绘图.dtl"设置文件，请参见"三、教学内容"中的"基本操作步骤"下的"工程图的基本设置"
3 创建视图	创建五个视图并设置视图显示	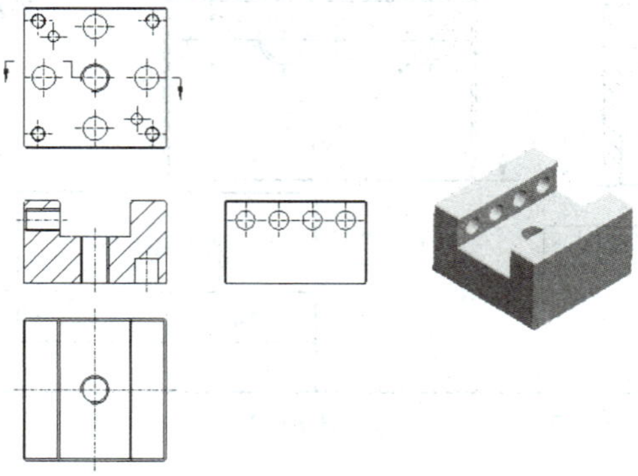 （图示）	(1)创建五个视图； (2)主视图、左视图显示为"消隐"，等轴测设置为"着色"； (3)主视图改为阶梯剖； (4)显示轴线； (5)双击绘图区左下角"比例"更改图纸比例至合适

续表

任务	步骤	操作结果	操作说明
4 尺寸标注	自动显示视图尺寸		(1)在"注释"选项卡单击 按钮，单击 按钮选择仰视图，在绘图区单击 按钮，显示视图全部尺寸(也可以不勾选全部，直接在绘图区单击要显示的尺寸)，单击"确定"按钮； (2)调整尺寸位置，将不符合标准的尺寸删掉
	手工标注线性尺寸		(1)在"注释"选项卡单击 按钮，单击右上角的圆，移动鼠标光标至合适位置，按住鼠标右键可以切换直径或半径单击鼠标中键结束命令； (2)选中该尺寸，在弹出的对话框中单击切换箭头方向，切换至合适； (3)选中该尺寸，单击菜单栏的 按钮，在前缀栏输入"4－M"，在后缀栏输入" 15"(下沉符号通过下面的符号栏选择)，单击"确定"按钮
	完善线性尺寸		完成所有线性尺寸标注

续表

任务	步骤	操作结果	操作说明
4 尺寸标注	设置尺寸公差		(1)选中仰视图的30尺寸,在操控板单击"公差"下拉按钮,选择"对称",输入公差值"0.01"; (2)同样的操作方式完善其他尺寸公差
5 其他标注	标注表面粗糙度		(1)单击 表面粗糙度 按钮,浏览,选择machined文件夹下的stander→sym,单击"打开"按钮,设置放置类型为垂直于图元,设置属性高度(改变该值可改变符号的大小),切换可变文本页输入粗糙度,在视图上选择图元单击鼠标中键,单击"确定"按钮; (2)完善图纸表面粗糙度标注
	标注基准符号		在"注释"选项卡单击 基准特征符号 按钮,在视图上选择主视图的底面边线,单击鼠标中键放置

续表

任务	步骤	操作结果	操作说明
5 其他标注	标注几何公差		在"注释"选项卡单击 几何公差 按钮，在主视图上选择顶面的边线，单击鼠标中键，选中该几何公差，将鼠标光标放至箭头处移动至合适位置，在操控板选择几何特性为平行度，单击第一个参考基准按钮，选择刚创建的A基准，单击"确定"按钮
			用同样的方法标注垂直度(选择对象为M10尺寸)
	标注文字	技术要求 1. 未注公差±0.05 mm。 2. 未注倒角C0.5。	在"注释"选项卡单击 注解 按钮，在绘图区合适位置单击鼠标左键放置，输入文字，在操控板设置相关属性，单击鼠标中键完成。 单击注释，弹出选框单击"属性"，可以更详细设置属性
6 调整视图	调整细节		(1)修改剖面线间距至合适； (2)调整视图位置； (3)修改标题栏

续表

任务	步骤	操作结果	操作说明
7 存盘	保存设计文件	单击 按钮完成存盘	如果要改变目录存盘或名称，可执行"文件"→"另存为"命令，保存模型的副本
小结		在工程图创建过程中，会遇到一些与标准不符的标注问题，或者标注困难的地方，这时候可以优先在"绘图属性"里查找是否有参数进行修改，如果没有则通过其他方法间接绘制。 本实例来自工学结合生产项目，在实际生产中，对图纸的标注还会更加详尽，读者可以尝试完善图纸	

【例 12-6】 电极夹头组件装配图

电极夹头组件装配图如图 12-6 所示。

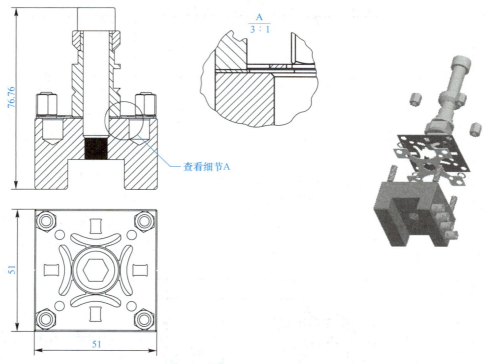

图 12-6　电极夹头组件装配图

教学任务：

完成电极夹头组件模型的工程图设计，掌握组件视图的创建方法，以及装配图剖面线的修改方法。

操作分析：

电极夹头组件工程图共有轴测图、主视图、俯视图、局部放大视图四个视图，轴测图分解各零件，主视图为全剖视图；首先创建主视图、俯视图，将主视图转为全剖视图，创建局部放大视图，并设置各零件剖面的剖面线，然后创建分解轴侧图，最后做细节上的调整。

操作过程：

电极夹头组件装配图创建过程见表12-9。

表12-9 电极夹头组件装配图创建过程

任务	步骤	操作结果	操作说明
1 新建文件	复制电极夹头装配文件并新建	新建文件名：SL12-6.drw	将电极夹头装配文件SL12-6.asm和所有子零件复制到工作目录，新建文件调用SL12-6.asm和A4-MB.drw模板文件
2 设置工程图基本参数	更改绘图属性参数	执行"文件"→"准备"→"绘图属性"命令，单击"详细信息选项"右侧的"更改"按钮，弹出"选项"对话框，单击 按钮，选择之前创建的"活动绘图.dtl"设置文件，单击"确定"按钮	如未创建"活动绘图.dtl"设置文件，请参见"三、教学内容"中的"基本操作步骤"下的"工程图的基本设置"
3 创建视图	创建主视图与俯视图		(1)创建两个视图； (2)主视图改为全剖（产生基准的方式创建剖切面）； (3)视图显示设置为"消隐""无"； (4)双击绘图区左下角"比例"更改图纸比例至合适

续表

任务	步骤	操作结果	操作说明
3 创建视图	修改剖面线	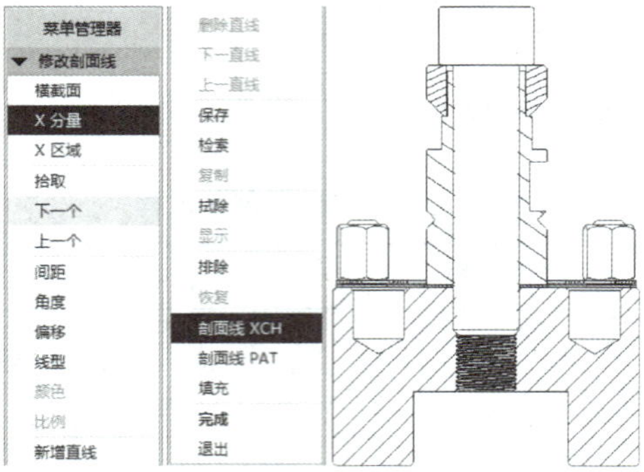	(1)双击剖面线,弹出"菜单管理器"对话框; (2)依次单击"下一个"可循环显示各个零件的剖面线,根据需要单击"间距"和"角度",输入修改值,无剖面线的则单击"排除",垫圈采用"填充",网纹线设置间距和角度后单击"新增直线",增加另一方向的剖面线,全部修改后单击"完成"
	创建局部放大视图	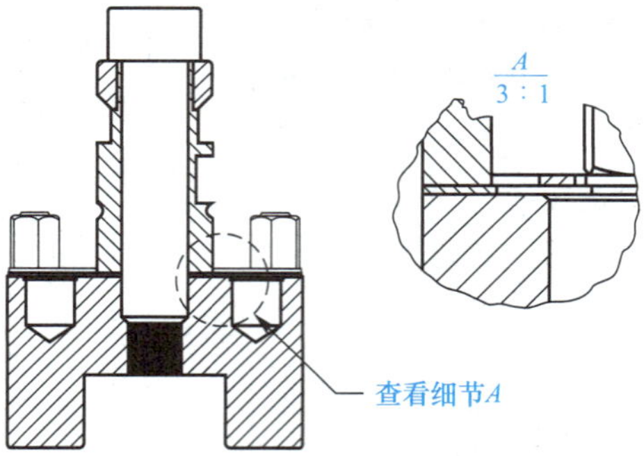	(1)单击 局部放大图 按钮,在要放大的位置中心单击左键,围绕中心画出封闭的样条线,单击鼠标中键,指定视图放置位置; (2)双击剖面线,单击"独立详图",修改局部放大图的剖面线间距至合适
	创建分解的轴侧图	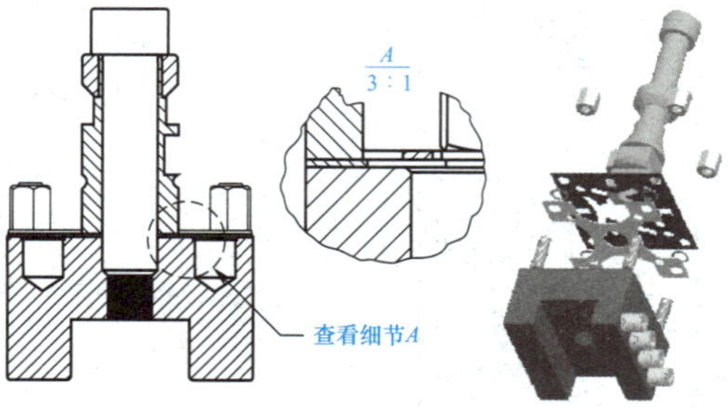	布局状态下单击 按钮,单击指定放置位置,弹出"绘图视图"对话框,单击"类别"中的"比例",单击"自定义比例",输入"0.5",单击"视图状态"勾选"视图中的分解元件",单击"视图显示",选择"着色",单击"确定"按钮

续表

任务	步骤	操作结果	操作说明
4 调整视图	调整细节		(1)标注适当尺寸； (2)修改标题栏
5 存盘	保存设计文件	单击 按钮完成存盘	如果要改变目录存盘或名称，可执行"文件"→"另存为"命令，保存模型的副本
小结		本实例重点在剖面线的设置，装配图与零件图部分操作细节上可能不同，应注意观察；分解的轴测图的分解样式是在装配模型文件中设置好的，读者可以根据需要打开装配文件修改分解样式并保存(模型→分解视图→编辑位置)。 　　本实例来自工学结合生产项目，在实际生产中，对图纸的标注还会更加详尽，读者可以尝试完善图纸	

五、强化训练

	提 示
LX12—1 箱盖 练习要点：局部向视图	(1)主视图采用 FRONT 面为前参考，TOP 面为顶参考； (2)创建辅助视图的观察方向在主视图上选，在"视图绘图"对话框中"类别"的"视图类型"中更改视图名为"A"，并选择"投影箭头"中的"单一"，在"对齐"中去掉"将此视图与其他视图对齐"复选框的勾选，然后移动向视图至合适位置，在向视图的上方添加文字"A"； (3)三个视图都设置为"消隐"显示

续表

	提　示
LX12－2　固定盘 练习要点：主视图的放置、局部放大视图的创建	
查看细节 A 细节 A 比例 2.000	主视图采用后参考和顶参考放置
LX12－3　支架 练习要点：主视图(前参照/左参照)、辅助视图	提　示
RIGHT	(1)主视图采用前、左参考放置； (2)创建辅助视图的观察方向在主视图上选； (3)设置视图显示：主视图设置为显示隐藏线，俯、左视图设置为不显示隐藏线
LX12－4　空心长轴 练习要点：破断视图	提　示
	(1)创建主视图； (2)设置主视图属性：弹出"绘图视图"对话框，在"类别"中选择"可见区域"，选择"视图可见性"的"破断视图"，单击按钮，在合适位置添加两条破断线(单击视图轮廓线添加断点)，选破断线造型为"视图轮廓上的S曲线"，调整视图位置

续表

	提 示
LX12-5 固定板 练习要点：半视图	(1)创建主视图； (2)设置主视图属性：弹出"绘图视图"对话框，在"类别"中选择的"可见区域"，选择"视图可见性"的"半视图"，选取RIGHT面为参照平面，选择右侧为要保留的视图，单击"确定"按钮关闭对话框→单击菜单"编辑"→"值"，选取左下方的"比例：1.00"，将数值"1"更改为"2"→调整视图位置
LX12-6 支架 练习要点：阶梯剖	(1)创建左视图、主视图、轴侧图； (2)创建阶梯剖的全剖视图：选择主视图，弹出"主视图属性"对话框，创建阶梯剖面(方法与旋转剖面的创建方法相同，添加一个圆弧作为绘制折线的参照)，选择"剖切区域"为"完全"左视图显示箭头

续表

LX12－7　轴 练习要点：断面视图、尺寸和公差的标注 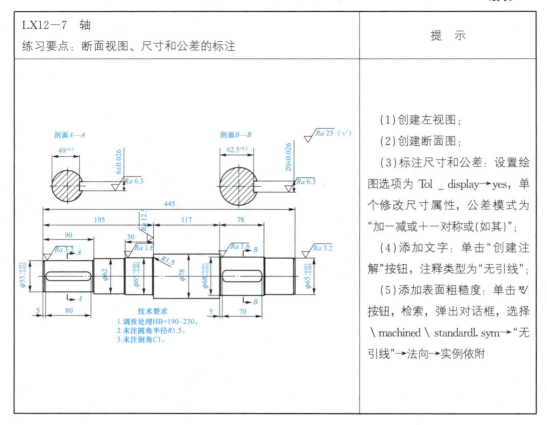	提　示 （1）创建左视图； （2）创建断面图； （3）标注尺寸和公差：设置绘图选项为 Tol _ display→yes，单个修改尺寸属性，公差模式为"加－减或＋－对称或(如其)"； （4）添加文字：单击"创建注解"按钮，注释类型为"无引线"； （5）添加表面粗糙度：单击✓按钮，检索，弹出对话框，选择\machined\standardl.sym→"无引线"→法向→实例依附

参考文献

[1] 韦余萍，黄荣学. Creo 3.0 案例教程与实训[M]. 广州：华南理工大学出版社，2017.
[2] 李汾娟，李程. Creo 3.0 项目教程[M]. 北京：机械工业出版社，2017.
[3] 诸小丽，韦余萍. Pro/Engineer 案例教程与实训[M]. 上海：复旦大学出版社，2013.